计算机常用算法的设计与分析研究

王文霞　潘玉霞　董改芳　编著

中国水利水电出版社
www.waterpub.com.cn
·北京·

内 容 提 要

计算机算法是计算机科学和计算机应用的核心。本书以算法设计策略为主线，系统介绍了算法的设计方法和分析技巧。书中既涉及传统算法的实例分析，更有算法领域热点研究课题的追踪，具有较高的实用价值。本书主要内容包括：递归与分治策略、动态规划算法、贪心算法、搜索算法、概率算法、NP 完全性理论、近似算法、现代计算智能算法简介等。

本书论述严谨，结构合理，条理清晰，内容丰富新颖，可供从事计算机算法设计与分析工作的研究人员参考。

图书在版编目（CIP）数据

计算机常用算法的设计与分析研究 / 王文霞，潘玉霞，董改芳编著. -- 北京 : 中国水利水电出版社，2017.4（2022.10重印）
ISBN 978-7-5170-5307-1

Ⅰ. ①计… Ⅱ. ①王… ②潘… ③董… Ⅲ. ①电子计算机－算法设计－研究②电子计算机－算法分析－研究 Ⅳ. ①TP301.6

中国版本图书馆CIP数据核字(2017)第074650号

书　　名	计算机常用算法的设计与分析研究 JISUANJI CHANGYONG SUANFA DE SHEJI YU FENXI YANJIU
作　　者	王文霞　潘玉霞　董改芳　编著
出版发行	中国水利水电出版社 （北京市海淀区玉渊潭南路 1 号 D 座 100038） 网址：www.waterpub.com.cn E-mail：sales@waterpub.com.cn 电话：(010)68367658(营销中心)
经　　售	北京科水图书销售中心(零售) 电话：(010)88383994、63202643、68545874 全国各地新华书店和相关出版物销售网点
排　　版	北京亚吉飞数码科技有限公司
印　　刷	三河市人民印务有限公司
规　　格	184mm×260mm　16 开本　17.5 印张　426 千字
版　　次	2017年5月第1版　2022年10月第2次印刷
印　　数	2001-3001册
定　　价	62.00 元

前 言

计算机的普及使得人们的生活发生了很大的改变，它不断孕育着一代又一代的新技术、新概念。目前，计算机信息技术在很多不同的行业和领域都获得了广泛采用。计算机在各个领域的应用过程中，都会涉及数据的组织与程序的编排等问题，从而会用到各种各样的数据结构，这就更需要学会分析和研究计算机加工对象的特性、选择最合适的数据组织结构及其存储表示方法，以及编制相应实现算法的方法，这是计算机工作者必须具备的知识。可以说，算法是计算机的重要根基，对计算机行业的发展起着不可估量的作用。

计算机算法对人每天的生活都产生着影响。它运行在笔记本、服务器、智能手机、汽车、微波炉等各种设备上。可见，算法设计与分析是一门理论性与实践性相结合的学科，是计算机科学与计算机应用专业的核心。学习算法设计可以在分析解决问题的过程中，培养学习者抽象思维和缜密概括的能力，提高学习者的软件开发设计能力。

本书着重阐述典型算法的设计与分析。全书共 9 章，第 1 章算法引论，介绍计算机算法的基础知识；第 2～8 章分别介绍了递归与分治策略、动态规划算法、贪心算法、搜索算法、概率算法、NP 完全性理论、近似算法；第 9 章讨论了人工神经网络、遗传算法、蚁群优化算法、粒子群优化算法等一些现代计算智能算法。

本书是在计算机科学与技术专业规范和作者多年教学经验的基础上编撰而成的。在编撰方面力求突出以下特点：语言叙述通俗易懂，讲解由浅入深，算法可读性好，应用性强；在内容的深浅程度上，侧重实用的同时把握理论深度，通过一些例题、算法，有利于理论知识的掌握；取舍合理，体系完整、内容先进。由于计算机技术的发展是突飞猛进的，各类算法和技巧层出不穷，本书只能是管中窥豹，以求能够抛砖引玉。

全书由王文霞、潘玉霞、董改芳撰写，具体分工如下：

第 3 章、第 5 章、第 6 章：王文霞（运城学院）；

第 1 章、第 7 章、第 9 章：潘玉霞（三亚学院）；

第 2 章、第 4 章、第 8 章：董改芳（内蒙古农业大学）。

本书在编撰过程中得到了许多同行专家的支持和帮助，在此表示衷心的感谢；同时，还参考了很多的相关著作和文献资料，在此向有关作者表示由衷的感谢。

由于作者水平有限，书中难免存在错误或不妥之处，恳请读者批评指正。

作 者

2017 年 2 月

前　言

目　录

第 1 章　算法引论

1.1　算法在计算机科学体系中的地位

对于计算机科学而言，算法是其重要基础，同时也是计算机科学研究中的一项永恒主题。

有人曾将程序比作蓝色的诗。如此而言，算法应当称得上这首诗的灵魂了。因为计算机不能分析问题并产生问题的解决方案，必须由人来分析问题，确定问题的解决方案，采用计算机能够理解的指令描述问题的求解步骤，然后让计算机执行程序最终获得问题的解。可见，在各种计算机软件系统的实现中，算法设计往往处于核心地位。用计算机求解问题的一般过程如图 1-1 所示。

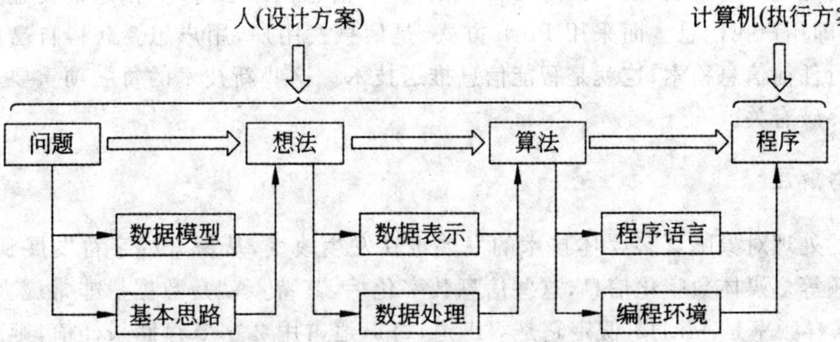

图 1-1　用计算机求解问题的一般过程

具体如下：由问题到想法需要分析问题，将具体的数据模型抽象出来，形成问题求解的基本思路；由想法到算法需要完成数据表示（将数据模型存储到计算机的内存中）和数据处理（将问题求解的基本思路形成算法）；由算法到程序需要将算法的操作步骤转换为某种程序设计语言对应的语句。

算法用来描述问题的解决方案，是形式化的、机械化的操作步骤。将人的想法描述成算法可以说是利用计算机解决问题的最关键的一步，也就是从计算机的角度设想计算机是如何一步一步完成这个任务的，告诉计算机需要做哪些事，按什么步骤去做。一般来说，对不同解决方案的抽象描述产生了相应的不同算法，而不同的算法将设计出相应的不同程序，这些程序的解题思路不同，复杂程度不同，解题效率也不相同。

总之，算法研究是推动计算机技术发展的关键。时间（速度）问题是算法研究的核心。人们可能认为，既然计算机硬件技术的发展使得计算机的性能不断提高，算法的研究也就没有必要了。实际上并非如此。计算机的功能越强大，人们就越想去尝试更复杂的问题，与此相应的，计算量也会相应地扩大。现代计算技术在计算能力和存储容量上的革命仅仅提供了计算更复杂问题的有效工具，无论硬件性能如何提高，算法研究始终是推动计算机技术发展的关键。实际上，我们不仅需要算法，而且需要“好”算法。可以肯定的是，发明（或发现）算法是一个非常有创造性和值得付出的过程。下面看几个例子。

1. 检索技术

20 世纪 50—60 年代，检索仅仅是在规模比较小的数据集合中发生。例如，编译系统中的标识符表，表中的记录个数一般在几十至数百这样的数量级。

20 世纪 70—80 年代，数据管理采用数据库技术，数据库的规模在 K 级或 M 级，检索算法的研究在这个时期取得了巨大的进展。

20 世纪 90 年代以来，Internet 引起计算机应用的急速发展，研究的热点也转向了海量数据的处理技术，而且数据驻留的存储介质、数据的存储方法以及数据的传输技术也发生了许多变化，这些变化使得检索算法的研究更为复杂也更为重要了。

近年来，智能检索技术成为基于 Web 信息检索的研究热点。使用搜索引擎进行 Web 信息检索时，一些搜索引擎前 50 个搜索结果中几乎有一半来自同一个站点的不同页面，这是检索系统缺乏智能化的一种表现。另外，在传统的 Web 信息检索服务中，信息的传输是按 Pull 模式进行的，即用户找信息。而采用 Push 方式，是信息找用户，用户想要获得自己感兴趣的信息无须进行任何信息检索，这就是智能信息推送技术。这些新技术的每一项重要进步都与算法研究的突破有关。

2. 压缩与解压缩

计算机的处理对象随着多媒体技术的发展也在发生改变，从原来的字符发展到图像、图形、音频、视频等多媒体数字化信息，这些信息数字化后，其特点就是数据量非常庞大。例如，音乐 CD 的采样频率是 44kHz，假定它是双声道，每声道占用 2 字节存储采样值，则 1 秒钟的音乐就需要 $44000\times2\times2\approx160$KB，存储一首 4 分钟长的歌曲，总计需要 $4\times60\times160\approx36$MB。而且，计算机总线无法承受处理多媒体数据所需的高速传输速度。因此，对多媒体数据的存储和传输都要求对数据进行压缩。MP3 压缩技术就是一个成功的压缩/解压缩算法，一个播放 3～4 分钟歌曲的 MP3 文件通常只需 3MB 左右的磁盘空间。

3. 信息安全与数据加密

计算机应用的发展也带来了许多隐患。一位酒店经理曾经描述了这样一种可能性：“如果我能破坏网络的安全性，想想你在网络上预订酒店房间所提供的信息吧！我可以得到你的名字、地址、电话号码和信用卡号码，我知道你现在的位置，将要去哪儿，何时去，我也知道你支付了多少钱，我已经得到足够的信息来盗用你的信用卡！”这是非常可怕的。足以看出，信息安全在电子商务中的重要性。而对需要保密的数据进行加密是保证信息安全的一个重要方法。因此，在这个领域，数据加密算法的研究是绝对必需的，其必要性与计算机性能的提高无关。

1.2　算法与程序

算法是对解题过程的描述，这种描述是建立在程序设计语言这个平台之上的。就算法的实现平台而言，可以抽象地对算法的定义如下：

算法＝控制结构＋原操作（对固有数据类型的操作）

算法是指令的有限序列，其中，每条指令表示一个或多个操作。算法有以下 5 个重要特征：

①有穷性。一个算法必须总是（对任何合法的输入值）在执行有穷步之后结束，且每一步都可在有穷时间内完成。

②确定性。算法中每一条指令必须有确切的含义，不会产生二义性。

③可行性。一个算法是可行的，即算法中描述的操作都是可以通过已经实现的基本运算的有限次执行来实现。

④输入性。一个算法有零个或多个的输入。

⑤输出性。一个算法有一个或多个的输出。

所谓程序，就是一组计算机能识别与执行的指令。每一条指令使计算机执行特定的操作，用来完成一定的功能。计算机的一切操作都是由程序控制的，离开了程序，计算机将一事无成。从这个意义来说，计算机的本质是程序的机器，程序是计算机的灵魂。

那么，程序与算法之间存在怎样的关系呢？

算法是程序的核心。程序是某一算法用计算机程序设计语言的具体实现。事实上，当一个算法使用计算机程序设计语言描述时，就是程序。具体来说，一个算法使用 C 语言描述，就是 C 程序。程序设计的基本目标是应用算法对问题的原始数据进行处理，从而解决问题，获得所期望的结果。在能实现问题求解的前提下，要求算法运行的时间短，占用系统空间小。

初学者往往把程序设计简单地理解为编写一个程序，这是不全面的。一个程序应包括对数据的描述与对运算操作的描述两个方面的内容。著名计算机科学家尼克劳斯·沃思（Niklaus Wirth）曾提出这样一个公式：数据结构＋算法＝程序。其中，数据结构是对数据的描述，而算法是对运算操作的描述。实际上，一个程序除了数据结构与算法这两个要素之外，还应包括程序设计方法。一个完整的 C 程序除了应用 C 语言对算法的描述之外，还包括数据结构的定义以及调用头文件的指令。

由此可见，根据案例的具体情况确定并描述算法，并为实现该算法设置合适的数据结构，是求解实际案例时需要解决的问题。

1.3　算法的描述方式及设计方法

无论是面向对象程序设计语言，还是面向过程的程序设计语言，都是用 3 种基本结构（顺序结构、选择结构和循环结构）来控制算法流程的。每个结构都应该是单入口单出口的结构体。结构化算法设计常采用自顶向下逐步求精的设计方法，因此，要描述算法首先需要有表示3个基本结构的构件，其次能方便支持自顶向下逐步求精的设计方法。

1.3.1 算法的描述方式

描述算法的方法很多，有的采用类PASCAL，有的采用自然语言等。这里介绍常用的用于描述算法的C语言语句。

1.输入语句和输出语句

```
scanf(格式控制字符串，输入项表)；
printf(格式控制字符串，输出项表)；
```

2.赋值语句

```
变量名＝表达式；
```

3.条件语句

```
if＜条件＞＜语句＞；
或者
if＜条件＞＜语句1＞else＜语句2＞；
```

4.循环语句

```
(1)while循环语句
while表达式
  循环体语句；
(2)do-while循环语句
do
  循环体语句；
while表达式；
(3)for循环语句
for(赋初值表达式1；条件表达式2；步长表达式3)
  循环体语句；
```

5.返回语句

```
return(返回表达式)；
```

6.定义函数语句

```
函数返回值类型(类型名 形参1，类型名 形参2，…)
{
```

```
    说明部分;
    函数语句部分;
}
```

7. 调用函数语句

函数名(实参 1,实参 2,…)

在 C++语言中,在函数调用时实参和形参的参数传递分为传值和传引用(引用符号为"&")两种方式。

①传值方式是单向的值传递。例如,有一个函数 *fun1*(x,y)(其中,x 和 y 为值形参),在调用 *fun1*(a,b)(其中,a 和 b 为实参)时,将 a 的值传给 x,b 的值传给 y,然后执行函数体语句,执行完函数后 x、y 的值不会回传给 a、b。

②传引用方式是双向的值传递。例如,有一个函数 *fun2*(x,y)(其中,x 和 y 为引用形参),在调用 *fun2*(a,b)(其中,a 和 b 为实参)时,将 a 的值传给 x,b 的值传给 y,然后执行函数体语句,执行完函数后 x、y 的值分别回传给 a、b。

例如,有如下程序:

```
#include<stdio.h>
void fun1(int x,int y)
{
   y=(x<0)? -x:x;
}
void fun2(int x,int &y)
{
   y=(x<0)? -x:x;
}
void main()
{
   int a,b;
   a=-2;b=0;
   fun1(a,b);
   printf("fun1:b=%d\n",b);
   a=-2;b=0;
   fun2(a,b);
   printf("fun2:b=%d\n",b);
}
```

其中,*fun1*(x,y)、*fun2*(x,y)的功能都是计算 $y=|x|$,*fun1* 中形参 y 使用传值方式,*fun2* 中形参 y 使用传引用方式,也就是说,执行 *fun1*(a,b)时,b 实参的值不会改变,而执行 *fun2*(a,b)时,b 实参的值可能发生改变。程序执行结果如下:

```
fun1:b=0
fun2:b=2
```

为此,在设计算法(通常设计成C/C++函数)时,若某个形参需要将计算的值回传给对应的实参,则需将其设计为引用传递参数的方式,否则不必使用引用方式。

1.3.2 算法的设计方法

算法是能获得问题答案的指令序列。实际中存在着千奇百怪的问题,因而问题求解的方法也就各不相同,所以,算法的设计过程是一个充满智慧的灵活过程,它要求设计人员根据实际情况做出具体分析。在设计算法时,遵循图 1-2 所示的一般过程可以在一定程度上指导算法的设计。

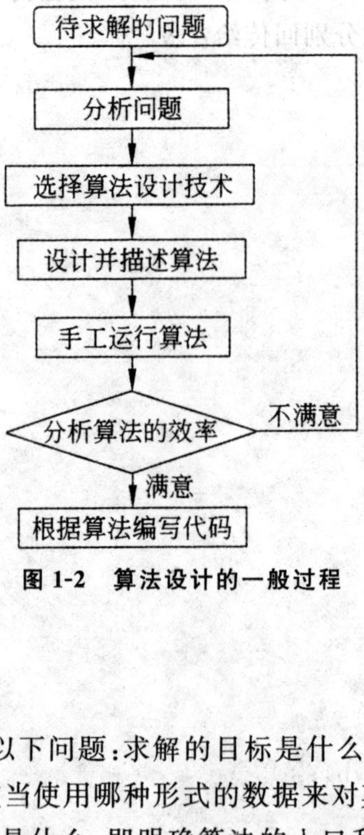

图 1-2 算法设计的一般过程

1. 分析问题

对于待求解的问题,要弄清以下问题:求解的目标是什么?已经给出了哪些已知信息、显式条件或隐含条件?计算结果应当使用哪种形式的数据来对其进行表达?准确地理解算法的输入是什么,明确要求算法做的是什么,即明确算法的入口和出口,这是设计算法的切入点。若没有对问题进行全面、准确和认真的分析,就会导致事倍功半,造成不必要的反复,甚至留下严重隐患。

2. 选择算法设计技术

算法设计技术,也称为算法设计策略,是设计算法的一般性方法。使用它能够解决许多不同计算领域的多种问题。本书讨论的算法设计技术是已经被证明对算法设计非常有用的通用技术，这些算法设计技术构成了一组强有力的工具，在为新问题（即没有令人满意的已知算法可以解决的问题）设计算法时，可以运用这些技术设计出新的算法。

3. 设计并描述算法

在构思和设计了一个算法之后，要对所设计的求解步骤进行清晰准确的记录，即描述算法。

4. 手工运行算法

因为计算机只会执行程序，而不会理解动机，所以由计算机是无法检测出逻辑错误的。经验和研究都表明，发现算法（或程序）中的逻辑错误的重要方法就是手工运行算法，即跟踪算法。跟踪者要像计算机一样，用一个具体的输入实例手工执行算法，并且这个输入实例要最大可能地暴露算法中的错误。即使有几十年经验的高级软件工程师，也经常利用此方法查找算法中的逻辑错误。

5. 分析算法的效率

算法效率体现在两个方面：其一为时间效率，它显示了算法运行得有多快；其二为空间效率，它显示了算法需要多少额外的存储空间。相比而言，算法的时间效率是我们关注的重点。事实上，计算机的所有应用问题，包括计算机自身的发展，都是围绕着“时间—速度”这样一个中心进行的。一般来说，一个好的算法首先应该是比同类算法的时间效率高，算法的时间效率用时间复杂性来度量。

6. 实现算法

现代计算机技术还不能将伪代码形式的算法直接“输入”进计算机中，而需要把算法转变为特定程序设计语言编写的程序。在把算法转变为程序的过程中，虽然现代编译器提供了代码优化功能，然而一些技巧还是会被用到的，例如，在循环之外计算循环中的不变式、合并公共子表达式、用开销低的操作代替开销高的操作等。一般来说，这样的优化对算法速度的影响是一个常数因子，程序可能会提高 10%～50%的速度。

最后，需要强调的是，一个好算法是需要不断反复努力和重新修正才会得到的。也就是说，一个看上去再完美的算法，它还是有改进的空间的。其改进需要不断重复上述问题求解的一般过程，直到算法满足预定的目标要求。

1.4 算法的分析

算法分析主要包括两个方面的问题，即分析算法的时间复杂度和空间复杂度。其目的不是分析算法是否正确或是否容易阅读，主要是考察算法的时间和空间效率，以求改进算法或对不同的算法进行比较。一般情况下，运算空间（内存）较为充足，不需要过多考虑，重点是对算法的时间复杂度进行分析。

算法的执行时间主要与问题规模有关。问题规模是一个和输入有关的量,例如,数组的元素个数、矩阵的阶数等。所谓一个语句的频度,即指该语句在算法中被重复执行的次数。算法中所有语句的频度之和记作 $T(n)$,它是该算法所求解问题规模 n 的函数,当问题的规模 n 趋向无穷大时,$T(n)$ 的数量级称为渐近时间复杂度,简称为时间复杂度,记作 $T(n)=O(f(n))$。

上述表达式中"O"的含义是 $T(n)$ 的数量级,其严格的数学定义是:若 $T(n)$ 和 $f(n)$ 是定义在正整数集合上的两个函数,则存在正的常数 C 和 n_0,使得当 $n \geqslant n_0$ 时,总是满足 $0 \leqslant T(n) \leqslant C \cdot f(n)$。但是应总是考虑在最坏情况下的时间复杂度,以保证算法的运行时间不会比它更长。

另外,由于算法的时间复杂度主要是分析 $T(n)$ 的数量级,而算法中基本运算的频度与 $T(n)$ 同数量级,所以通常采用算法中基本运算的频度来分析算法的时间复杂度,被视为算法基本运算的一般是最深层循环内的语句。

用数量级形式 $O(f(n))$ 表示算法执行时间 $T(n)$ 的时候,函数 $f(n)$ 通常取较简单的形式,如 1、$\log_2 n$、n、$n\log_2 n$、n^2、n^3、2^n 等。在 n 较大的情况下,常见的时间复杂度之间存在下列关系:

$$O(1) < O(\log_2 n) < O(n) < O(n\log_2 n) < O(n^2) < (n^3) < O(2^n)$$

1.5 最优算法

算法是问题的解决方法,针对一个问题可以设计出不同的算法,不同算法的时间复杂性也可能存在一定的差异。能否确定某个算法是求解该问题的最优算法?是否还存在更有效的算法?若我们能够知道一个问题的计算复杂性下界,也就是求解该问题的任何算法(包括尚未发现的算法)所需的时间下界,就可以较准确地评价解决该问题的各种算法的效率,进而确定已有的算法还有多少改进的余地。

1.5.1 问题的计算复杂性下界

求解一个问题所需的最少工作量就是该问题的计算复杂性下界,求解该问题的任何算法的时间复杂性都不会低于这个下界,通常采用大 Ω(读做大欧米伽)符号来分析某个问题或某类算法的时间下界。例如,已经证明基于比较的排序算法的时间下界为 $\Omega(n\log_2 n)$,那么,不存在基于比较的排序算法,其时间复杂性小于 $O(n\log_2 n)$。

若存在两个正的常数 c 和 n_0 的话,对于任意 $n \geqslant n_0$,都有 $T(n) \geqslant c \times g(n)$,则称 $T(n)=\Omega(g(n))$(或称算法在 $\Omega g(n)$ 中)。

大 Ω 符号用来描述增长率的下限,表示 $T(n)$ 的增长至少像 $f(n)$ 增长的那样快。与大 O 符号对称,这个下限的阶越高,相应的,结果就越有价值。大 Ω 符号的含义如图 1-3 所示。

对于任何待求解的问题,若能找到一个尽可能大的函数 $g(n)$(n 为输入规模),使得求解该问题的所有算法都可以在 $\Omega(g(n))$ 的时间内完成,则函数 $g(n)$ 就是该问题的计算复杂性下界。若已经知道一个和下界的效率类型相同的算法,则称该下界是紧密的。

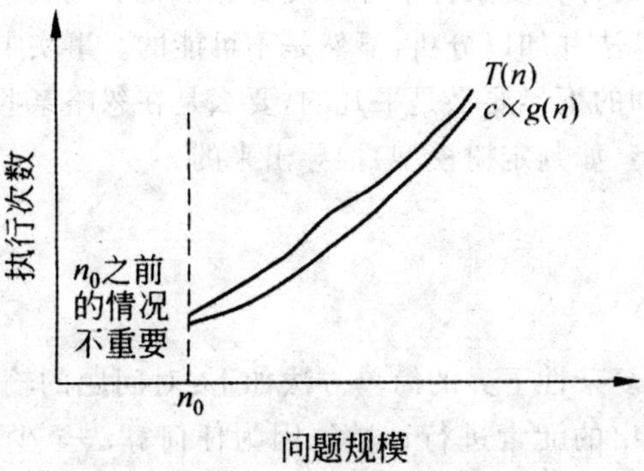

图 1-3　大 Ω 符号的含义

通常情况下，大 Ω 符号与大 O 符号配合以证明某问题的一个特定算法是该问题的最优算法，或是该问题中的某算法类中的最优算法。一般情况下，若能够证明某问题的时间下界是 $\Omega(g(n))$，则对以时间 $O(g(n))$ 来求解该问题的任何算法，都认为是求解该问题的最优算法。

例 1.1　如下算法实现在一个数组中求最小值元素，证明该算法是最优算法。

```
int ArrayMin(int a[],int n)
{
int min=a[0];
for(int i=1;i<n;i++)
   if(a[i]<min) min=a[i];
return min;
}
```

证明：在这个算法中，需要进行的比较操作共计 $n-1$ 次，其时间复杂性是 $O(n)$。下面证明对于任何 n 个整数，求最小值元素至少需要进行 $n-1$ 次比较，即该问题的时间下界是 $\Omega(n)$。

将 n 个整数划分为三个动态的集合 A、B 和 C，其中，A 为未知元素的集合，B 为已经确定不是最小元素的集合，C 是最小元素的集合，任何一个通过比较求最小值元素的算法都要从三个集合为 $(n,0,0)$（即 $|A|=n,|B|=0,|C|=0$）的初始状态开始，经过运行，最终到达 $(0,n-1,1)$ 的完成状态，如图 1-4 所示。

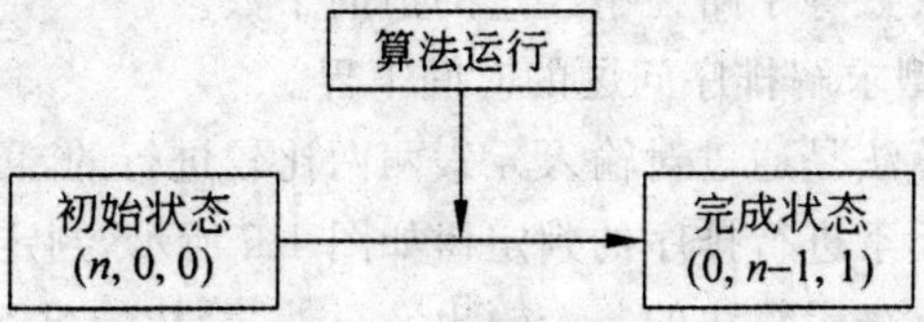

图 1-4　通过比较求最小值元素的算法

从本质上看来，这个过程是将元素从集合 A 向 B 和 C 移动的过程，但每次比较，至多能把一个较大的元素从集合 A 移向集合 B，因此，任何求最小值算法至少要进行 $n-1$ 次比较，其时间下界是 $\Omega(n)$。所以，算法 ArrayMin 是最优算法。

确定和证明某个问题的计算复杂性下界难度都相当的大，因为这涉及求解该问题的所有算法，而枚举所有可能的算法并加以分析，显然是不可能的。事实上，存在大量问题，它们的下界是不清楚的，大多数已知的下界要么是平凡的，要么是在忽略某些基本运算（如算术运算）的意义上，应用某种计算模型（如判定树模型）推导出来的。

1.5.2　平凡下界

确定一个问题的计算复杂性下界的简单方法如下：对问题的输入中必须要处理的元素进行计数，同时，对必须要输出的元素进行计数。因为任何算法至少要“读取”所有要处理的元素，并“写出”它的全部输出，这种计数方法产生的是一个平凡下界。例如，任何生成 n 个不同元素的所有排列对象的算法必定属于 $\Omega(n!)$，因为输出的规模是 $n!$；计算两个 n 阶矩阵乘积的算法必定属于 $\Omega(n^2)$，因为算法必须处理两个输入矩阵中的 n^2 个元素，并输出乘积中的 n^2 个元素。

无须借助任何计算模型或进行复杂的数学运算，平凡下界即可推导出来，但是平凡下界往往过小而意义不大。例如，TSP 问题的平凡下界是 $\Omega(n^2)$，因为对于 n 个城市的 TSP 问题，问题的输入是 $n(n-1)/2$ 个距离，问题的输出是构成最优回路的 $n+1$ 个城市的序列，而这个平凡下界是没有任何实际意义的，因为 TSP 问题至今还没有找到一个多项式时间算法。

1.5.3　判定树模型

许多算法的工作方式都是对输入元素进行比较，例如，排序和查找算法，因此可以用判定树来研究这些算法的时间性能。判定树是满足如下条件的二叉树：

①每一个内部结点都和一个形如 $x \leqslant y$ 的比较保持对应关系，若关系成立，则控制转移到该结点的左子树，否则，控制转移到该结点的右子树。

②每一个叶子结点表示问题的一个结果。在用判定树模型建立问题的时间下界时，通常求解问题的所有算术运算都会被忽略，只考虑执行分支的转移次数。

需要注意的是，判定树中叶子结点的个数可能大于问题的输出个数，因为对于某些算法，不同的比较路径可能得到的输出是相同的。但是，判定树中叶子结点的个数必须至少和可能的输出一样多。对于一个问题规模为 n 的输入，算法可以沿着判定树中一条从根结点到叶子结点的路径来完成，比较次数等于路径中经过的边的个数。

例 1.2　用判定树模型求解排序问题的时间下界。

解：基于比较的排序算法是通过对输入元素两两比较进行的，可以用判定树来描述完整的比较过程。例如，对三个元素进行排序的判定树如图 1-5 所示，判定树中每一个内部结点代表一次比较，每一个叶子结点表示算法的一个输出。显然，最坏情况下的时间复杂性不超过判定树的高度。

由判定树模型不难看出，可以把排序算法的输出解释为对一个待排序序列的下标求一种排列，这样一来序列中的元素就会按照升序进行排列。例如，待排序序列是 $\{a_1, a_2, a_3\}$，则下标的一个排列 321 使得输出满足 $a_3 < a_2 < a_1$，且该输出对应判定树中一个叶子结点。因此，

将一个具有 n 个元素的序列排序后，可能的输出有 $n!$ 个。也就是说，判定树的叶子结点至少有 $n!$ 个。至少具有 $n!$ 个叶子结点的判定树，其高度是 $\Omega(n\log_2 n)$，所以，基于比较的排序算法的时间下界是 $\Omega(n\log_2 n)$。因此，若一个基于比较的排序算法的时间复杂性是 $O(n\log_2 n)$，就认为它是基于比较的排序算法中的最优算法。

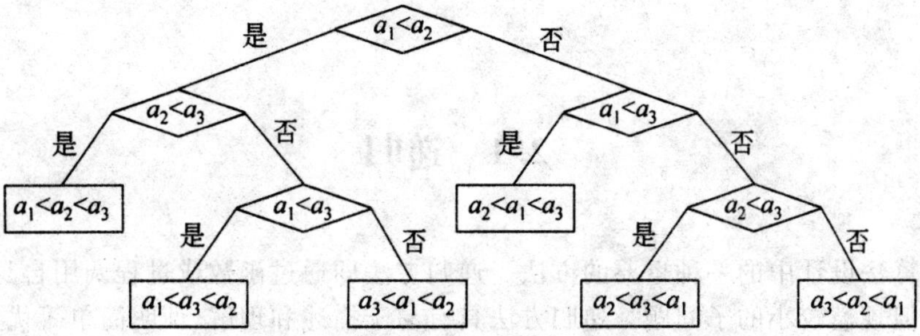

图 1-5 对三个数进行排序的判定树

第 2 章 递归与分治策略

2.1 递归

递归是算法设计中的一种重要的方法。递归方法即通过函数或过程调用自身将问题转化为本质相同但规模较小的子问题。递归方法具有易于描述和理解、证明简单等优点，在动态规划、贪心算法、回溯法等诸多算法中都有着极为广泛的应用，是许多复杂算法的基础。

2.1.1 递归调用

所谓递归调用，是指一个过程或函数在其定义或说明中直接或间接调用自身的一种方法。通常把一个大型复杂的问题层层转化为一个与原问题相似的规模较小的问题来求解。递归策略只需少量的程序就可描述出解题过程所需要的多次重复计算，大大地减少了程序的代码量。递归的能力在于用有限的语句来定义对象的无限集合。

用递归思想写出的程序往往十分简洁易懂。一般来说，递归需要有边界条件、递归前进段和递归返回段。当边界条件不满足时，递归前进；当边界条件满足时，递归返回。

使用递归要注意，必须有一个明确的递归结束条件，称为递归出口。递归和分治是相统一的，递归算法中含有分治思想，分治算法中也常用递归算法。

例如，有函数 r，如下：

```
int r(int a)
{
  b=r(a-1);
  return b;
}
```

这个函数是一个递归函数，但是运行该函数将无休止地调用其自身，这显然是不正确的。为了防止递归调用无终止地进行，必须在函数内有终止递归调用的手段。常用的办法是加条件判断，满足某种条件后就不再作递归调用，然后逐层返回。

构造递归方法的关键在于建立递归关系。这里的递归关系可以是递归描述的，也可以是递推描述的。

2.1.2 递归设计的简单应用举例

例 2.1 一块板上有三根针，A、B、C。A 针上套有 n 个大小不等的圆盘，大的在下，小的在上。要把这 n 个圆盘从 A 针移动 C 针上，每次只能移动一个圆盘，移动可以借助 B 针进行。但在任何时候，任何针上的圆盘都必须保持大盘在下，小盘在上。从键盘输入 n，要求给出移动的次数和方案。

解：由圆盘的个数建立递归关系。当 $n=1$ 时，只要将唯一的圆盘从 A 移到 C 即可。当 $n>1$ 时，只要把较小的 $(n-1)$ 片按移动规则从 A 移到 B，再将剩下的最大的从 A 移到 C(即中间“借助”B 把圆盘从 A 移到 C)，再将 B 上的 $(n-1)$ 个圆盘按照规则从 B 移到 C(中间“借助”A)。

本题的特点在于不容易用数学语言写出具体的递归函数，但递归关系明显，仍可用递归方法求解。代码如下：

```
#include<stdio.h>
hanoi(int n,int x,int y,int z)
{
  if(n==1)
  printf("%C-->%c\n",x,z);
  else
  {
  hanoi(n-1,x,z,y);
  printf("%C-->%c\n",x,z);
  hanoi(n-1,y,x,z);
  }
}
void main()
{
int h;
printf("\n input number:\n");
scanf("%d",&h);
printf("the step to moving%2d diskes:\n",h);
hanoi(h,'a','b','c');
}
```

从程序中可以看出，hanoi 函数是一个递归函数，它有四个形参 n、x、y、z。n 表示圆盘数，x、y、z 分别表示三根针。hanoi 函数的功能是把 x 上的 n 个圆盘移动到 z 上。当 $n==1$ 时，直接把 x 上的圆盘移至 z 上，输出 $x-->z$。如 $n!=1$ 则分为三步：递归调用 hanoi 函数，把 $n-1$ 个圆盘从 x 移到 y；输出 $x-->z$；递归调用 hanoi 函数，把 $n-1$ 个圆盘从 y 移到 z。在递归调用过程中 $n=n-1$，故 n 的值逐次递减，最后 $n=1$ 时，终止递归，逐层返回。当 $n=4$ 时程序运行的结果为

```
input number:4
the step to moving 4 diskes:
a→b  a→c  b→c  a→b  c→a  c→b
```

a→b　a→c　b→c　b→a　c→a　b→c

a→b　a→c　b→c

例 2.2　用递归法计算 $n!$。

$n!$ 的计算是一个典型的递归问题。使用递归方法来描述程序，十分简单且易于理解。

①描述递归关系。递归关系是这样的一种关系。设 $\{U_1, U_2, U_3, \cdots, U_n, \cdots\}$ 是一个序列，若从某一项 k 开始，U_n 和它之前的若干项之间存在一种只与 n 有关的关系，这便称为递归关系。注意到，当 $n \geqslant 1$ 时，$n! = n*(n-1)!$（$n=0$ 时，$0! = 1$），这就是一种递归关系。对于特定的 $k!$，它只与 k 与 $(k-1)!$ 有关。

②确定递归边界。在①的递归关系中，对大于 k 的 U_n 的求解将最终归结为对 U_k 的求解。这里的 U_k 称为递归边界(或递归出口)。在本例中，递归边界为 $k=0$，即 $0! = 1$。对于任意给定的 $N!$，程序将最终求解到 $0!$。

确定递归边界十分重要，若没有确定递归边界，将导致程序无限递归而引起死循环。例如，以下程序：

```
#include<stdio.h>
int f(int x){
  retum(f(x-1));
}
main(){
printf(f(5));
}
```

它没有规定递归边界，运行时将无限循环，会导致错误。

③写出递归函数并译为代码。将①和②中的递归关系与边界统一起来用数学语言来表示，即当 $n \geqslant 1$ 时，$n! = n*(n-1)!$；当 $n=0$ 时，$n! = 1$。

再将这种关系翻译为代码，即一个函数：

```
long ff(int n){
long f;
if(n<0)printf("n<0,input error");
else if(n==0 || n==1)f=1;
  else f=ff(n-1) * n;
return(f);
}
```

④完善程序。主要的递归函数已经完成，将程序依题意补充完整即可。

```
#include<stdio.h>
long ff(int n){
long f;
if(n<0)printf("n<0,input error");
else if(n==0 || n==1)f=1;
  else f=ff(n-1) * n;
```

```
return(f);
}
void main()
{int n;
 long y;
 printf("\n input a integer number:\n");
scanf("%d",&n);
y=ff(n);
printf("%d! =%1d",n,y);
}
```

程序中给出的函数 ff 是一个递归函数。主函数调用 ff 后即进入函数 ff 执行，若$n<0$，$n=0$ 或 $n=1$ 时都将结束函数的执行，否则就递归调用 ff 函数自身。由于每次递归调用的实参为 $n-1$，即把 $n-1$ 的值赋予形参 n，最后当 $n-1$ 的值为 1 时再作递归调用，形参 n 的值也为 1，将使递归终止，然后可逐层退回。

下面我们再举例说明该过程。设执行本程序时输入为 5，即求 5！。在主函数中的调用语句即为 $y=ff(5)$，进入 ff 函数后，由于 $n=5$，不等于 0 或 1，故应执行 $f=ff(n-1)*n$，即 $f=ff(5-1)*5$。该语句对 ff 作递归调用即 $ff(4)$。递归分为递推和回归，展开结果如图 2-1 所示。

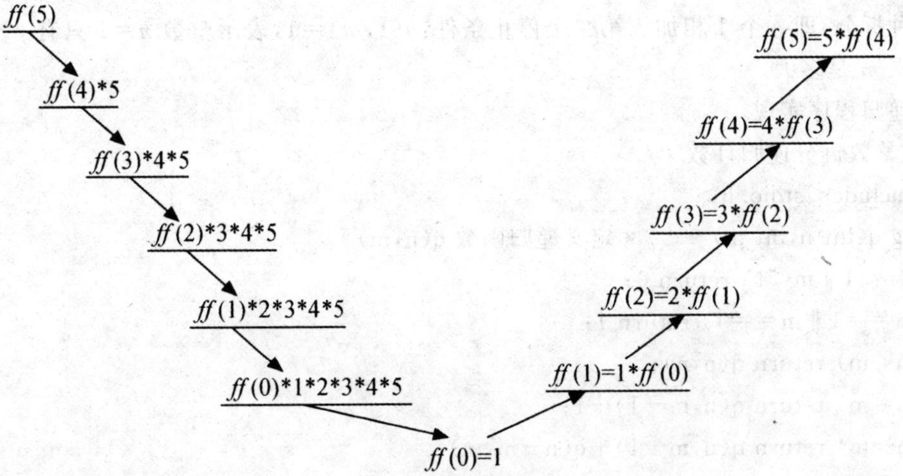

图 2-1　递归展开图

进行 4 次递归调用后，ff 函数形参取得的值变为 1，故不再继续递归调用而开始逐层返回主调函数。$ff(1)$的函数返回值为 1，$ff(2)$的返回值为 $1*2=2$，$ff(3)$的返回值为 $2*3=6$，$ff(4)$的返回值为 $6*4=24$，最后返回值 $ff(5)$为 $24*5=120$。

综上，得出构造一个递归方法基本步骤，即描述递归关系、确定递归边界、写出递归函数并译为代码，最后将程序完善。

以上例 2.2 也可以不用递归的方法来完成。如可以用递推法，即从 1 开始乘以 2，再乘以

3……直到 n。递推法比递归法更容易理解和实现。但是有些问题则只能用递归算法才能实现。典型的问题是 Hanoi 塔问题。

上述的两个示例中都应用了函数的递归调用,并且使问题变得简单,算法的复杂度也不高,但并不是所有的问题都用递归可以简化问题,如下例。

例 2.3 将正整数 n 表示成一系列正整数之和,$n=n_1+n_2+\cdots+n_k$,其中,$n_1>n_2>\cdots>n_k$,$k>=1$。正整数 n 的不同划分个数称为 s 的划分数,记为 $p(s)$。例如,6 有 11 种不同的划分,所以 $p(6)=11$,分别是:

6; 5+1; 4+2; 4+1+1; 3+3; 3+2+1; 3+1+1+1;

2+2+2; 2+2+1+1; 2+1+1+1+1; 1+1+1+1+1+1。

应用递归设计求整数 n 的拆分数。

①递归算法设计。设 n 的"最大零数不超过 m"的拆分式个数为 $q(n,m)$,则

$$q(n,m)=1+q(n,n-1)\ (n=m)$$

等式右边的"1"表示 n 只包含等于 n 本身;$q(n,n-1)$ 表示 n 的所有其他拆分,即最大零数不超过 $n-1$ 的拆分。

$$q(n,m)=q(n,m-1)+q(n-m,m)\ (1<m<n)$$

其中,$q(n,m-1)$ 表示零数中不包含 m 的拆分式数目;$q(n-m,m)$ 表示零数中包含 m 的拆分数目,因为若确定了一个拆分的零数中包含 m,则剩下的部分就是对 $n-m$ 进行不超过 m 的拆分。

加入递归的停止条件。第一个停止条件:$q(n,1)=1$,表示当最大的零数是 1 时,该整数 n 只有一种拆分,即 n 个 1 相加。第二个停止条件:$q(1,m)=1$,表示整数 $n=1$ 只有一个拆分,不管上限 m 是多大。

②递归程序实现。

```
/*整数拆分递归计数*/
#include<stdio.h>
long q(int n,int m)      /*定义递归函数 q(n,m)*/
{if(n<1 || m<1) return 0;
if(n==1 || m==1) return 1;
if(n<m) return q(n,n);
if(n==m) return q(n,m-1)+1;
if(n>m) return q(n,m-1)+q(n-m,m);
  }
void main()
{int z,s;    /*调用递归函数 q(s,s)*/
printf("请输入 s:");scanf("%d",&s);
printf("p(%d)=%1d\n",s,q(s,s));
}
```

③程序运行示例与说明。

运行程序,输入 20,得

p(20)=627

以上程序计算 s 的划分数，分别多次调用 $q(1,1),\cdots,q(n-1,n-1)$，这样的程序会造成子问题重复计算，所以复杂度较高。

2.2　分治策略的基本思想

递归方法中所使用的"分而治之"的策略称为分治策略。

分治策略的基本思想是将一个规模为 n 的问题分解为 k 个规模较小的子问题，这些子问题互相独立且与原问题相同。递归地解这些子问题，然后将各子问题的解合并得到原问题的解。它的一般的算法设计模式如下：

算法 2.1　分治法的一般框架

```
Divide-and-Conquer(P)
{
  if(|P|<=n0) Adboc(P);
  divide P into smaller subinstances
  P1,P2,…,Pk;
  for(i=1;i<=k;i++)
  yi=Divide-and-Conquer(Pi);
  return Merge(y1,…,yk);
}
```

其中，|P|表示问题 P 的规模，n_0 为一阈值，表示当问题 P 的规模不超过 n_0 时，问题已容易解出，不必再继续分解。Adhoc(P)是该分治法中的基本子算法，用于直接解小规模的问题 P。因此，当 P 的规模不超过 n_0 时，直接用算法 Adhoe(P)求解。算法 Merge(y1,y2,…,yk)是该分治法中的合并子算法，用于将 P 的子问题 P1,…,Pk 的解 y1,…,yk 合并为 P 的解。

对于使用分治法时应该将原问题分为多少个子问题比较适宜，每个子问题是否规模相同等问题目前还没有明确的答案。但通过大量实践，人们发现在用分治法设计算法时最好使子问题的规模大致相同。即将一个问题分成大小相等的 k 个子问题的处理方法是行之有效的。许多问题可以取 $k=2$。这种使子问题规模大致相等的做法是出自一种平衡子问题的思想，它几乎总是比子问题规模不等的做法要好。

从分治法的一般设计模式可以看出，用它设计出的程序一般是一个递归算法。因此，分治法的计算效率通常可以用递归方程来进行分析。若一个分治法将规模为 n 的问题分成 k 个规模为 n/m 的子问题。为方便起见，设分解阈值 n0=1，且 Adhoc 解规模为 1 的问题耗费 1 个单位时间，再设将原问题分解为 k 个子问题以及用 Merge 将 k 个子问题的解合并为原问题的解需用 $f(n)$ 个单位时间。用 $T(n)$ 表示该分治法规模为 $|P|=n$ 的问题所需的计算时间，则有：

$$T(n)=\begin{cases}O(1), n=1\\kT(n/m)+f(n), n>1\end{cases}$$

根据递归方程的求解方法，解这个与分治法有密切关系的递归方程。反复代入求解得

$$T(n) = n^{\log_m k} + \sum_{j=0}^{\log_m n-1} k^j f(n/m^j)$$

注意，递归方程及其解只给出 n 等于 m 的方幂时 $T(n)$ 的值，但是如果认为 $T(n)$ 足够平滑，那么由 n 等于 m 的方幂时 $T(n)$ 的值可以估计 $T(m)$ 的增长速度。通常，我们可以假定 $T(n)$ 是单调上升的。

另一个需要注意的问题是，在分析分治法的计算效率时，通常得到的是递归不等式：

$$T(n) = \begin{cases} O(1), n = n_0 \\ kT(n/m) + f(n), n > n_0 \end{cases}$$

而我们关心的一般是最坏情况下的计算时间复杂度的上界，所以用等号(=)还是用小于等于号(≤)的区别并不大。

虽然以分治法为基础，将要求解的问题分成与原问题类型相同的子问题来求解的算法用递归过程描述是很自然的，但为了提高效率，则往往需要将这一递归形式转换成迭代形式。

算法 2.2　分治法抽象化控制的迭代形式

```
void DANDC(Type p,Type q)
{
//DANDC 的迭代模型。说明一个适当大小的栈
int s,t;
intistack(sqstack)=0;      //定义工作栈 sqstack
  L1:while(! SMALL(p,q))
{
  m=DIVIDE(p,q);    //确定如何分割这些输入
  push(sqstack,(p,q,m,0,2));    //处理第一次递归调用
  q=m;
}
t=answer(p,q);
while(! stackEmpty(sqstack))
{
  pop(sqstack,(p,q,m,s,ret));    //从 STACK 栈退出
  if(ret==2)
  {
  push(sqstack(p,q,m,t,3));    //进 STACK 栈处理第二次递归调用
    p=m+1;
  goto L1;
  }
  else
  t=COMBINE(s,t);    //将两个子解合并成一个解
}
```

```
return t;
}
```

2.3 分治算法的分析技术

分治法求解思想可以从下面一个实例的求解中体现。

例 2.4 在含有 n 个不同元素的集合 $a[n]$ 中同时找出它的最大和最小元素。不妨设 $n=2^m,m\geqslant 0$。

对求 n 个数的最大和最小,可以设计出许多种算法,这里使用分治法设计求解。

当集合只有 1 个元素时:

```
*max=*min=a[i];
```

集合只有 2 个元素时:

```
if(a[i]<a[j]){*max=a[j];*min=a[i];}
else{*max=a[i];*min=a[j];}
```

集合中有更多元素时,将原集合分解成两个子集,分别求两个子集的最大和最小元素,再合并结果。

具体如下:

```
typedef struct{
Elem Type max;
Elem Type min;
}SOLUTION;
SOLUTION MaxMin(i,j)
{
SOLUTION s,s1,s2;
  if(i==j){s.max=s.min=a[i];return s;}
if(i==j-1)
{if(a[i]<a[j]){s.max=a[j];s.min=a[i];}
  else       {s.max=a[i];s.min=a[j];}
  return s;
}
k=(i+j)/2;
s1=MaxMin(i,k);s2=MaxMin(k+1,j);
(s1.max>=s2.max)? (s.max=s1.max):(s.max=s2.max);
(s1.min<=s2.min)? (s.min=s1.min):(s.min=s2.min);
return s;
}
```

输入一组数 $a=\{22,10,60,78,45,51,8,36\}$,调用 MaxMin 函数,划分区间,区间划分将

一直进行到只含有1个或2个元素时为止，然后求子解，并返回。上述算法执行流程如图2-2所示。

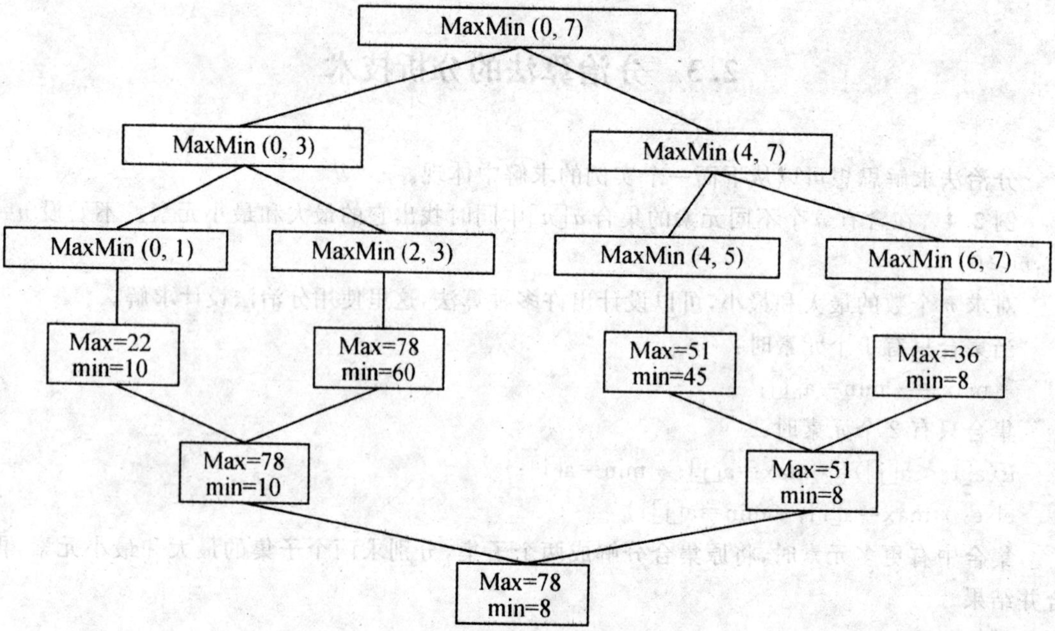

图2-2 MaxMin算法执行过程图

通过对上述执行过程的分析，可以得出分治算法设计的两个基本特征：第一，分治法求解子集是规模相同、求解过程相同的实际问题的分解；第二，求解过程反复使用相同的求解子集来实现的，这种过程可以使用递归函数来实现算法，也可以使用循环。用分治法设计出来的程序一般是一个递归算法，因而例2.4中是用递归来实现的。

算法的时间复杂度是衡量一个算法优劣的重要指标，在分治的过程中，一般采用的算法是一个递归算法，因而分治法的计算效率在于在递归的求解过程中的时间消耗。

对例2.4中MaxMin过程的性能分析(仅考虑算法中的比较运算)，则计算时间$T(n)$为

$$T(n)=\begin{cases}0, n=1\\1, n=2\\T(\lfloor n/2\rfloor)+T(\lceil n/2\rceil), n>2\end{cases}$$

当n是2的幂时($n=2^k$)，化简上式有：

$$\begin{aligned}T(n)&=2(n/2)+2\\&=2(2T(n/4)+2)+2\\&=2^{k-1}T(2)+\sum_{1\leqslant i\leqslant k-1}2^i\\&=2^{k-1}+2^k-2\\&=3n/2-2\end{aligned}$$

性能比较：

①与直接搜索算法相比，比较次数减少了25%($3n/2-2:2n-2$)，已经达到了以元素比

较为基础的找最大最小元素的算法计算时间的下界。

②递归调用存在以下几个问题：空间占用量大，有 $\lfloor \log n \rfloor + 1$ 级的递归；入栈参数有 i、j、$f$max、$f$min 和返回地址 5 个值；时间可能不比预计的理想，当元素 $A(i)$ 和 $A(j)$ 的比较与 i 和 j 的比较在时间上相差不大时，算法 MaxMin 不可取。

因为分治法设计算法的递归特性，所以若将原问题所分成的两个子问题的规模大致相等，则总的计算时间可用递归关系式表示如下：

$$T(n)=\begin{cases} g(n), n \text{ 足够小} \\ 2T\left(\dfrac{n}{2}\right)+f(n), \text{否则} \end{cases}$$

其中，$T(n)$ 表示输入规模为 n 的计算时间；$g(n)$ 表示对足够小的输入规模直接求解的计算时间；$f(n)$ 表示对两个子区间的子结果进行合并的时间（该公式针对具体问题有各种不同的变形）。

2.4 二分搜索技术

二分搜索算法是运用分治策略的典型例子。

已知给定已排好序的 n 个元素表现 $a_1, a_2, \cdots, a_n$，要求判定某给定元素 x 是否在该表中出现。若是，则找出 x 在表中的位置，并将此下标值赋给变量 j；若非，则将 j 置成 0。该检索问题可以使用分治法来求解。

设该问题用 $I=(n, a_1, a_2, \cdots, a_n, x)$ 来表示，可以将它分解成一些子问题。一种可能的做法是，选取一个下标走，由此得到三个子问题：

① $I_1=(k-1, a_1, a_2, \cdots, a_{k-1}, x)$。

② $I_2=(1, a_k, x)$。

③ $I_3=(n-k, a_{k+1}, \cdots, a_n, x)$。

对于 I_2，通过比较 x 和 a_k 容易得到解决。若 $x=a_k$，则 $j=k$ 且不需再对 I_1 和 I_3 求解；否则，$j=0$，并需要在 I_1 或 I_3 中继续求解此问题。此时，若 $x<a_k$，则只有 I_1 可能有解，在 I_3 中一定无解 $(j=0)$；若 $x>a_k$，则只有 I_3 可能有解，在 I_1 中一定无解 $(j=0)$；在与 a_k 进行比较后，待求解的问题（若有的话）可以再一次使用分治方法来求解。若对所求解的问题（或子问题）所选的下标 k 都是其问题空间的中间元素的下标（例如，对于问题 I，取 $k=\lceil (n+1)/2 \rceil$），则所产生的算法就是通常所说的二分检索。

例如，在有序表{7,14,17,21,27,31,38,42,46,53,75}中查找值为 21 时，初始状态如图 2-3 所示。此时 n=11，right=n−1=10。

第一次查找时，middle=5，$a[5]=31 \neq x$，而且 $a[5]>x$。显然，待查找的 x 在数组的左半部分。此时，改变区间的右边界 right=middle−1=5−1=4，然后在 $a[0:4]$ 中查找即可。

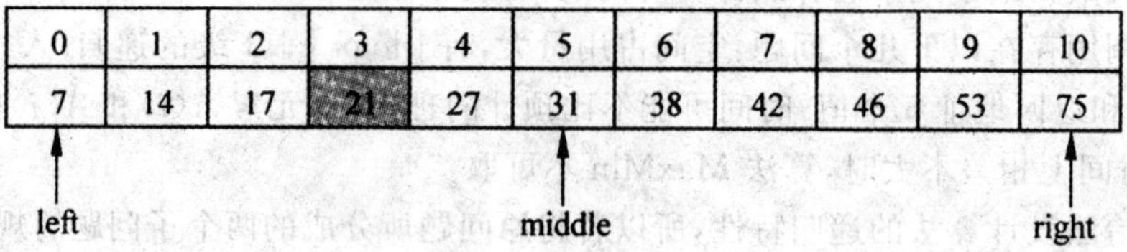

图 2-3　二分查找算法的初始状态

算法 2.3　二分搜索递归算法

```
Template＜class Type＞
int BinarySearch(Type a[],const Type& x,int n)
{//在 a[0]＜＝a[1]＜＝…＜＝a[n－1]中搜索 x
//找到 x 时返回其在数组中的位置,否则返回－1
  int left＝0;int right＝n－1;
  while(left＜＝right){
    int middle＝(left＋right)/2;
    if(x＝＝a[middle]) return middle;
    if(x＞a[middle]) left＝middle＋1;
    else right＝middle－1;
  }
  return －1;//未找到 x
}
```

容易看出,每执行一次算法的 while 循环,待搜索数组的大小减少一半。因此,在最坏情况下,while 循环被执行了 $O(\log n)$ 次。循环体内运算需要 $O(1)$ 时间,因此整个算法在最坏情况下的计算时间复杂性为 $O(\log n)$。二分查找只适用顺序存储结构。为保持表的有序性,在顺序结构里插入和删除都必须移动大量的结点。因此,二分查找特别适用于那种一经建立就很少改动而又经常需要查找的线性表。对那些查找少而又经常需要改动的线性表,可采用链表作存储结构,进行顺序查找。链表上无法实现二分查找。

二分搜索算法的思想易于理解,但是要写一个正确的二分搜索算法也不是一件简单的事。Knuth 曾在他的著作中提到,第一个二分搜索算法早在 1946 年就出现了,但是第一个完全正确的二分搜索算法却直到 1962 年才出现。Bentley 也在他的著作中写道,90％的计算机专家不能在 2h 内写出完全正确的二分搜索算法。

2.5　合并排序法

合并排序算法是用分治策略实现对 n 个元素进行排序的算法。其基本思想是:当 $n=1$ 时终止排序;否则将待排序元素划分为两个长度相等的子序列,分别对这两个子序列进行排序,最终将这两个有序子序列合并成为所要求的有序序列(图 2-4)。

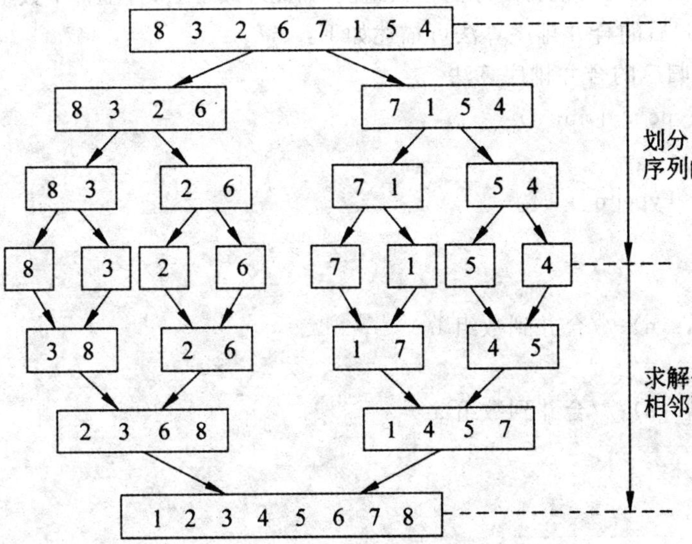

图 2-4　归并排序的分治思想

合并排序算法可递归地描述如下：

算法 2.4　递归描述合并排序算法

```
void MergeSort(Type a[],int left,int right)
{
  if(left<right){//至少有 2 个元素
  int i=(left+right)/2;//取中点
  MergeSort(a,left,i);
  MergeSort(a,i+1,right);
  Merge(a,b,left,i,right);//合并到数组 b
  Copy(a,b,left,right);//复制回数组 a
  }//if
}
```

其中，算法 Merge 合并两个排好序的数组段到一个新的数组 b 中，然后由 Copy 将合并后的数组段再复制回数组 a 中。Merge 和 Copy 显然可在 $O(n)$ 时间内完成，因此合并排序算法对 n 个元素进行排序，在最坏情况下所需的计算时间 $T(n)$ 满足

$$T(n)=\begin{cases}O(1), n\leqslant 1\\ 4T(n/2)+O(n), n>1\end{cases}$$

解此递归方程可知 $T(n)=O(n\log n)$。由于排序问题的计算时间下界为 $\Omega(n\log n)$，故合并排序算法是一个渐近最优算法。

对于算法 MergeSort，还可以从多方面对它进行改进。例如，从分治策略的机制入手，容易消除算法中的递归。事实上，算法 MergeSort 的递归过程只是将待排序集合一分为二，直至待排序集合只剩下一个元素为止，然后不断合并两个排好序的数组段。按此机制，我们可以首先将数组 a 中相邻元素两两配对。用合并算法将它们排序，构成 $n/2$ 组长度为 2 的排好序的子数组段，然后再将它们排序成长度为 4 的排好序的子数组段，如此继续下去，直至整个数组排好序。

按此思想，消去递归后的合并排序算法可描述如下：

算法 2.5 消去递归后的合并排序算法

```
void MergeSort(Type a[],int n)
{
  Type b[]=new Type[n];
  int s=1;
  while(s<n){
  MergePass(a,b,s,n);//合并到数组 b
  s+=s;
  MergePass(b,a,s,n);//合并到数组 a
  s+=s;
  }
}
```

其中，函数 MergePass 用于合并排好序的相邻数组段。具体的合并算法由 Merge 来实现。

MergePass 函数实现：

```
void MergePass(Type x[],Type y[],int s,int n)
{//合并大小为 s 的相邻子数组
  int i=0;
  while(i<=n-2*s){
    //合并大小为 s 的相邻 2 段子数组
    Merge(x,y,i,i+s-1,i+2*s-1);
    i=i+2*s;
    }
  //剩下的元素个数少于 2s
  if(i+s<n) Merge(x,y,i,i+s-1,n-1);
  else for(int j=i;j<=n-1;j++)
    y[j]=x[j];
}
```

Merge 函数实现：

```
void Merge(Type c[],Type d[],int l,int m,int r)
{//合并 c[l:m]和 c[m+1:r]到 d[l:r]
  int i=l;
  int j=m+1;
  int k=l;
  while((i<=m)&&(j<=r))
    if(c[i]<=c[j]) d[k++]=c[i++];
    else d[k++]=c[j++];
```

```
    if(i>m)for(int q=j;q<=r;q++)
      d[k++]=c[q];
    else for(int q=i;q<=m;q++)
      d[k++]=c[q];
}
```

自然合并排序是上述合并排序算法 MergeSort 的一个变形。在上述合并排序算法中，我们在第一步合并相邻长度为 1 的子数组段，这是因为长度为 1 的子数组段是已排好序的。事实上，对于初始给定的数组 a，通常存在多个长度大于 1 的已自然排好序的子数组段。例如，若数组 a 中元素为{4,8,3,7,1,5,6,2}，则自然排好序的子数组段有{4,8}，{3,7}，{1,5,6}和{2}。用 1 次对数组 a 的线性扫描就足以找出所有这些排好序的子数组段。然后将相邻的排好序的子数组段两两合并，构成更大的排好序的子数组段。对上面的例子，经一次合并后我们得到 2 个合并后的子数组段{3,4,7,8}和{1,2,5,6}。继续合并相邻排好序的子数组段，直至整个数组已排好序。上面这 2 个数组段再合并后就得到{1,2,3,4,5,6,7,8}。

上述思想就是自然合并排序算法的基本思想。在通常情况下，按此方式进行合并排序所需的合并次数较少。例如，对于所给的 n 元素数组已排好序的极端情况，自然合并排序算法不需要执行合并步，而算法 MergeSort 需要执行 $\lceil \log n \rceil$ 次合并。因此，在这种情况下，自然合并排序算法需要 $O(n)$ 时间，而算法 MergeSort 需要 $O(n\log n)$ 时间。

例 2.5　为了更好地理解改进后的合并排序，我们来看它是如何对 8 个元素的序列(50,10,25,30,15,70,35,55)排序的。我们假设少于 16 个元素的排序并不使用插入排序。表 2-1 给出在每次 MergeSort1 调用结束后链接数组是如何变化的。每一行中 p 的值指向 Merge1 结束时生成的链接表。右边是这些表对应的有序元素的子集。例如，在最后一行里 $p=2$，这样它开始的链接表是 2、5、3、4、7、1、8 和 6；表示 a[2]<=a[5]<=a[3]<=a[4]<=a[7]<=a[1]<=a[8]<=a[6]。

表 2-1　链接数组变化的示例

在 a[1:8]=(50,10,25,30,15,70,35,55)上使用 MergeSort1

	(0)	(1)	(2)	(3)	(4)	(5)	(6)	(7)	(8)	
a		50	10	25	30	15	70	35	55	
link	0	0	0	0	0	0	0	0	0	
qrp										
122	2	0	1	0	0	0	0	0	0	(10,50)
343	3	0	1	4	0	0	0	0	0	(10,50),(25,30)
232	2	0	3	4	1	0	0	0	0	(10,25,30,50)
565	5	0	3	4	1	6	0	0	0	(10,25,30,50),(15,70)
787	7	0	3	4	1	6	0	8	0	(10,25,30,50),(15,70),(35,55)
575	5	0	3	4	1	7	0	8	6	(10,25,30,50),(15,35,55,70)
252	2	8	5	4	7	3	0	1	6	(10,15,25,30,35,50,55,70)

2.6 快速排序法

快速排序算法是基于分治策略的另一个排序算法。快速排序(quick sort)的分治策略如下:在待排序的 n 个数据 $r[1,2,\cdots,n]$ 中任取一个数作为轴值,以轴值为基准将其余 $n-1$ 个数据划分为两个子序列,轴值的位置在划分的过程中确定,小于基准的数放在左边,大于基准的数放在右边;分别对划分后的每一个子序列递归处理;由于对前后两个子序列的排序是就地进行的,所以合并不需要执行任何操作(图 2-5)。

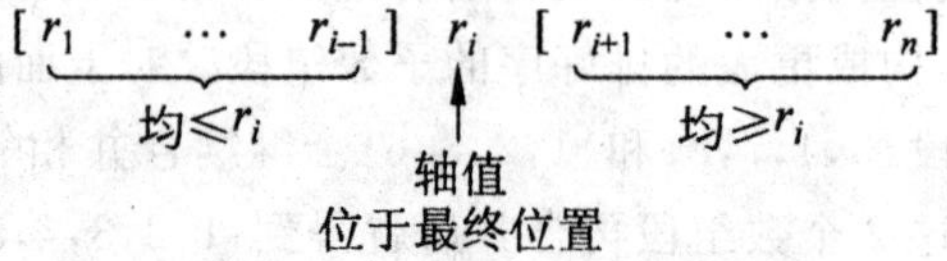

图 2-5 快速排序的分治思想

首先对待排序记录序列进行划分,划分的轴值应该遵循平衡子问题的原则,使划分后的两个子序列的长度尽量相等,这是决定快速排序算法时间性能的关键。轴值的选择有很多方法,例如,可以随机选出一个记录作为轴值,从而期望划分是较平衡的。

假设以第一个记录作为轴值,图 2-6 给出了一个划分的例子(黑体代表轴值)。

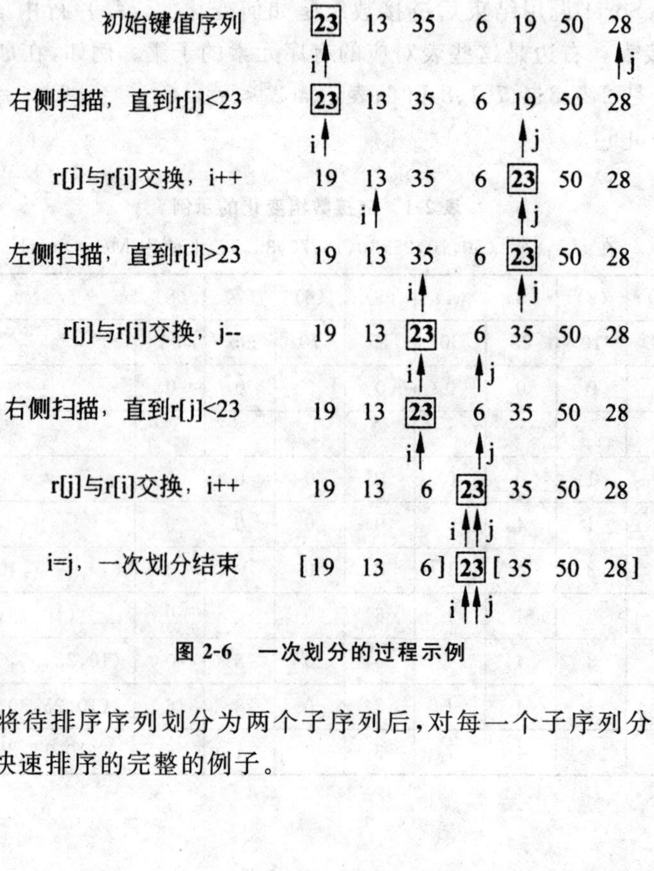

图 2-6 一次划分的过程示例

以轴值为基准将待排序序列划分为两个子序列后,对每一个子序列分别递归进行处理。图 2-7 所示是一个快速排序的完整的例子。

初始键值序列	23	13	35	6	19	50	28
一次划分之后	[19	13	6]	**23**	[35	50	28]
分别进行快序排序	[6	13]	**19**	23	[28]	**35**	[50]
	6	[13]	19	23	28	35	50
最终结果	6	13	19	23	28	35	50

图 2-7　快速排序的执行过程

算法 2.6　快速排序算法实现

```
void QuickSort(Type a[],int p,int r)
{
  if(p＜r){
    int q＝Partition(a,p,r)；
    QuickSort(a,p,q－1)；//对左半段排序
    QuickSort(a,q＋1,r)；//对右半段排序
  }//if
}
```

对含有 n 个元素的数组 $a[0:n-1]$ 进行快速排序只要调用 QuickSort(a,0,n－1)即可。上述算法中的函数 Partition，以一个确定的基准元素 $a[p]$ 对子数组 $a[p:r]$ 进行划分，它是快速排序算法的关键。

Partition 函数实现：

```
int Partition(Type a[],int p,int r)
{
  int i＝p；
  j＝r＋1
  Type x＝a[p]；
  //将＞＝x 的元素交换到左边区域
  //将＜＝x 的元素交换到右边区域
  while(true){
    while(a[＋＋i]＜x)；
    while(a[－－j]＞x)；
    if(i＞＝j)break；
    Swap(a[i],a[j])；
  }
  a[p]＝a[j]；
  a[j]＝x；
  return j；
}
```

Partition 对 $a[p:r]$ 进行划分时，以元素 $x=a[p]$ 作为划分的基准，分别从左、右两端开

始，扩展两个区域 $a[p:i]$ 和 $a[j:r]$，使得 $a[p:i]$ 中元素小于或等于 x，而 $a[j:r]$ 中元素大于或等于 x。初始时，$i=p$，且 $j=r+1$。

在 while 循环体中，下标 j 逐渐减小，i 逐渐增大，直到 $a[i]\geqslant x\geqslant a[j]$。若这两个不等式是严格的，则 $a[i]$ 不会是左边区域的元素，而 $a[j]$ 不会是右边区域的元素。此时若 $i<j$，就应该交换 $a[i]$ 与 $a[j]$ 的位置，扩展左右两个区域。

while 循环重复至 $i\geqslant j$ 时结束。这时 $a[p:r]$ 已被划分成 $a[p:q-1]$，$a[q]$ 和 $a[q+1:r]$，且满足 $a[p:q-1]$ 中元素不大于 $a[q+1:r]$ 中元素。在 Partition 结束时返回划分点 $q=j$。

事实上，函数 Partition 的主要功能就是将小于 x 的元素放在原数组的左半部分。而将大于 x 的元素放在原数组的右半部分。其中，有一些细节需要注意。例如，算法中的下标 i 和 j 不会超出 $a[p:r]$ 的下标界。另外，在快速排序算法中选取 $a[p]$ 作为基准可以保证算法正常结束。若选择 $a[r]$ 作为划分的基准，且 $a[r]$ 又是 $a[p:r]$ 中的最大元素，则 Partition 返回的值为 $q=r$，这就会使 QuickSort 陷入死循环。

对于输入序列 $a[p:r]$，Partition 的计算时间显然为 $O(r-p-1)$。

快速排序的运行时间与划分是否对称有关，其最坏情况发生在划分过程产生的两个区域分别包含 $n-1$ 个元素和 1 个元素的时候。由于函数 Partition 的计算时间为 $O(n)$，所以若算法 Partition 的每一步都出现这种不对称划分，则其计算时间复杂性 $T(n)$ 满足

$$T(n)=\begin{cases}O(1),n\leqslant 1\\T(n-1)+O(n),n>1\end{cases}$$

解此递归方程可得 $T(n)=O(n^2)$。

最好情况下，每次划分对一个记录定位后，该记录的左侧子序列与右侧子序列的长度相同。在具有 n 个记录的序列中，一次划分需要对整个待划分序列扫描一遍，则所需时间为 $O(n)$。设 $T(n)$ 是对 n 个记录的序列进行排序的时间，每次划分后，正好把待划分区间划分为长度相等的两个子序列，则有：

$$\begin{aligned}T(n)&=2T(n/2)+n=2(2T(n/4)+n/2))+n=4T(n/4)+2n\\&=4(2T(n/8)+n/4)+2n=8T(n/8)+3n\\&\cdots\\&=nT(1)+n\log 2n=O(n\log 2n)\end{aligned}$$

最坏情况下，待排序记录序列正序或逆序，每次划分只得到一个比上一次划分少一个记录的子序列(另一个子序列为空)。此时，必须经过 $n-1$ 次递归调用才能把所有记录定位，而且第 i 趟划分需要经过 $n-i$ 次比较才能找到第 i 个记录的位置，因此，时间复杂性为

$$\sum_{i=1}^{n-1}(n-i)=\frac{1}{2}n(n-1)=O(n^2)$$

平均情况下，设轴值记录的关键码第 k 小 $(1\leqslant k\leqslant n)$，则有：

$$\begin{aligned}T(n)&=\frac{1}{n}\sum_{k=1}^{n}(T(n-k)+T(k-1))+n\\&=\frac{2}{n}\sum_{k=1}^{n}T(k)+n\end{aligned}$$

这是快速排序的平均时间性能，可以用归纳法证明，其数量级也为 $O(n\log_2 n)$。这在基于比较的排序算法类中算是快速的，快速排序也因此而得名。

由于快速排序是递归执行的，需要一个栈来存放每一层递归调用的必要信息，其最大容量应与递归调用的深度一致。最好情况下要进行 $\lfloor \log_2 n \rfloor$ 次递归调用，栈的深度为 $O(\log_2 n)$；最坏情况下，因为要进行 $n-1$ 次递归调用，所以，栈的深度为 $O(n)$；平均情况下，栈的深度为 $O(\log_2 n)$。

例 2.6　划分的例子（黑体表示基准元素），设定第一个元素 49 作为基准元素。

①初始序列。如图 2-8 所示。

49　38　65　97　76　13　27
↑i　　　　　　　　　　　↑j

图 2-8　划分初始状态

②向左扫描，由于 $i<j$ 且 27<49，因此，$R[i]$与 $R[j]$交换且 i 后移一位。进行 1 次交换后的状态如图 2-9 所示。

27　38　65　97　76　13　**49**
　　↑i　　　　　　　　　↑j

图 2-9　1 次交换后的状态

③向右扫描。由于 $i<j$ 且 38<49，i 后移 1 位。i 和 j 的位置关系如图 2-10 所示。

27　38　65　97　76　13　**49**
　　　　↑i　　　　　　　↑j

图 2-10　i 后移 1 位后的状态

④向右扫描，由于 $i<j$ 且 65>49，因此，$R[i]$与 $R[j]$交换且 i 前移一位。进行两次交换后的状态如图 2-11 所示。

27　38　**49**　97　76　13　65
　　　　↑i　　　　　↑j

图 2-11　两次交换后的状态

⑤向左扫描，由于 $i<j$ 且 13<49，因此，$R[i]$与 $R[j]$交换且 i 后移一位。进行 3 次交换后状态如图 2-12 所示。

27　38　13　97　76　**49**　65
　　　　　　↑i　　　↑j

图 2-12　3 次交换后的状态

⑥向右扫描，由于 $i<j$ 且 97>49，因此，$R[i]$与 $R[j]$交换且 j 前移一位。进行 4 次交换

后的状态如图 2-13 所示。

27　38　13　**49**　76　97　65

↑i　↑j

图 2-13　4 次交换后的状态

⑦向左扫描。由于 $i<j$ 且 $76>49$，j 前移一位，i 和 j 的位置关系如图 2-14 所示。

27　38　13　**49**　76　97　65

↑i ↑j

图 2-14　j 前移 1 位的状态

⑧此时 $i=j$ 循环结束，返回 j，即基准元素所处的最终位置。至此，划分过程结束。

2.7　大整数的乘法

通常，在分析算法的计算复杂性时，都将加法和乘法运算当作基本运算来处理，即将执行一次加法或乘法运算所需的计算时间，当作一个仅取决于计算机硬件处理速度的常数。这个假定仅在参加运算的整数能在计算机硬件对整数的表示范围内直接处理时才是合理的。然而，在某些情况下，要处理很大的整数，它无法在计算机硬件能直接表示的整数范围内进行处理。若用浮点数来表示它，则只能近似地表示它的大小，计算结果中的有效数字也受到限制。若要精确地表示大整数并在计算结果中要求精确地得到所有位数上的数字，就必须用软件的方法来实现大整数的算术运算。

设 X 和 Y 都是 n 位的二进制整数，若采用小学所学的方法来设计一个计算乘积 XY 的算法，则计算步骤太多，效率较低。若将每两个 1 位数的乘法或加法看作一步运算，则这种方法要作 $O(n^2)$ 步运算才能求出乘积 XY。

下面用分治法来设计更有效的大整数乘积算法。

将 n 位的二进制整数 X 和 Y 各分为 2 段，每段的长为 $n/2$（为简单起见，假设 n 是 2 的幂），如图 2-15 所示。

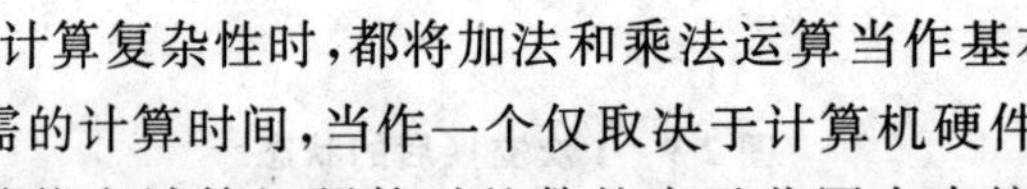

图 2-15　大整数 X 和 Y 的分段

由此，

$$X = A2^{n/2} + B, Y = C2^{n/2} + D$$

这样，X 和 Y 的乘积为

$$XY = (A2^{n/2} + B)(C2^{n/2} + D) = AC2^{n/2} + (AD + BC)2^{n/2} + BD \text{（}n\text{ 为整数）} \quad (2\text{-}1)$$

若按上式计算，则我们必须进行 4 次 $n/2$ 位整数的乘法（AC，AD，BC 和 BD），以及 3 次不超过 n 位的整数加法，此外还要做两次移位。所有这些加法和移位共有 $O(n)$ 步运算。设 $T(n)$ 是 2 个 n 位整数相乘所需的运算总数，则由上式，有：

$$T(n) = \begin{cases} O(1), n = 1 \\ 4T(n/2) + O(n), n > 1 \end{cases}$$

由此可得

$$T(n) = O(n^2)$$

因此，用式(2-1)来计算 X 和 Y 的乘积并不比小学生的方法更有效。要想改进算法的时间复杂度，必须减少乘法次数。可将 XY 写成另一种形式：

$$XY = AC2^n + ((A-B)(D-C) + AC + BD)2^{n/2} + BD \text{（为整数）} \tag{2-2}$$

此式看起来似乎更复杂些，但它仅需做 3 次 $n/2$ 位整数的乘法（AC，BD）和 $(A-B)(D-C)$，6 次加、减法和两次移位。采用解递归方程的方法马上可得其解为 $T(n) = O(n^{\log 3}) = O(n^{1.59})$。这是一个较大的改进。

利用式(2-2)，并考虑到的符号对结果的影响，给出大整数相乘的完整算法 MULT 如下。

算法 2.7　大整数相乘的完整算法

```
//X 和 Y 为两个小于 2n 的整数，返回结果为 X 和 Y 的乘积 XY
//参数 n 表示数位
Long int MULT(int X,int Y,int n)
{
S=sign(X) * sign(Y);                        //S 为 X 和 Y 的符号乘积
X=ABS(X);Y=ABS(Y);                          //X 和 Y 分别取绝对值
  if(n==1)
  if(X==1&&Y==1) return(S);
  else return(0);
  else
  {
    A=X 的左边 n/2 位；
    B=X 的右边 n/2 位；
    C=Y 的左边 n/2 位；
    D=Y 的右边 n/2 位；
    m1=MULT(A,C,n/2);
    m2=MULT(A-B,D-C,n/2);
    m3=MULT(B,D,n/2);
    S=S*(m1*2^n+(m1+m2+m3)*2^(n/2)+m3);
    return(S);
  }
}
```

2.8 Strassen 矩阵乘法

矩阵乘法是线性代数中最常见的问题之一，它在数值计算中有广泛的应用。设 $\boldsymbol{A}$ 和 $\boldsymbol{B}$ 是两个 $n \times n$ 矩阵，它们的乘积 $\boldsymbol{AB}$ 同样是一个 $n \times n$ 矩阵。$\boldsymbol{A}$ 和 $\boldsymbol{B}$ 的乘积矩阵 $\boldsymbol{C}$ 中元素 c_{ij} 定义为

$$c_{ij} = \sum_{k=1}^{n} a_{ki} b_{kj}$$

若依此定义来计算 $\boldsymbol{A}$ 和 $\boldsymbol{B}$ 的乘积矩阵 $\boldsymbol{C}$，则每计算 $\boldsymbol{C}$ 的一个元素 c_{ij}，需要做 n 次乘法和 $n-1$ 次加法。因此，求出矩阵 $\boldsymbol{C}$ 的 n^2 个元素所需的计算时间为 $O(n^3)$。

20 世纪 60 年代末期，Strassen 采用了类似于我们在大整数乘法中用过的分治技术，将计算 2 个 n 阶矩阵乘积所需的计算时间改进到 $O = (n^{\log 7}) = (n^{2.81})$。其基本思想还是使用分治法。

首先，我们仍假设 n 是 2 的幂。将矩阵 $\boldsymbol{A}$,$\boldsymbol{B}$ 和 $\boldsymbol{C}$ 中每一矩阵都分块成为 4 个大小相等的子矩阵，每个子矩阵都是 $n/2 \times n/2$ 的方阵。由此可将方程 $\boldsymbol{C} = \boldsymbol{AB}$ 重写为

$$\begin{bmatrix} \boldsymbol{C}_{11} & \boldsymbol{C}_{12} \\ \boldsymbol{C}_{21} & \boldsymbol{C}_{22} \end{bmatrix} = \begin{bmatrix} \boldsymbol{A}_{11} & \boldsymbol{A}_{12} \\ \boldsymbol{A}_{21} & \boldsymbol{A}_{22} \end{bmatrix} \begin{bmatrix} \boldsymbol{B}_{11} & \boldsymbol{B}_{12} \\ \boldsymbol{B}_{21} & \boldsymbol{B}_{22} \end{bmatrix}$$

由此可得：

$$\boldsymbol{C}_{11} = \boldsymbol{A}_{11}\boldsymbol{B}_{11} + \boldsymbol{A}_{12}\boldsymbol{B}_{21}$$
$$\boldsymbol{C}_{12} = \boldsymbol{A}_{11}\boldsymbol{B}_{12} + \boldsymbol{A}_{12}\boldsymbol{B}_{22}$$
$$\boldsymbol{C}_{21} = \boldsymbol{A}_{21}\boldsymbol{B}_{11} + \boldsymbol{A}_{22}\boldsymbol{B}_{21}$$
$$\boldsymbol{C}_{22} = \boldsymbol{A}_{21}\boldsymbol{B}_{12} + \boldsymbol{A}_{22}\boldsymbol{B}_{22}$$

若 $n=2$，则 2 个 2 阶方阵的乘积可以直接计算出来，共需 8 次乘法和 4 次加法。当子矩阵的阶大于 2 时，为求 2 个子矩阵的积，可以继续将子矩阵分块，直到子矩阵的阶降为 2。这样，就产生了一个分治降阶的递归算法。依此算法，计算 2 个 n 阶方阵的乘积转化为计算 8 个 $n/2$ 阶方阵的乘积和 4 个 $n/2$ 阶方阵的加法。2 个 $n/2 \times n/2$ 矩阵的加法显然可以在 $O(n^2)$ 时间内完成。因此，上述分治法的计算时间耗费 $T(n)$ 应满足：

$$T(n) = \begin{cases} O(1), n = 2 \\ 8T(n/2) + O(n), n > 2 \end{cases}$$

这个递归方程的解仍然是 $T(n) = O(n^3)$。因此，该方法并不比用原始定义直接计算更有效。究其原因，是由于该方法并没有减少矩阵的乘法次数。而矩阵乘法耗费的时间要比矩阵加（减）法耗费的时间多得多。要想改进矩阵乘法的计算时间复杂性，必须减少乘法运算。

按照上述分治法的思想可以看出，要想减少乘法运算次数，关键在于计算 2 个 2 阶方阵的乘积时，所用乘法次数能否少于 8 次。Strassen 提出了一种新的算法来计算 2 个 2 阶方阵的乘积。他的算法只用了 7 次乘法运算，但增加了加、减法的运算次数。这 7 次乘法是：

$$\boldsymbol{M}_1 = \boldsymbol{A}_{11}(\boldsymbol{B}_{12} - \boldsymbol{B}_{22})$$
$$\boldsymbol{M}_2 = (\boldsymbol{A}_{11} + \boldsymbol{A}_{12})\boldsymbol{B}_{22}$$

$$M_3 = (A_{21} + A_{22})B_{11}$$
$$M_4 = A_{22}(B_{21} - B_{11})$$
$$M_5 = (A_{11} + A_{22})(B_{11} + B_{22})$$
$$M_6 = (A_{12} - A_{22})(B_{21} + B_{22})$$
$$M_7 = (A_{11} - A_{21})(B_{11} + B_{12})$$

做了这 7 次乘法后，再做若干次加、减法就可以得到：

$$C_{11} = M_5 + M_4 - M_2 + M_6$$
$$C_{12} = M_1 + M_2$$
$$C_{21} = M_3 + M_4$$
$$C_{22} = M_5 + M_1 - M_3 - M_7$$

以上计算的正确性很容易验证。

Strassen 矩阵乘积分治算法中，用了 7 次对于 $n/2$ 阶矩阵乘积的递归调用和 18 次 $n/2$ 阶矩阵的加减运算。由此可知，该算法的所需的计算时间 $T(n)$ 满足如下的递归方程：

$$T(n) = \begin{cases} O(1), n = 1 \\ 7T(n/2) + O(n^2), n > 1 \end{cases}$$

解此递归方程得 $T(n) = O(n^{\log 7}) \approx O(n^{2.81})$。由此可见，Strassen 矩阵乘法的计算时间复杂性比普递矩阵乘法有较大改进。

有人曾列举了计算 2 个 2×2 阶矩阵乘法的 36 种不同方法。但所有的方法都至少做 7 次乘法。除非能找到一种计算 2 阶方阵乘积的算法，使乘法的计算次数少于 7 次，计算矩阵乘积的计算时间下界才有可能低于 $O(n^{2.81})$。但是 Hoperoft 和 Kerr 已经证明，计算 2 个 2×2 矩阵的乘积，7 次乘法是必要的。因此，要想进一步改进矩阵乘法的时间复杂性，就不能再基于计算 2×2 矩阵的 7 次乘法这样的方法了。或许应当研究 3×3 或 5×5 矩阵的更好算法。在 Strassen 之后又有许多算法改进了矩阵乘法的计算时间复杂性。目前最好的计算时间上界是 $O(n^{2.376})$。而目前所知道的矩阵乘法的最好下界仍是它的平凡下界 $\Omega(n^2)$。因此到目前为止还无法确切知道矩阵乘法的时间复杂性。关于这一研究课题还有许多工作可做。

2.9　平面点集的凸包

凸包是一种几何中非常重要的结构，可以用于构建其他多种几何结构。一个平面上的点集 S 对应的凸包定义为包含 S 中所有点的最小凸多边形（一个多边形是凸的，若对于多边形内的任意两点 p_1 和 p_2，从 p_1 到 p_2 的有向线段（记为 $\langle p_1, p_2\rangle$）都完全包含在该多边形内）。图 2-16 给出一个例子。

点集 S 对应的凸包上的顶点构成了 S 的一个子集。凸包问题有两种变形：一种是得到凸包的所有顶点（这些点也被称为极值点）；另一种是按某种次序得到凸包的所有顶点。

有一个简单的算法可以得到平面上给定点集 S 对应的极点。要判断一个点 $p \in S$ 是否是极值点，算法需要查看点 p 是否在 S 中任意三个点构成的三角形内。若 p 包含在某个这样的三角形内，它就不是极值点；否则它是极值点。判断 p 是否包含在一个三角形内可以在 $\Theta(1)$

时间内笼成。因为共有 $\Theta(n^3)$ 个可能的三角形,算法需要 $\Theta(n^3)$ 的时间来判断一个点是否是极值点。又因为有 $\Theta(n)$ 个点,算法总共需要 $\Theta(n^4)$ 的时间。

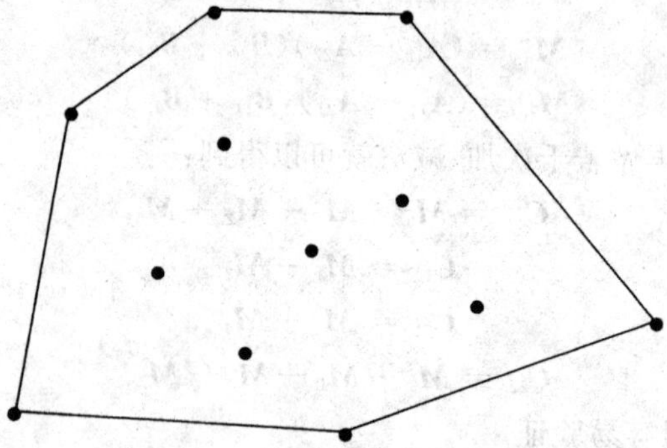

图 2-16　凸包:一个例子

利用分治思想我们可以在 $\Theta(n\log n)$ 时间内解决上述两个问题。本节中我们将介绍凸包的三个算法。第一个的最差时间是 $\Theta(n^2)$,但它的平均时间是 $\Theta(n\log n)$。这个算法的结构与 QuickSort 的非常类似。第二个算法的最差时间是 $\Theta(n\log n)$,并不是基于分治思想的。第三个算法是基于分治思想的,并且它的最差时间是 $\Theta(n\log n)$。在介绍算法的细节之前,先说明以下几个问题。

1. 几种几何基本

令 $\mathbf{A}$ 是 $n\times n$ 矩阵,其元素为 $\{a_{ij}\}$,$1\leqslant i,j\leqslant n$。$\mathbf{A}$ 的第 ij 个子式是指从 $\mathbf{A}$ 中去掉第 i 行和第 j 列所得的子矩阵。$\mathbf{A}$ 的行列式,记为 $\det(\mathbf{A})$,定义为

$$\det(\mathbf{A})=\begin{cases}a_{11},n=1\\ a_{11}\det(A_{11})-a_{12}\det(A_{12})+\cdots+a_{1n}\det(A_{1n}),n>1\end{cases}$$

考虑从点 $p_1(x_1,y_1)$ 出发,到点 $p_2(x_2,y_2)$ 终止的线段。若 $q=(x_3,y_3)$ 是另外一个点,我们称 q 在 $\langle p_1,p_2\rangle$ 的左边(右边),若角 p_1p_2q 是向左转(向右转)的[若一个角是小于等于(大于等于)180 度,我们称它向左转(向右转)]。判断 q 在 $\langle p_1,p_2\rangle$ 的左边还是右边可以通过计算下述矩阵的行列式而得到:

$$\begin{bmatrix}x_1 & x_2 & x_3\\ y_1 & y_2 & y_3\\ 1 & 1 & 1\end{bmatrix}$$

若这个行列式是正数(负数),则 q 在 $\langle p_1,p_2\rangle$ 的左边(右边)。若行列式是 0,则这三个点共线。我们可以用此来检查一个点 p 是否在由三个点,例如,p_1,p_2 和 p_3 (顺时针方向)构成的三角形内。点 p 在这个三角形中,当且仅当 p 在线段 $\langle p_1,p_2\rangle$、$\langle p_2,p_3\rangle$ 和 $\langle p_3,p_1\rangle$ 的右边。

另外,对于任意三个点 (x_1,y_1)、(x_2,y_2) 和 (x_3,y_3),其对应三角形的带正负号的面积(signed area)是上面行列式的一半。

令 $p_1,p_2,\cdots,p_n$ 是按顺时针方向的凸多边形 Q 的顶点。令 p 是任意其他的点。我们想知道点 p 是在 Q 的内部还是外部。考虑穿过点 p 的从 $-\infty$ 到 $+\infty$ 的水平线 h 有两种可能:一种

是 h 不与 Q 的任意边相交；另一种是 h 与 Q 的一些边相交。若前者为真，则 q 在 Q 的外面。若是后者的情况，则最多有两个交点。若 h 与 Q 交在一个点上也算成是两个点。计算在 p 的左边的交点个数。若是偶数的话，p 在 Q 的外面；否则 p 在 Q 的里面。这个方法可以在 $\Theta(n)$ 时间内检查 p 是否在 Q 的里面。

2. QuickHull 算法

QuickHull 算法是一种类似于 QuickSort 算法能用来计算平面上 n 个点的集合 X 所对应的凸包的算法。首先找出 X 中 x 坐标值最大和最小的两个点(称为 p_1 和 p_2)。这里我们先假设没有坐标值相同的情况。p_1 和 p_2 都是极值点并且是凸包的一部分。X 可以被分成两部分：X_1 和 X_2，满足 X_1 包含所有在线段 $\langle p_1,p_2\rangle$ 左边的点；满足 X_2 包含所有在线段 $\langle p_1,p_2\rangle$ 右边的点。X_1 和 X_2 都同时包括 p_1,p_2。然后 X_1 和 X_2 的凸包(分别被称为上凸包和下凸包)，可以用分治算法 Hull 来计算。最后两个凸包组合起来就是整个的凸包。

若有不止一个点的 x 坐标值最小，令 p_1' 和 p_1'' 是其中 y 坐标值最小和最大的。类似定义 p_2' 和 p_2'' 是 x 坐标值最大的两个点。则定义 X_1 是所有在 $\langle p_1'',p_2''\rangle$ 左边的点(包括 p_1'' 和 p_2'')，X_2 是所有在 $\langle p_1',p_2'\rangle$ 右边的点(包括 p_1',p_2')。简单起见我们下面假设 p_1,p_2 没有坐标值相同的情况。若出现相同值需要有相应的修改。

下面我们介绍 Hull 如何计算 X_1 的凸包。我们来判断 X_1 中的一个点是否在凸包上，然后用它将问题划分为两个独立的子问题。这个点是选择 p_1,p,p_2 所构成的三角形面积最大的点 p。若面积相同则选择角度 pp_1p_2 最大的点。令 p_3 是这个点。

现在 X_1 被分成两个部分；第一部分包括所有 X_1 中在 $\langle p_1,p_3\rangle$ 左边的点(包括 p_1,p_3)，第二个部分包括所有 X_1 中在 $\langle p_3,p_2\rangle$ 左边的点(包括 p_3,p_2，图 2-17)。在 X_1 中不存在同时在 $\langle p_1,p_3\rangle$ 和 $\langle p_3,p_2\rangle$ 左边的点。并且所有其他的点都是内点，后续都不用再考虑了。这两部分的凸包可递归计算，并且两个凸包可以通过顺序摆放很容易地合并到一起。

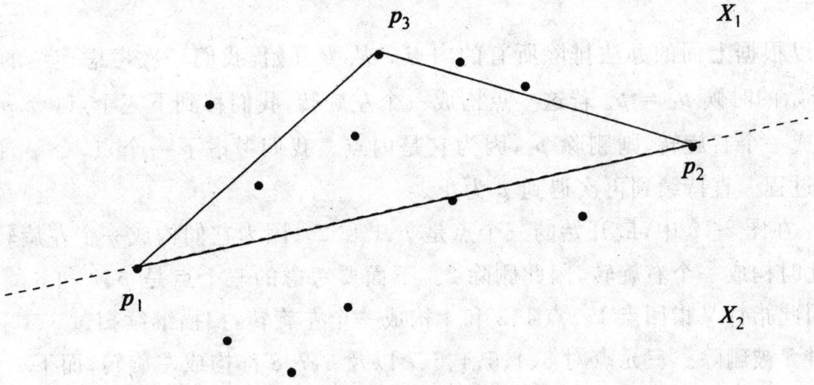

图 2-17　在 X_1 的凸包上确定一个点

若 X_1 中共有 m 个点，我们可以在 $O(m)$ 时间内找到 p_3。划分 X_1 也可以在 $O(m)$ 时间内完成。合并两个凸包的时间代价是 $O(1)$。令 $T(m)$ 表示 Hull 在 m 个点上的运行时间，令 m_1 和 m_2 分别表示划分后两部分的大小。注意 $m_1+m_2\leqslant m$。$T(m)$ 的递归表达式为

$$T(m) = T(m_1) + T(m_2) + O(m)$$

这个结果与 QuickSort 的非常类似。对于 m 个点的输入的最差情况是 $O(m^2)$。这发生在每一层的划分都是非常不均匀的时候。

若每层递归的划分都是几乎均匀的，则与 QuickSort 相同，其运行时间为 $(m\log m)$。因此，当输入大小为 n 并且输入分布符合适当假设的情况下，QuickHull 的平均运行时间是 $O(n\log n)$。

3. Graham 扫描

若 S 是平面中的一个点集，Graham 扫描可以从 S 中确定 y 坐标最小的点 p（若值相等的情况取最左边的）。然后它将 S 中的点按照该点与 p 以及 x 轴正向构成的角度排序。图 2-18 给出一个例子。排序完成之后，我们可以从 p 开始按顺序扫描，每三个连续的点，若它们都在凸包上则构成一个左旋转。反过来，若连续三个点 p_1, p_2, p_3 构成的右旋转，我们可以马上不考虑 p_2，因为它不可能在凸包上。注意 p_2 一定是一个内点，因为它在 p, p_1, p_3 构成的夹角里。

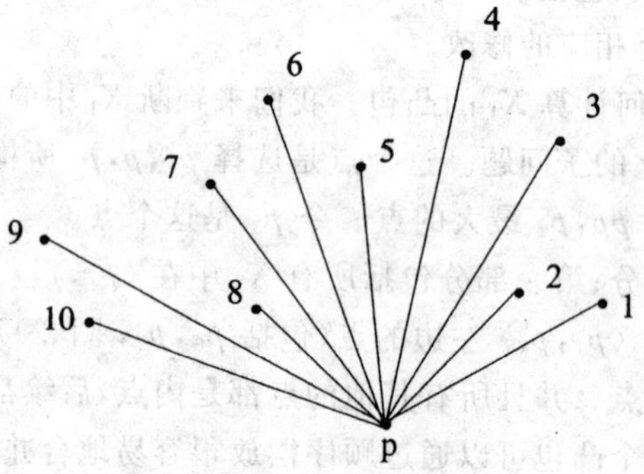

图 2-18　Graham 扫描算法先将点排序

我们可以根据上面的办法排除所有的内点。从 p 开始，我们一次考虑连续的三个点 p_1，p_2，p_3。最开始的时候 $p_1 = p$。若这些点构成一个左旋转，我们移到下三个点（令 $p_2 = p_1$ 等）。若三个点构成一个右旋转，则删除 p_2，因为它是内点。我们考虑下一个点，令 p_1 的值为它的前驱。这个过程一直持续到再次遇到 p 为止。

例 2.7　在图 2-19 中，最开始的三个点是 p、1 和 2。因为它们构成一个左旋转，我们移到 1、2 和 3。此时构成一个右旋转，因此删除 2。下面要考虑的三个点是 p、1 和 3。它们构成一个左旋转，因此指针又指回点 1。点 1、3 和 4 构成一个左旋转，扫描继续扫过 3、4 和 5，以及 4、5 和 6。此时 5 被删除。三元点对 3、4、6；4、6、7 以及 6、7、8 都构成左旋转，而下一个三元点对 7、8 和 9 是右旋转。因此 8 被删除，接着 7 被删除。下面要检查的三元点对是 4、6、9；6、9、10 以及 9、10、p，它们全部构成左旋转。最后凸包按逆时针方向包括 p、1、3、4、6、9、10。

4. 凸包问题的分治策略

设 $p_1 = (x_1, y_1), p_2 = (x_2, y_2), \cdots, p_n = (x_n, y_n)$ 是平面上 n 个点构成的集合 S，凸包问

题是为集合 S 构造最小凸多边形。

设 $p_1=(x_1,y_1),p_2=(x_2,y_2),\cdots,p_n=(x_n,y_n)$ 按照 x 轴坐标升序排列，则最左边的点 p_1 和最右边的点 p_2，一定是该集合的凸包顶点，如图 2-19 所示。设 p_1p_n 是经过点 p_1 和 p_n 的直线，这条直线把集合 S 分成两个子集：S_1 是位于直线上侧和直线上的点构成的集合，S_2 是位于直线下侧和直线上的点构成的集合。S_1 的凸包由下列线段构成：以 p_1 和 p_n 为端点的线段构成的下边界，以及由多条线段构成的上边界，这条上边界称为上包。类似地，S_2 中的多条线段构成的下边界称为下包。整个集合 S 的凸包是由上包和下包构成的。由此得到如下所示凸包问题的分治策略：设 p_1p_n 是经过最左边的点 p_1 和最右边的点 p_n 的直线，则直线 p_1p_n 把集合 S 分成两个子集 S_1 和 S_2；求集合 S_1 的上包和集合 S_2 的下包；求解过程中获得凸包的极点，因此，合并步无须执行任何操作。

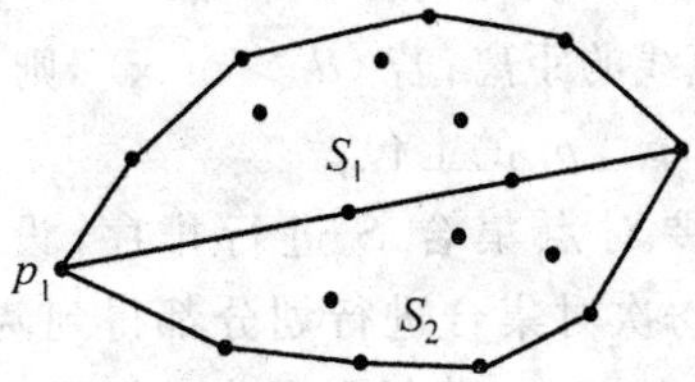

图 2-19　点集合 S 的上包和下包

①求解子问题。对于集合 S_1 首先找到 S_1 中距离直线 p_1p_n 最远的顶点 $p_{\max}$，如图 2-20 所示。S_1 中所有在直线 $p_1p_{\max}$ 上侧的点构成集合 $S_{1,1}$，S_1 中所有在直线 $p_{\max}p_n$ 上侧的点构成集合 $S_{1,2}$，包含在三角形 $p_{\max}p_1p_n$ 之中的点可以不考虑了。递归地继续构造集合 $S_{1,1}$ 的上包和集合 $S_{1,2}$ 的上包，然后将求解过程中得到的所有最远距离的点连接起来，就可以得到集合 S_1 的上包。同理，可求得集合 S_2 的下包。

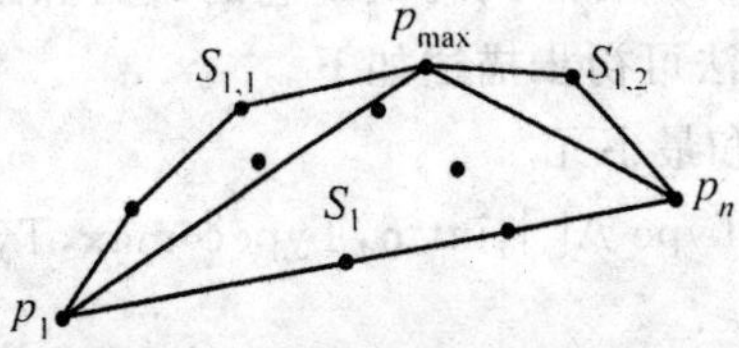

图 2-20　递归地求集合 S_1 的上包

②判断一个点在给定直线的上侧还是下侧，以及如何计算一个点到给定直线的距离。在平面上，经过两个点 $p_i(x_i,y_i)$ 和 $p_j(x_j,y_j)$ 的直线方程为

$$Ax+By+C=0$$

其中，

$$A=y_i-y_j$$

$$B=x_j-x_i$$

$$C=x_iy_j-y_ix_j$$

对于点 $p(x_0,y_0)$，若点 p 在直线 p_ip_j 的上侧，则 $Ax+By+C>0$；若点 p 在直线 p_ip_j 的下侧，则 $Ax+By+C<0$，并且点 p 到直线 p_ip_j 的距离为

$$d = \frac{Ax_0 + By_0 + C}{\sqrt{A^2 + B^2}}$$

③求给定直线的上包和下包。这是分治法求解凸包问题的关键。下面给出求直线 p_ip_j 的上包算法,求下包算法请读者自行给出。

算法 2.8 求直线 p_ip_j 的上包

输入:按 x 坐标升序排列的 $n(n \geqslant 2)$ 个点的集合 $S = \{(x_i, y_i), (x_{i+1}, y_{i+1}), \cdots, (x_j, y_j)\}$

输出:凸包的极点

①若 n 等于 2,则输出 (x_i, y_i) 和 (x_j, y_j),算法结束。

②max$d=0$;max$=i+1$。

③循环变量 k 从 $i+1 \sim j-1$,依次对集合 S 中点 $p_k(x_k, y_k)$ 执行下列操作:若点 p_k 在直线 p_ip_j 的上侧,则 $d =$ 该点到直线的距离;若 $(d >$ max$)$,则 max$d=d$;max$=k$。

④递归求解 $p_ip_{\max}$ 的上包和 $p_{\max}p_j$ 的上包。

分治法求解凸包问题首先要对点集合 S 进行排序,设 $|S| = n$,则其时间代价是 $O(n\log_2 n)$。与快速排序类似,若每次对集合进行划分都得到两个规模大致相等的子集合,这是最好情况,其时间复杂性是 $O(n\log_2 n)$;若每次划分只得到比上一次划分少一个元素的子集合(另一个子集合为空),这是最坏情况,其时间复杂性是 $O(n^2)$;平均情况与最好情况同数量级。

2.10 找最大和最小元素

若要在含有 n 个不同元素的集合中同时找出它的最大和最小元素,最简单的方法是将元素逐个进行比较。这种直接算法可初步描述如下。

算法 2.9 直接找最大元和最小元

```
void STRAITMAXMIN(Type A[],int n,Type&max,Type&min)
{
  //将 A[n]中的最大元素置于 max,最小元素置于 min
  max=min=A[0];
  for(int i=1;i<n;i++)
  {
    if(A[i]>max)
      max=A[i];
    if(A[i]<min)
      min=A[i];
  }
}//STRAITMAXMIN
```

当要分析这个算法的时间复杂度时,只需将元素比较次数求出即可。这不仅是因为算法中的其他运算与元素比较有相同数量级的频率计数，而且更重要的是，当 $A[n]$ 中的元素是多项式、向量、非常大的数或字符串时，一次元素比较所用的时间比其他运算的时间多得多。

容易看出算法 STRAITMAXMIN 在最好、平均和最坏情况下均需要作 $2(n-1)$ 次元素比较。另外，只要稍许考察该算法就可发现，只有当 $A[i]>\max$ 为假时，才有必要比较 $A[i]<$ min，因此，可用下面的语句代替 for 循环中的语句：

```
if A[i]>max max=A[i];
  else if A[i]<min min=A[i]
```

在做出以上改进后，最好情况将在元素按递增次序排列时出现，元素比较数是 $n-1$；最坏情况将在递减次序时出现，元素比较数是 $2(n-1)$；至于在平均情况下，$A[i]$ 将有一半的时间比 max 大，因此平均比较数是 $\frac{3}{2}(n-1)$。

那么，是否能够找到一个更好的算法呢。下面用分治策略的思想来设计一个算法与直接算法作比较。使用分治策略设计是将任一实例 $I=(n,A(1),\cdots A(n))$ 分成一些较小的实例来处理，例如，可以把 I 分成两个这样的实例：$I_1=(\lfloor n/2\rfloor,A(1),\cdots,A\lfloor n/2\rfloor)$ 和 $I_2=(n-\lfloor n/2\rfloor,A(\lfloor n/2\rfloor+1),\cdots,A(n))$。若 MAX($I$) 和 MIN($I$) 是 I 中的最大和最小元素，则 MAX(I) 等于 MAX(I_1) 和 MAX(I_2) 中的大者，MIN(I) 等于 MIN(I_1) 和 MIN(I_2) 中的小者。若 I 只包含一个元素，则不需要作任何分割直接就可得到其解。

算法 2.10 是以上方法所导出的过程。它是在元素集合 $\{A(i),A(i+1),\cdots,A(j)\}$ 中找最大和最小元素的递归过程。过程对于集合含有一个元素($i=j$)和两个元素 ($i=j-1$) 的情况分别作出处理，而对含有多于两个元素的集合，则确定其中点(正如在二分检索中那样)，并且产生两个新的子问题。当分别找到这两个子问题的最大和最小值后，再比较这两个最大值和两个最小值而得到此全集合的解。MAX 和 MIN 被看成是两个内部函数，它们分别求取两个元素的大者和小者，并认为每次调用其中的一个函数都只需作一次元素比较。

算法 2.10　递归求取最大和最小元素

```
Type A[n];      //长度为 n 的全局数组变量
void MAXMIN(int j,int j,Type& fmax,Type& fmin)
{
  //* A[n]是含有 n 个元素的数组,参数 i,j 是整数,1<=i,j<=n
  //该过程把 A[i]到 A[j]中的最大和最小元素分别赋给 fmax 和 fmin
  Type gmax,gmin;
  Type nmax,nmin;
  if(i==j)
  {
    fmax=fmin-A[i];
  }
  else if(i==j-1)
  {
    if(A[i]<A[j])
```

```
    {
      fmax=A[j];
      fmin=A[i];
    }
    else
    {
      fmax=A[i];
      fmin=A[j];
    }
  }
  else
  {
    mid=(i+j)/2;
    MAXMIN(i,mid,gmax,gmin);
    MAXMIN(mid+1,j,hmax,hmin);
    fmax=max(gmax,hmax);
    fmin=min(gmin hmin);
  }
} //End MAXMIN
```

MAXMIN 需要的元素比较数是多少呢？若用 $T(n)$ 表示这个数，则所导出的递归关系式是

$$T(n)=\begin{cases}0, n<2\\1, n=2\\T(\lfloor n/2\rfloor)+T(\lceil n/2\rceil)+2, n>2\end{cases}$$

当 n 是 2 的幂时，即对于某个正整数 k，$n=2^k$，有

$$\begin{aligned}T(n) &= 2T(n/2)+2\\&= 2(2T(n/4)+2)+2\\&= 4T(n/4)+4+2\\&\cdots\\&= 2^{k-1}T(2)+\sum_{1\leqslant i\leqslant k-1}2^i\\&= 2^{k-1}+2^k-2\\&= 3n/2-2\end{aligned}$$

注意，当 n 是 2 的幂时，$3n/2-2$ 是最好、平均及最坏情况的比较数，和直接算法的比较数 $2n-2$ 相比，它少了 25%。

可以证明，任何一种以元素比较为基础的找最大和最小元素的算法，其元素比较下界均为 $\lceil 3n/2\rceil-2$ 次。因此，过程 MAXMIN 在这种意义上是最优的。不过，这并不能说明此算法确实比较好，原因两个：其一，MAXMIN 要求的存储空间比直接算法多。给出 n 个元素就有

$\lfloor \log n \rfloor + 1$ 级的递归，而每次递归调用需要保留到栈中的有 i，j，$f_{\max}$，$f_{\min}$ 和返回地址五个值。虽然可用迭代的规则去掉递归，但所导出的迭代模型还需要一个其深度为 $\log n$ 数量级的栈。其二，当元素 $A(i)$ 和 $A(j)$ 的比较时间与 i 和 j 的比较时间相差不大时，过程 MAXMIN 并不可取。

2.11　循环赛日程表

假设有 n 位选手参加羽毛球循环赛，循环赛共进行 $n-1$ 天，每位选手要与其他 $n-1$ 位选手比赛一场，且每位选手每天比赛一场，不能轮空，按此要求为比赛安排日程。并可将比赛日程表设计成一个 n 行 $n-1$ 列的二维表，其中，第 i 行第 j 列表示和第 i 个选手在第 j 天比赛的选手。

在对上述问题进行算法设计中，当 n 为 2 的幂次方时，较为简单，可以运用分治法，将参赛选手分成两部分，$n = 2^k$ 个选手的比赛日程表就可以通过为 $n/2 = 2^{k-1}$ 个选手设计的比赛日程表来决定，再继续递归分割，直到只剩下两个选手时，比赛日程表的制定就变得很简单，只要让这两个选手进行比赛就可以了，最后逐步合并子问题即可求得原问题的解。

图 2-21 列出了 8 个选手的比赛日程表的求解过程。这个求解过程是自底向上的迭代过程，其中，左上角和左下角分别为选手 1 至选手 4 以及选手 5 至选手 8 前 3 天的比赛日程。据此，将左上角部分的所有数字按其对应位置抄到右下角，将左下角部分的所有数字按其对应位置抄到右上角，这样，就分别安排好了选手 1 至选手 4 以及选手 5 至选手 8 在后 4 天的比赛日程，如图 2-21(c)所示。

1	2
3	4

(a) $2^k(k=1)$个选手比赛

1	2	3	4
2	1	4	3
3	4	1	2
4	3	2	1

(b) $2^k(k=2)$个选手比赛

1	2	3	4	5	6	7	8
2	1	4	3	6	5	8	7
3	4	1	2	7	8	5	6
4	3	2	1	8	7	6	5
5	6	7	8	1	2	3	4
6	5	8	7	2	1	4	3
7	8	5	6	3	4	1	2
8	7	6	5	4	3	2	1

(c) $2^k(k=3)$个选手比赛

图 2-21　8 个选手的比赛日程表求解过程

上述问题的算法设计如下。

算法 2.11

```
void arrangement(int n,int a[][])
{
  if(n==1)
```

```
  {
    a[0][0]=1;
    return;
  }
  arrangement(n/2);
  merger(n);
}
void merger(int n)
{
  int m=n/2;
  for(int i=0;i<m;i++)
  for(int j=0;j<m;j++)
  {
    a[i][j+m]=a[i][j]+m;//由左上角小块的值算出对应的右上角小块的值
    a[i+m][j]=a[i][j+m];//由右上角小块的值算出对应的左上角小块的值
    a[i+m][j+m]=a[i][j];//由左上角小块的值算出对应的右上角小块的值
  }
}
```

分析算法的时间性能，迭代处理的循环体内部有两个循环结构，基本语句是最内层循环体的赋值语句，即填写比赛日程表中的元素。基本语句的执行次数为 4^k，根据公式 $T(n)=3\sum_{t=1}^{k-1}\sum_{i=1}^{2^t}\sum_{j=1}^{2^t}1=3\sum_{t=1}^{k-1}4^t=O(4^k)$，最终得出上述算法的时间复杂度为 $O(4^k)$。

第 3 章　动态规划算法

3.1　动态规划算法原理及设计要素

一般来说，动态规划法的求解过程由三个阶段组成：首先，将原问题分解为若干个子问题，每个子问题对应一个决策阶段，并且子问题之间具有重叠关系；然后，根据子问题之间的重叠关系找到子问题满足的递推关系式（即动态规划函数），这是动态规划法的关键；最后，设计表格，以自底向上的方式计算各个子问题的解并填表，实现动态规划过程，如图 3-1 所示。

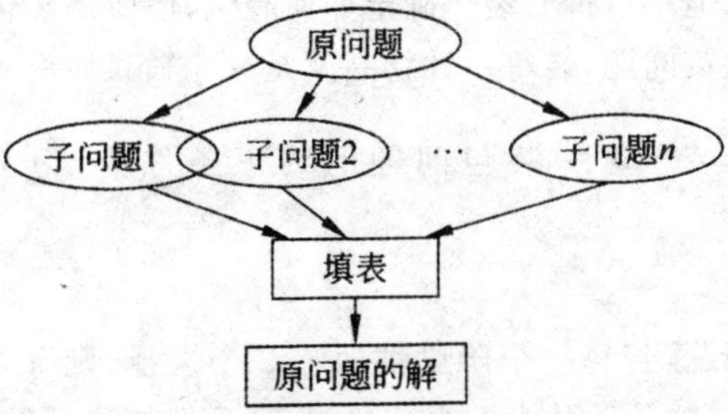

图 3-1　动态规划法的求解过程

上述动态规划过程可以求得问题的最优值（即目标函数的极值），若要求出具体的最优解，通常在动态规划过程中记录必要的信息，再根据最优决策序列构造最优解。

例如，斐波那契序列存在如下递推式：

$$F(n)=\begin{cases}1, n=1\\2, n=2\\F(n-1)+F(n-2), n>2\end{cases}$$

注意到，计算 $F(n)$ 是以计算它的两个重叠子问题 $F(n-1)$ 和 $F(n-2)$ 的形式来表达的，所以，可以设计一张表填入 $n+1$ 个 $F(n)$ 的值，如图 3-2 所示。开始时，根据递推式的初始条件可以直接填入 $F(1)$ 和 $F(2)$（也可以直接填入 $F(0)$ 和 $F(1)$，显然 $F(0)=(0)$，然后根据递推式计算出其他所有元素，显然，表中最后一项就是 $F(n)$ 的值。

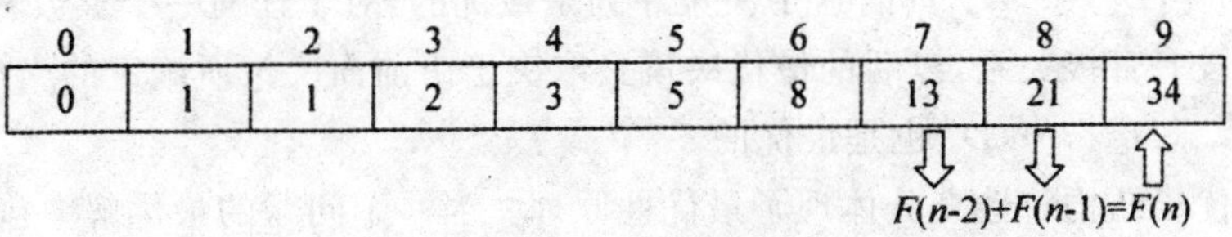

图 3-2　动态规划法求解斐波那契序列的填表过程

3.1.1 动态规划算法的最优性原理

动态规划是一种算法设计方法，是求解决策过程最优化的数学方法。20 世纪 50 年代美国数学家贝尔曼(Rechard Bellman)等人在研究多阶段决策过程的优化问题时，提出了著名的最优性原理，把多阶段决策过程转化为一系列单阶段问题逐个求解，创立了解决多阶段过程优化问题的新方法——动态规划。

多阶段决策问题，是指这样的一类特殊的活动过程，问题可以分解成若干相互联系的阶段，在每一个阶段都要做出决策，从而形成一个决策序列，该决策序列也称为一个策略。对于每一个决策序列，在满足问题的约束条件下，该策略的优劣可以通过一个数值函数(即目标函数)来进行衡量。多阶段决策问题的最优化求解目标是获取导致问题最优值的最优决策序列(最优策略)，即得到最优解。

例 3.1 已知 6 种物品和一个可载重量为 60 的背包，物品 $i(i=1,2,\cdots,6)$ 的重量 w_i 分别为(15,17,20,12,9,14)，产生的效益为 p_i 分别为(32,37,46,26,21,30)。在装包时每一件物品可以装入，也可以不装，但不可拆开装。确定如何装包，使所得装包总效益最大。

这就是一个多阶段决策问题，装每一件物品就是一个阶段，每一个阶段都要有一个决策：这一件物品装包还是不装。这一装包问题的约束条件为 $\sum_{i=1}^{6} x_i w_i \leqslant 60$，目标函数为 $\max\sum_{i=1}^{6} x_i p_i, x_i \in \{0,1\}$。

对于这 6 个阶段的问题，若每一个阶段都面临 2 个选择，则存在的决策序列共计 2^6 个。应用贪心算法，按单位重量的效益从大到小装包，得第 1 件与第 6 件物品不装，依次装第 5、3、2、4 件物品，这就是一个决策序列，或简写为整数 x_i 的序列(0,1,1,1,1,0)，该策略所得总效益为 130。第 1 件与第 4 件物品不装，第 2、3、5、6 件物品装包，或简写为整数 x_i 的序列(0,1,1,0,1,1)，这一决策序列的总载重量为 60，满足约束条件，使目标函数即装包总效益达最大值 134，即最优值为 134；因而决策序列(0,1,1,0,1,1)为最优决策序列，即最优解，这是应用动态规划求解的目标。

在求解多阶段决策问题中，当时的状态并影响以后的发展使得各个阶段的决策受到影响，即引起状态的转移。一个决策序列是随着变化的状态而产生的。应用动态规划设计使多阶段决策过程达到最优(成本最省，效益最高，路径最短等)，依据动态规划最优性原理："作为整个过程的最优策略具有这样的性质，无论过去的状态和决策如何，对前面的决策所形成的状态而言，余下的诸决策必须构成最优策略"。也就是说，最优决策序列中的任何子序列都是最优的。

"最优性原理"用数学语言描述：假设为了解决某一多阶段决策过程的优化问题，需要依次做出 n 个决策 $D_1, D_2, \cdots, D_n$，如若这个决策序列是最优的，对于任何一个整数 k，$1<k<n$，和前面 k 个决策没有直接关系，以后的最优决策只取决于由前面决策所确定的当前状态，即以后的决策序列 $D_{k+1}, D_{k+2}, \cdots, D_n$ 也是最优的。

问题的最优子结构特性充分体现了最优性原理。当一个问题的最优解中包含了子问题的最优解时，则称该问题具有最优子结构特性。最优子结构特性使得在从较小问题的解构造较大问题的解时，问题的最优解是仅需考虑的内容，这样的话求解问题的计算量就会在很大程度上得到减少。最优子结构特性是动态规划求解问题的必要条件。

例如，在下例中求得在数字串847313926中插入5个乘号，使乘积最大的最优解为

$$8*4*731*3*92*6=38737152$$

该最优解包含了在84731中插入2个乘号使乘积最大为8 * 4 * 731；在7313中插入1个乘号使乘号最大为731 * 3；在3926中插入2个乘号使乘积最大为3 * 92 * 6等子问题的最优解，这就是最优子结构特性。

最优性原理是动态规划的基础。任何一个问题，若失去了这个最优性原理的支持，就不可能用动态规划设计求解。能采用动态规划求解的问题必须要满足：第一，问题中的状态必须满足最优性原理；第二，问题中的状态必须满足无后效性。所谓无后效性是指："下一时刻的状态只与当前状态有关，而和当前状态之前的状态无关，当前状态是对以往决策的总结"。

3.1.2 动态规划算法的基本要素

从计算矩阵连乘积最优计算次序的动态规划算法可以看出，该算法的有效性依赖于问题本身所具有的两个重要性质：最优子结构性质和子问题重叠性质。从一般意义上讲，问题所具有的这两个重要性质是该问题可用动态规划算法求解的基本要素。这对于在设计求解具体问题的算法时，是否选择动态规划算法具有指导意义。

1. 最优子结构

设计动态规划算法的第1步通常是要刻画最优解的结构。当问题的最优解包含了其子问题的最优解时，称该问题具有最优子结构性质。问题的最优子结构性质提供了该问题可用动态规划算法求解的重要线索。它使得在从较小问题的解构造较大问题的解时，只需考虑子问题的最优解，从而大大减少了求解问题的计算量。

在矩阵连乘积最优计算次序问题中注意到，若 $\boldsymbol{A}_1\boldsymbol{A}_2\cdots\boldsymbol{A}_n$ 的最优完全加括号方式在 $\boldsymbol{A}_k$ 和 $\boldsymbol{A}_{k+1}$ 之间将矩阵链断开，则由此确定的子链 $\boldsymbol{A}_1\boldsymbol{A}_2\cdots\boldsymbol{A}_k$ 和 $\boldsymbol{A}_{k+1}\boldsymbol{A}_{k+2}\cdots\boldsymbol{A}_n$ 的完全加括号方式也最优，即该问题具有最优子结构性质。在分析该问题的最优子结构性质时，所用的方法具有普遍性。首先假设由问题的最优解导出的其子问题的解不是最优的，然后再设法说明在这个假设下可构造出比原问题最优解更好的解，从而导致矛盾。

在动态规划算法中，利用问题的最优子结构性质，以自底向上的方式递归地从子问题的最优解逐步构造出整个问题的最优解。算法考察的子问题空间中规模较小。例如，在矩阵连乘积最优计算次序问题中，子问题空间由矩阵链的所有不同子链组成。所有不同子链的个数为 $\Theta(n^2)$，因而子问题空间的规模为 $\Theta(n^2)$。

2. 重叠子问题

子问题的重叠性质是可用动态规划算法求解的问题所应具备的另一基本要素。在用递归算法自顶向下解此问题时，每次产生的子问题并不总是新问题，有些子问题被反复计算多次。动态规划算法正是利用了这种子问题的重叠性质，对每一个子问题只解一次，而后将其解保存

在一个表格中，当再次需要解此子问题时，只是简单地用常数时间查看一下结果。通常，不同的子问题个数随问题的大小呈多项式增长。因此，用动态规划算法通常只需要多项式时间，从而获得较高的解题效率。

为了说明这一点，考虑计算矩阵连乘积最优计算次序时，利用递归式直接计算 $A[i:j]$ 的递归算法 RecurMatrixChain。

```
int RecurMatrixChain(int i,int j)
{
 if(i==j) return 0;
int u=RecurMatrixChain(i,i)+RecurMatrixChain(i+1,j)+p[i-1]*p[i]*p[j];
s[i][j]=i;
 for(int k=i+1;k<j;k++)
  {
  int t=RecurMatrixChain(i,k)+RecurMatrixChain(k+1,j)+p[i-1]*p[k]*p[j];
  if(t<u)
   {
    u=t;s[i][j]=k;
   }
  }
return u;
}
```

用算法 RecurMatrixChain(1,4)计算 $A[1:4]$的递归树如图 3-3 所示。从该图可以看出，许多子问题被重复计算。

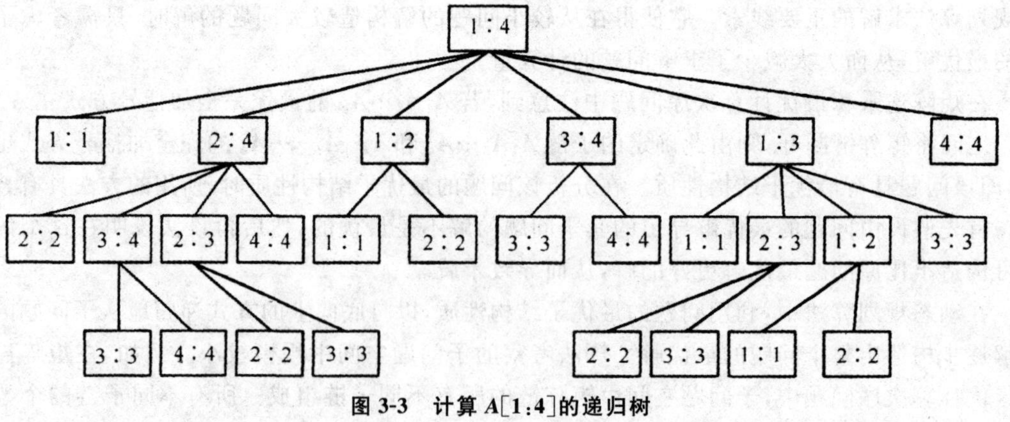

图 3-3 计算 A[1:4]的递归树

事实上，可以证明该算法的计算时间 $T(n)$有指数下界。设算法中判断语句和赋值语句花费常数时间，则由算法的递归部分可得关于 $T(n)$的递归不等式如下：

$$T(n) \geqslant \begin{cases} O(1), n=1 \\ 1+\sum_{k=1}^{n-1}(T(k)+T(n-k)+1), n>1 \end{cases}$$

因此，当 $n>1$ 时，

$$T(n)\geqslant 1+(n-1)+\sum_{k=1}^{n-1}T(k)+\sum_{k=1}^{n-1}T(n-k)=n+2\sum_{k=1}^{n-1}T(k)$$

据此，可用数学归纳法证明 $T(n)\geqslant 2^{n-1}=\Omega(2^n)$。

由此可以看出，直接递归算法 RecurMatrixChain 的计算时间随 n 指数增长。相比之下，解同一问题的动态规划算法 MatrixChain 只需计算时间 $O(n^3)$。其有效性就在于它充分利用了问题的子问题重叠性质。不同的子问题个数为 $O(n^2)$，而动态规划算法对于每个不同的子问题只计算一次，从而节省了大量不必要的计算。由此也可看出，在解某一问题的直接递归算法所产生的递归树中，相同的子问题反复出现，并且不同子问题的个数又相对较少时，用动态规划算法是有效的。

3. *动态规划法的变形——备忘录方法*

备忘录方法是动态规划算法的变形。与动态规划算法一样，备忘录方法用表格保存已解决的子问题的答案，在下次需要解此子问题时，只要简单地查看该子问题的解答，而不必重新计算。与动态规划算法不同的是，备忘录方法的递归方式是自顶向下的，而动态规划算法则是自底向上递归的。因此，备忘录方法的控制结构与直接递归方法的控制结构相同，区别在于备忘录方法为每个解过的子问题建立了备忘录以备需要时查看，避免了相同子问题的重复求解。

备忘录方法为每个子问题建立一个记录项，初始化时，该记录项存入一个特殊的值，表示该子问题尚未求解。在求解过程中，对每个待求的子问题，首先查看其相应的记录项。若记录项中存储的是初始化时存入的特殊值，则表示该子问题是第一次遇到，此时计算出该子问题的解，并保存在其相应的记录项中，以备以后查看。若记录项中存储的已不是初始化时存入的特殊值，则表示该子问题已被计算过，其相应的记录项中存储的是该子问题的解答。此时，只要从记录项中取出该子问题的解答即可，而不必重新计算。

下面的算法 MemoizedMatrixChain 是解矩阵连乘积最优计算次序问题的备忘录方法。

```
int MemoizedMatrixChain(int n,int **m,int **s)
{
  for(int i=1;i<=n;i++)
for(int j=i;j<=n;j++) m[i][j]=0;
return LookupChain(1,n);
}
int LookupChain(int i,int j)
{
  if(m[i][j]>0) return m[i][j];
if(i==j) return 0;
int u=LookupChain(i,i)+LookupChain(i+1,j)+p[i-1]*p[i]*p[j];
s[i][j]=i;
for(int k=i+1;k<j;k++)
  {
```

```
    int t=LookupChain(i,k)+LookupChain(k+1,j)+p[i-1]*p[k]*p[j];
    if(t<u)
      {
        u=t;s[i][j]=k;
      }
    }
    m[i][j]=u;
    return u;
}
```

与动态规划算法一样,备忘录算法 MemoizedMatrixChain 用数组 m 来记录子问题的最优值。m 初始化为 0,表示相应的子问题还未被计算。在调用 LookupChain 时,若 $m[i][j]>0$,则表示其中存储的是所要求子问题的计算结果,直接返回此结果即可。否则与直接递归算法一样,自顶向下地递归计算,并将计算结果存入 $m[i][j]$ 后返回。因此,LookupChain 总能返回正确的值,但仅在它第一次被调用时计算,以后的调用就直接返回计算结果。

与动态规划算法一样,备忘录算法 MemoizedMatrixChain 耗时 $O(n^3)$。事实上,共有 $O(n^2)$ 个备忘记录项 $m[i][j], i=1,\cdots,n; j=i,\cdots,n$。这些记录项的初始化耗费 $O(n^2)$ 时间。每个记录项只填入一次。每次填入时,不包括填入其他记录项的时间,共耗费 $O(n)$ 时间。因此,LookupChain 填入 $O(n^2)$ 个记录项总共耗费 $O(n^3)$ 计算时间。由此可见,通过使用备忘录技术,直接递归算法的计算时间从 $\Omega(2^n)$ 降至 $O(n^3)$。

综上所述,矩阵连乘积的最优计算次序问题可用自顶向下的备忘录算法或自底向上的动态规划算法在 $O(n^3)$ 计算时间内求解。这两个算法都利用了子问题重叠性质。总共有 $\Theta(n^2)$ 个不同的子问题。对每个子问题,两种方法都只解一次,并记录答案。再次遇到该子问题时,不重新求解而简单地取用已得到的答案,节省了计算量,提高了算法的效率。

一般来讲,当一个问题的所有子问题都至少要解一次时,用动态规划算法比用备忘录方法好。此时,动态规划算法没有任何多余的计算。同时,对于许多问题,常可利用其规则的表格存取方式,减少动态规划算法的计算时间和空间需求。当子问题空间中的部分子问题可不必求解时,用备忘录方法则较有利,因为从其控制结构可以看出,该方法只解那些确实需要求解的子问题。

3.2 最长公共子序列问题

3.2.1 问题的提出

一个给定序列的子序列是在该序列中删去若干元素后得到的序列。确切地说,若给定序列 $X=\{x_1,x_2,\cdots,x_m\}$,则另一序列 $Z=\{z_1,z_2,\cdots,z_k\}$ 是 X 的子序列,是指存在一个严格递增下标序列 $\{i_1,i_2,\cdots,i_k\}$ 使得对于所有 $j=1,2,\cdots,k$ 有:$z_j=x_{ij}$。例如,序列 $Z=\{B,C,D,$

$B\}$ 是序列 $X=\{A,B,C,B,D,A,B\}$ 的子序列，相应的递增下标序列为 $\{2,3,5,7\}$。

给定两个序列 X 和 Y，当另一序列 Z 既是 X 的子序列又是 Y 的子序列时，称 Z 是序列 X 和 Y 的公共子序列。

例如，若 $X=\{A,B,C,B,D,A,B\}$，$Y=\{B,D,C,A,B,A\}$，则序列 $\{B,C,A\}$ 是 X 和 Y 的一个公共子序列，但它不是 X 和 Y 的一个最长公共子序列。序列 $\{B,C,B,A\}$ 也是 X 和 Y 的一个公共子序列，它的长度为 4，而且它是 X 和 Y 的最长公共子序列，因为 X 和 Y 没有长度大于 4 的公共子序列。

最长公共子序列问题：给定两个序列 $X=\{x_1,x_2,\cdots,x_m\}$ 和 $Y=\{y_1,y_2,\cdots,y_n\}$，找出 X 和 Y 的最长公共子序列。

3.2.2 动态规划设计

求序列 X 与 Y 的最长公共子序列可以使用枚举法：列出 X 的所有子序列，检查 X 的每一个子序列是否也是 Y 的子序列，并将其中公共子序列的长度记录下来，通过比较最终求得 X 与 Y 的最长公共子序列。

对于一个长度为 m 的序列 X，其每一个子序列对应于下标集 $\{1,2,\cdots,m\}$ 的一个子集，即 X 的子序列数目多达 2^m 个。由此可见应用枚举法求解是指数时间的。

动态规划算法可有效地解此问题。下面按照动态规划算法设计的步骤来设计解此问题的有效算法。

1. 问题分析

设序列 $X=\{x_1,x_2,\cdots,x_m\}$ 和 $Y=\{y_1,y_2,\cdots,y_n\}$ 的最长公共子序列为 $Z=\{z_1,z_2,\cdots,z_k\}$，则：

①若 $x_m=y_n$，则 $z_k=x_m=y_n$，且 Z_{k-1} 是 X_{m-1} 和 Y_{n-1} 的最长公共子序列。

②若 $x_m\neq y_n$ 且 $z_k\neq x_m$，则 Z 是 X_{m-1} 和 Y 的最长公共子序列。

③若 $x_m\neq y_n$ 且 $z_k\neq y_n$，则 Z 是 X 和 Y_{n-1} 的最长公共子序列。

其中，$X_{m-1}=\{x_1,x_2,\cdots,x_{m-1}\}$；$Y_{n-1}=\{y_1,y_2,\cdots,y_{n-1}\}$；$Z_{k-1}=\{z_1,z_2,\cdots,z_{k-1}\}$。

证明：①用反证法。若 $z_k\neq x_m$，则 $\{z_1,z_2,\cdots,z_k,z_m\}$ 是 X 和 Y 的长度为 $k+1$ 的公共子序列。这与 Z 是 X 和 Y 的最长公共子序列矛盾。因此，必有 $z_k=x_m=y_n$。由此可知 Z_{k-1} 是 X_{m-1} 和 Y_{n-1} 的长度为 $k-1$ 的公共子序列。若 X_{m-1} 和 Y_{n-1} 有长度大于 $k-1$ 的公共子序列 W，则将 x_m 加在其尾部产生 X 和 Y 的长度大于 k 的公共子序列。此为矛盾。故 Z_{k-1} 是 X_{m-1} 和 Y_{n-1} 的最长公共子序列。

②由于 $z_k\neq x_m$，Z 是 X_{m-1} 和 Y 的公共子序列。若 X_{m-1} 和 Y 有长度大于 k 的公共子序列 W，则 W 也是 X 和 Y 的长度大于 k 的公共子序列。这与 Z 是 X 和 Y 的最长公共子序列矛盾。由此即知，Z 是 X_{m-1} 和 Y 的最长公共子序列。

③证明与②类似。

由此可见，两个序列的最长公共子序列包含了这两个序列的前缀的最长公共子序列。因此，最长公共子序列问题具有最优子结构性质。

由最长公共子序列问题的最优子结构性质可知，要找出 $X=\{x_1,x_2,\cdots,x_m\}$ 和 $Y=\{y_1,y_2,\cdots,y_n\}$ 的最长公共子序列，可按以下方式递归地进行：当 $x_m=y_n$ 时，找出 X_{m-1} 和 Y_{n-1} 的最长公共子序列，然后在其尾部加上 $x_m(=y_n)$ 即可得 X 和 Y 的最长公共子序列。当 $x_m\neq y_n$ 时，必须解两个子问题，即找出 X_{m-1} 和 Y 的一个最长公共子序列及 X 和 Y_{n-1} 的一个最长公共子序列。这两个公共子序列中较长者即为 X 和 Y 的最长公共子序列。

由此递归结构容易看到，最长公共子序列问题具有子问题重叠性质。例如，在计算 X 和 Y 的最长公共子序列时，可能要计算 X 和 Y_{n-1} 及 X_{m-1} 和 Y 的最长公共子序列。而这两个子问题都包含一个公共子问题，即计算 X_{m-1} 和 Y_{n-1} 的最长公共子序列。

最长公共子序列问题具有最优子结构性质和子问题重叠性质，使用动态设计规划不失为好的解决办法。

2. 建立递推关系

首先建立子问题最优值的递归关系。用 $c[i][j]$ 记录序列 X_i 和 Y_j 的最长公共子序列的长度。其中，$X_i=\{x_1,x_2,\cdots,x_i\}$；$Y_j=\{y_1,y_2,\cdots,y_j\}$。当 $i=0$ 或 $j=0$ 时，空序列是 X_i 和 Y_j 的最长公共子序列。故此时 $c[i][j]=0$。其他情况下，由最优子结构性质可建立递归关系如下：

$$c[i][j]=\begin{cases}0, i=0, j=0\\ c[i-1][j-1]+1, i,j>0; x_i=y_i\\ \max\{c[i][j-1],c[i-1][j]\}, i,j>0; x_i\neq y_i\end{cases}$$

3. 计算最优值

直接利用递归式容易写出计算 $c[i][j]$ 的递归算法，但其计算时间是随输入长度指数增长的。由于在所考虑的子问题空间中，总共有 $\Theta(m,n)$ 个不同的子问题，因此，用动态规划算法自底向上计算最优值能提高算法的效率。

计算最长公共子序列长度的动态规划算法 LCSLength 以序列 $X=\{x_1,x_2,\cdots,x_m\}$ 和 $Y=\{y_1,y_2,\cdots,y_n\}$ 作为输入，输出两个数组 c 和 b。其中，$c[i][j]$ 存储 X_i 和 Y_j 的最长公共子序列的长度，$b[i][j]$ 记录 $c[i][j]$ 的值是由哪一个子问题的解得到的，这在构造最长公共子序列时要用到。问题的最优值，即 X 和 Y 的最长公共子序列的长度记录于 $c[m][n]$ 中。

```
void LCSLength(int m,int n,char * x,char * y,int * * c,int * * b)
{
  int i,j;
for(i=1;i<=m;i++) c[i][0]=0;
for(i=1;i<=n;i++) c[0][i]=0;
  for(i=1;i<=m;i++)
    for(j=1;j<=n;j++)
    {
      if(x[i]==y[j])
        {
```

```
            c[i][j]=c[i-1][j-1]+1;
            b[i][j]=1;
        }
    else if(c[i-1][j]>=c[i][j-1])
        {
            c[i][j]=c[i-1][j];
            b[i][j]=2;
        }
        else
        {
        c[i][j]=c[i][j-1];
            b[i][j]=3;
        }
    }
  return c[m][n]
}
```

由于每个数组单元的计算耗费 $O(1)$ 时间，算法 LCSLength 耗时 $O(mn)$。

4. 构造最长公共子序列

由算法 LCSLength 计算得到的数组 b 可用于快速构造序列 $X=\{x_1,x_2,\cdots,x_m\}$ 和 $Y=\{y_1,y_2,\cdots,y_n\}$ 的最长公共子序列。

首先从 $b[m][n]$ 开始，依其值在数组 b 中搜索。当在 $b[i][j]=1$ 时，表示 X_i 和 Y_j 的最长公共子序列是由 X_{i-1} 和 Y_{j-1} 的最长公共子序列在尾部加上 x_i 所得到的子序列。当 $b[i][j]=2$ 时，表示 X_i 和 Y_j 的最长公共子序列与 X_{i-1} 和 Y_j 的最长公共子序列相同。当 $b[i][j]=3$ 时，表示 X_i 和 Y_j 的最长公共子序列与 X_i 和 Y_{j-1} 的最长公共子序列相同。

下面的算法 LCS 实现根据 b 的内容打印出 X_i 和 Y_j 的最长公共子序列。通过算法调用 LCS(m,n,x,b) 便可打印出序列 X 和 Y 的最长公共子序列。

```
void LCS(int i,int j,char * x,int * * b)
{
  if(i==0||j==0) return;
 if(b[i][j]==1)
   {
     LCS(i-1,j-1,x,b);
     cout<<x[i];
   }
 else if(b[i][j]==2)LCS(i-1,j,x,b);
   else LCS(i,j-1,x,b);
 }
```

在算法 LCS 中,每一次递归调用使 i 或 j 减 1,因此算法的计算时间为 $O(m+n)$。

5. 算法的改进

对于具体问题,按照一般的算法设计策略设计出的算法,往往在算法的时间和空间需求上还有较大的改进余地。通常可以利用具体问题的一些特殊性对算法做进一步改进。例如,在算法 LCSLength 和 LCS 中,可进一步将数组 b 省去。事实上,数组元素 $c[i][j]$ 的值仅由 $c[i-1][j-1]$,$c[i-1][j]$ 和 $c[i][j-1]$ 这三个数组元素的值所确定。对于给定的数组元素 $c[i][j]$,可以不借助于数组 b 而仅借助于数组 c 本身在 $O(1)$ 时间内确定 $c[i][j]$ 的值是由 $c[i-1][j-1]$,$c[i-1][j]$ 和 $c[i][j-1]$ 中哪一个值所确定的。因此,可以写一个类似于 LCS 的算法,不用数组 b 而在 $O(m+n)$ 时间内构造最长公共子序列。从而可节省 $\Theta(mn)$ 的空间。由于数组 c 仍需要 $\Theta(mn)$ 的空间,因此,这里所作的改进,只是对空间复杂性的常数因子上的改进。

另外,若只需要计算最长公共子序列的长度,则算法的空间需求可大大减少。事实上,在计算 $c[i][j]$ 时,只用到数组 c 的第 i 行和第 $i-1$ 行。因此,用两行的数组空间就可以计算出最长公共子序列的长度。进一步的分析还可将空间需求减至 $O(\min\{m,n\})$。

3.3 矩阵连乘问题

3.3.1 问题的提出

给定 n 个矩阵 $\{\boldsymbol{A}_1,\boldsymbol{A}_2,\cdots,\boldsymbol{A}_n\}$,其中,$\boldsymbol{A}_i$ 与 $\boldsymbol{A}_{i+1}$ 是可乘的,$i=1,2,\cdots,n-1$。考察这 n 个矩阵的连乘积 $\boldsymbol{A}_1,\boldsymbol{A}_2,\cdots,\boldsymbol{A}_n$。

由于矩阵乘法满足结合律,故计算矩阵的连乘积可以有许多不同的计算次序。这种计算次序可以用加括号的方式来确定。若一个矩阵连乘积的计算次序完全确定,也就是说该连乘积已完全加括号,则可依此次序反复调用 2 个矩阵相乘的标准算法计算出矩阵连乘积。完全加括号的矩阵连乘积可递归地定义为:单个矩阵是完全加括号的;矩阵连乘积 $\boldsymbol{A}$ 是完全加括号的,则 $\boldsymbol{A}$ 可表示为 2 个完全加括号的矩阵连乘积 $\boldsymbol{B}$ 和 $\boldsymbol{C}$ 的乘积并加括号,即 $\boldsymbol{A}=(\boldsymbol{BC})$。

例如,矩阵连乘积 $\boldsymbol{A}_1\boldsymbol{A}_2\boldsymbol{A}_3\boldsymbol{A}_4$ 可以有以下 5 种不同的完全加括号方式:

$$(\boldsymbol{A}_1(\boldsymbol{A}_2(\boldsymbol{A}_3\boldsymbol{A}_4))),(\boldsymbol{A}_1((\boldsymbol{A}_2\boldsymbol{A}_3)\boldsymbol{A}_4)),((\boldsymbol{A}_1\boldsymbol{A}_2)(\boldsymbol{A}_3\boldsymbol{A}_4)),((\boldsymbol{A}_1(\boldsymbol{A}_2\boldsymbol{A}_3))\boldsymbol{A}_4),(((\boldsymbol{A}_1\boldsymbol{A}_2)\boldsymbol{A}_3)\boldsymbol{A}_4)$$

每一种完全加括号方式对应于一种矩阵连乘积的计算次序,而矩阵连乘积的计算次序与其计算量有密切关系。

首先考虑计算两个矩阵乘积所需的计算量。

计算两个矩阵乘积的标准算法如下,其中,ra,ca 和 rb,cb 分别表示矩阵 $\boldsymbol{A}$ 和 $\boldsymbol{B}$ 的行数和列数。

```
void MatrixMultiply(int * * a,int * * b,int * * c,int ra,int ca,int rb,int cb)
{
```

```
    if(ca! =rb)error("矩阵不可乘");
    for(int i=0;i<ra;i++)
    for(int j=0;j<cb;j++)
    {
      int sum=a[i][0] * b[0][j];
    for(int k=1;k<ca;k++)
      sum+=a[i][k] * b[k][j];
    c[i][j]=sum;
    }
}
```

矩阵 $\boldsymbol{A}$ 和 $\boldsymbol{B}$ 可乘的条件是矩阵 $\boldsymbol{A}$ 的列数等于矩阵 $\boldsymbol{B}$ 的行数。若 $\boldsymbol{A}$ 是一个 $p \times q$ 矩阵，$\boldsymbol{B}$ 是一个 $q \times r$ 矩阵，则其乘积 $\boldsymbol{C}=\boldsymbol{AB}$ 是一个 $p \times r$ 矩阵。在上述计算 $\boldsymbol{C}$ 的标准算法中，主要计算量在三重循环，总共需要 pqr 次数乘。

为了说明在计算矩阵连乘积时，加括号方式对整个计算量的影响，考察计算 3 个矩阵 $\{\boldsymbol{A}_1,\boldsymbol{A}_2,\boldsymbol{A}_3\}$ 的连乘积的例子。设这 3 个矩阵的维数分别为 10×100，100×5 和 5×50。若按第一种加括号方式 $((\boldsymbol{A}_1\boldsymbol{A}_2)\boldsymbol{A}_3)$ 计算，3 个矩阵连乘积需要的数乘次数为 $10\times100\times5+10\times5\times50=7500$。若按第二种加括号方式 $(\boldsymbol{A}_1(\boldsymbol{A}_2\boldsymbol{A}_3))$ 计算，3 个矩阵连乘积总共需要 $100\times5\times50+10\times100\times50=75000$ 次数乘。第二种加括号方式的计算量是第一种加括号方式计算量的 10 倍。由此可见，在计算矩阵连乘积时，加括号方式，即计算次序对计算量有很大影响。于是，人们自然会提出矩阵连乘积的最优计算次序问题，即对于给定的相继 n 个矩阵 $\{\boldsymbol{A}_1,\boldsymbol{A}_2,\cdots,\boldsymbol{A}_n\}$（其中，矩阵 $\boldsymbol{A}_i$ 的维数为 $p_{i-1}\times p_i$，$i=1,2,\cdots,n$），如何确定计算矩阵连乘积 $\boldsymbol{A}_1,\boldsymbol{A}_2,\cdots,\boldsymbol{A}_n$ 的计算次序（完全加括号方式），使得依此次序计算矩阵连乘积需要的数乘次数最少。

3.3.2　动态规划设计

穷举搜索法是最容易想到的方法。也就是列举出所有可能的计算次序，并计算出每一种计算次序相应需要的数乘次数，从中找出一种数乘次数最少的计算次序。这样做计算量太大。事实上，对于 n 个矩阵的连乘积，设有不同的计算次序 $P(n)$。由于可以先在第 k 个和第 $k+1$ 个矩阵之间将原矩阵序列分为两个矩阵子序列，$k=1,2,\cdots,n-1$；然后分别对这两个矩阵子序列完全加括号；最后对所得的结果加括号，得到原矩阵序列的一种完全加括号方式。由此，可以得到关于 $P(n)$ 的递归式如下：

$$P(n)=\begin{cases}1, n=1\\ \sum_{k=1}^{n-1}P(k)P(n-k), n>1\end{cases}$$

解此递归方程可得，$P(n)$ 实际上是 Catalan 数，即 $P(n)=C(n-1)$，式中，

$$C(n-1)=\frac{1}{n+1}\binom{2n}{n}=\Omega(4^n/n^{3/2})$$

也就是说，$P(n)$ 是随 n 的增长呈指数增长的。因此，穷举搜索法不是一个有效算法。

可以考虑用动态规划法解矩阵连乘积的最优计算次序问题。如前所述，按以下几个步骤进行。

1.问题分析

设计求解具体问题的动态规划算法的第 1 步是刻画该问题的最优解的结构特征。为方便起见，将矩阵连乘积 $\boldsymbol{A}_i\boldsymbol{A}_{i+1}\cdots\boldsymbol{A}_j$ 简记为 $\boldsymbol{A}[i,j]$。考察计算 $\boldsymbol{A}[1:n]$ 的最优计算次序。设这个计算次序在矩阵 $\boldsymbol{A}_k$ 和 $\boldsymbol{A}_{k+1}$ 之间将矩阵链断开，$1 \leqslant k < n$，则其相应的完全加括号方式为 $((\boldsymbol{A}_1\cdots\boldsymbol{A}_k)(\boldsymbol{A}_{k+1}\cdots\boldsymbol{A}_n))$。依此次序，先计算 $\boldsymbol{A}[1:k]$ 和 $\boldsymbol{A}[k+1:n]$，然后将计算结果相乘得到 $\boldsymbol{A}[1:n]$，依此计算顺序总计算量为 $\boldsymbol{A}[1:k]$ 的计算量加上 $\boldsymbol{A}[k+1:n]$ 的计算量，再加上 $\boldsymbol{A}[1:k]$ 和 $\boldsymbol{A}[k+1:n]$ 相乘的计算量。

这个问题的一个关键特征是：计算 $\boldsymbol{A}[1:n]$ 的最优次序所包含的计算矩阵子链 $\boldsymbol{A}[1:k]$ 和 $\boldsymbol{A}[k+1:n]$ 的次序也是最优的。事实上，若有一个计算 $\boldsymbol{A}[1:k]$ 的次序需要的计算量更少，则用此次序替换原来计算 $\boldsymbol{A}[1:k]$ 的次序，得到的计算 $\boldsymbol{A}[1:n]$ 的计算量将比最优次序所需计算量更少，这是一个矛盾。同理可知，计算 $\boldsymbol{A}[1:n]$ 的最优次序所包含的计算矩阵子链 $\boldsymbol{A}[k+1:n]$ 的次序也是最优的。

因此，矩阵连乘积计算次序问题的最优解包含着其子问题的最优解。这种性质称为最优子结构性质。问题的最优子结构性质是该问题可用动态规划算法求解的显著特征。

2.建立递归关系

对于矩阵连乘积的最优计算次序问题，设计算 $\boldsymbol{A}[i,j]$，$1 \leqslant i \leqslant j \leqslant n$，所需的最少数乘次数为 $m[i][j]$，则原问题的最优值为 $m[1][n]$。

当 $i=j$ 时，$\boldsymbol{A}[i,j]=\boldsymbol{A}_i$ 为单一矩阵，无须计算，因此 $m[i][j]=0, i=1,2,\cdots,n$。

当 $i<j$ 时，可利用最优子结构性质来计算 $m[i][j]$。事实上，若计算 $\boldsymbol{A}[i,j]$ 的最优次序在 $\boldsymbol{A}_k$ 和 $\boldsymbol{A}_{k+1}$ 之间断开，$i \leqslant k < j$，则 $m[i][j]=m[i][k]+m[k+1][j]+p_{i-1}p_kp_j$。由于在计算时并不知道断开点 k 的位置，所以 k 还未定。不过 k 的位置只有 $j-i$ 个可能，即 $k \in \{i,i+1,\cdots,j-1\}$。因此，$k$ 是这 $j-i$ 个位置中使计算量达到最小的那个位置。从而 $m[i][j]$ 可以递归地定义为

$$m[i][j]=\begin{cases}0, i=j \\ \min\limits_{i \leqslant k<j}\{m[i][k]+m[k+1][j]+p_{i-1}p_kp_j\}, i<j\end{cases}$$

$m[i][j]$ 给出了最优值，即计算 $\boldsymbol{A}[i,j]$ 所需的最少数乘次数。同时还确定了计算 $\boldsymbol{A}[i,j]$ 的最优次序中的断开位置 k，也就是说，对于这个 k 有

$$m[i][j]=m[i][k]+m[k+1][j]+p_{i-1}p_kp_j$$

若将对应于 $m[i][j]$ 的断开位置 k 记为 $s[i][j]$，在计算出最优值 $m[i][j]$ 后，可递归地由 $s[i][j]$ 构造出相应的最优解。

3.计算最优值

根据计算 $m[i][j]$ 的递归式，容易写一个递归算法计算 $m[1][n]$。稍后将看到，简单地递

归计算将耗费指数计算时间。注意到在递归计算过程中,不同的子问题个数只有 $\Theta(n^2)$ 个。事实上,对于 $1 \leqslant i \leqslant j \leqslant n$ 不同的有序对 (i,j) 对应于不同的子问题。因此,不同子问题的个数最多只有 $\binom{n}{2} + n = \Theta(n^2)$ 个。由此可见,在递归计算时,许多子问题被重复计算多次。这也是该问题可用动态规划算法求解的又一显著特征。

用动态规划算法解此问题,可依据其递归式以自底向上的方式进行计算。在计算过程中,保存已解决的子问题答案。每个子问题只计算一次,而在后面需要时只要简单查一下,从而避免大量的重复计算,最终得到多项式时间的算法。下面所给出的动态规划算法 MatrixChain 中,输入参数 $\{p_1, p_2, \cdots, p_n\}$ 存储于数组 p 中。算法除了输出最优值数组 m 外还输出记录最优断开位置的数组 s。

```
void MatrixChain(int * p,int n,int * * m,int * * s)
{
  for(int i=1;i<=n;i++) m[i][i]=0;
for(int r=2;r<=n;r++)
  for(int i=1;i<=n-r+1;i++)
  {
    int j=i+r-1;
    m[i][j]=m[i+1][j]+p[i-1] * p[i] * p[j];
  s[i][j]=i;
    for(int k=i+1;k<j;k++)
    {
    int t=m[i][k]+m[k+1][j]+p[i-1] * p[k] * p[j];
    if(t<m[i][j])
      {
        m[i][j]=t;s[i][j]=k;
      }
    }
  }
}
```

算法 MatrixChain 首先计算出 $m[i][i]=0, i=1,2,\cdots,n$, 然后,再根据递归式,按矩阵链长递增的方式依次计算 $m[i][i+1]=0, i=1,2,\cdots,n-1$(矩阵链长度为 2);$m[i][i+2]=0, i=1,2,\cdots,n-2$(矩阵链长度为 3);…。在计算 $m[i][j]$ 时,只用到已计算出的 $m[i][k]$ 和 $m[k+1][j]$。

例如,设要计算矩阵连乘积 $\boldsymbol{A}_1\boldsymbol{A}_2\boldsymbol{A}_3\boldsymbol{A}_4\boldsymbol{A}_5\boldsymbol{A}_6$,其中,各矩阵的维数分别为

$\boldsymbol{A}_1$	$\boldsymbol{A}_2$	$\boldsymbol{A}_3$	$\boldsymbol{A}_4$	$\boldsymbol{A}_5$	$\boldsymbol{A}_6$
30×35	35×15	15×5	5×10	10×20	20×25

动态规划算法 MatrixChain 计算 $m[i][j]$ 先后次序如图 3-4(a)所示;计算结果 $m[i][j]$ 和 $s[i][j]$, $1 \leqslant i \leqslant j \leqslant n$, 分别如图 3-4(b)和(c)所示。

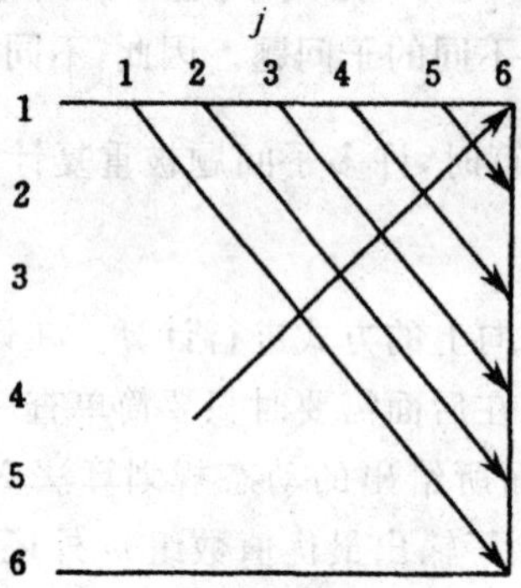

计算次序

(a)

i \ j	1	2	3	4	5	6
1	0	15750	7875	9375	11875	15125
2		0	2625	4375	7125	10500
3			0	750	2500	5375
4				0	1000	3500
5					0	5000
6						0

m[i, j]

(b)

i \ j	1	2	3	4	5	6
1	0	1	1	3	3	3
2		0	2	3	3	3
3			0	3	3	3
4				0	4	5
5					0	5
6						0

s[i, j]

(c)

图 3-4 计算 $m[i][j]$的次序

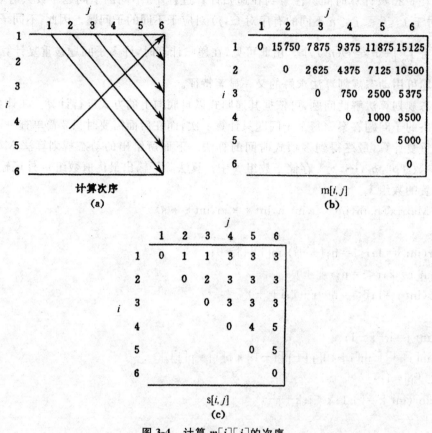

例如，在计算 $m[2][5]$时，依递归式有

$$m[2][5] = \min\begin{cases} m[2][2] + m[3][5] + p_1 p_2 p_5 = 0 + 2500 + 35 \times 15 \times 20 = 13000 \\ m[2][3] + m[4][5] + p_1 p_2 p_5 = 2625 + 1000 + 35 \times 5 \times 20 = 7125 \\ m[2][4] + m[5][5] + p_1 p_2 p_5 = 4375 + 0 + 35 \times 10 \times 20 = 11375 \end{cases}$$
$$= 7125$$

且 $k=3$，因此，$s[2][5] = 3$。

算法 MatrixChain 的主要计算量取决于程序中对 r，i 和 k 的三重循环。循环体内的计算量为 $O(1)$，而三重循环的总次数为 $O(n^3)$。因此，该算法的计算时间上界为 $O(n^3)$。算法所占用的空间显然为 $O(n^2)$。由此可见，动态规划算法比穷举搜索法要有效得多。

4. 构造最优解

算法 MatrixChain 只是计算出了最优值，并未给出最优解。也就是说，通过 MatrixChain 的计算，只知道最少数乘次数，还不知道具体应按什么次序来做矩阵乘法才能达到最少的数乘次数。

事实上，MatrixChain 已记录了构造最优解所需要的全部信息。$s[i][j]$ 中的数表明，计算

矩阵链 $A[i:j]$ 的最佳方式应在矩阵 A_k 和 A_{k+1} 之间断开，即最优的加括号方式应为 $(A[i:k])(A[k+1:j])$。因此，从 $s[1][n]$ 记录的信息可知计算 $A[1:n]$ 的最优加括号方式为 $(A[1:s[1][n]])(A[s[1][n]+1:n])$。而 $A[1:s[1][n]]$ 的最优加括号方式为 $(A[1:s[1]s[1][n]])(A[s[1]s[1][n]]+1:s[1]s[1][n])$。同理可以确定 $A[s[1][n]+1:n]$ 的最优加括号方式在 $s[s[1][n]+1][n]$ 处断开……照此递推下去，最终可以确定 $A[1:n]$ 的最优完全加括号方式，即构造出问题的一个最优解。

下面的算法 Traceback 按算法 MatrixChain 计算出的断点矩阵 s 指示的加括号方式输出计算 $A[i:j]$ 的最优计算次序。

```
void Traceback(int i,int j,int * * s)
{
  if(i==j) return;
Traceback(i,s[i][j],s);
Traceback(s[i][j]+1,j,s);
cout<<"Multiply A"<<i<<","<<s[i][j];
cout<<"and A"<<(s[i][j]+1)<<","<<j<<endl;
}
```

要输出 $A[1:n]$ 的最优计算次序只要调用 Traceback(1,n,5)即可。对于上面所举的例子，通过调用 Traceback(1,6,s)，即可输出最优计算次序 $((A_1(A_2A_3))((A_4A_5)A_6))$。

3.4 凸多边形最优三角剖分

从表面上来看这是一个几何问题，但在本质上它与矩阵连乘积的最优计算次序问题极为相似。

多边形是平面上一条分段线性闭曲线。也就是说，多边形是由一系列首尾相接的直线段所组成的。组成多边形的各直线段称为该多边形的边。连接多边形相继两条边的点称为多边形的顶点。若多边形的边除了连接顶点外没有别的交点，则称该多边形为一简单多边形。一个简单多边形将平面分为3个部分：被包围在多边形内的所有点构成了多边形的内部；多边形本身构成多边形的边界；而平面上其余包围着多边形的点构成了多边形的外部。当一个简单多边形及其内部构成闭凸集时，称该简单多边形为一凸多边形。意思就是，凸多边形边界上或内部的任意两点所连成的直线段上所有点均在凸多边形的内部或边界上。

通常情况下，凸多边形可以用多边形顶点的逆时针序列来表示，即 $P=\{v_0,v_1,\cdots,v_{n-1}\}$ 表示有 n 条边 $v_0v_1,v_1v_2,\cdots,v_{n-1}v_n$ 的凸多边形。其中，约定 $v_0=v_n$。

若 v_i 与 v_j 是多边形上不相邻的两个顶点，则 v_iv_j 线段称为多边形的一条弦。弦 v_iv_j 将多边形分割成两个多边形 $\{v_i,v_{i+1},\cdots,v_j\}$ 和 $\{v_j,v_{j+1},\cdots,v_i\}$。

多边形的三角剖分是将多边形分割成互不相交的三角形的弦的集合 T。图3-5所示是一个凸七边形的两个不同的三角剖分。

在凸多边形 P 的三角剖分 T 中，各弦互不相交，且集合 T 已达到最大，即 P 的任一不在 T

中的弦必与 T 中某一弦相交。在有九个顶点的凸多边形的三角剖分中，恰有 $n-3$ 条弦和 $n-2$ 个三角形。

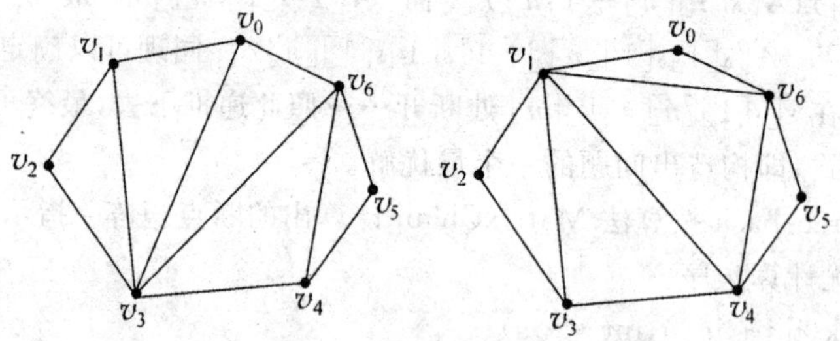

图 3-5　一个凸七边形的两个不同的三角剖分

凸多边形最优三角剖分的问题：给定凸多边形 $P=\{v_0,v_1,\cdots,v_{n-1}\}$，以及定义在由多边形的边和弦组成的三角形上的权函数 ω。要求确定该凸多边形的三角剖分，使得该三角剖分所对应的权，即该三角剖分中诸三角形上权之和为最小。

三角形上各种各样的权函数 ω 可以对其进行定义。例如，

$$\omega=(v_iv_jv_k)=|v_iv_j|+|v_jv_k|+|v_kv_i|$$

其中，$|v_iv_j|$ 是点 v_i 到 v_j 的欧氏距离。相应于此权函数的最优三角剖分即为最小弦长三角剖分。

本节所述算法可适用于任意权函数。

3.4.1　问题的提出

凸多边形的三角剖分与表达式的完全加括号方式之间具有十分紧密的联系。正如所看到的，矩阵连乘积的最优计算次序问题等价于矩阵链的最优完全加括号方式。可从它们所对应的完全二叉树的同构性看出这些问题之间的相关性。

一个表达式的完全加括号方式相应于一棵完全二叉树，称为表达式的语法树。例如，完全加括号的矩阵连乘积 $((A_1(A_2A_3))A_4(A_5A_6))$ 相应的语法树如图 3-6(a)所示。语法树中每一个叶结点表示表达式中一个原子。在语法树中，若一结点有一个表示表达式 E_l 的左子树，以及一个表示表达式 E_r 的右子树，则以该结点为根的子树表示表达式(E_lE_r)。因此，有 n 个原子的完全加括号表达式对应于唯一的一棵有 n 个叶结点的语法树，反之亦然。通过使用语法树也可以表示凸多边形 $\{v_0,v_1,\cdots,v_{n-1}\}$ 的三角剖分。例如，图 3-6(a)中凸多边形的三角剖分可用图 3-6(b)所示的语法树表示。该语法树的根结点为边 v_0v_6。三角剖分中的弦组成其余的内结点。多边形中除 v_0v_6 边外的各边都是语法树的一个叶结点。树根 v_0v_6 是三角形 $v_0v_3v_6$ 的一条边。该三角形将原多边形分为三个部分：三角形 $v_0v_3v_6$，凸多边形 $\{v_0,v_1,\cdots,v_3\}$ 和凸多边形 $\{v_3,v_4,\cdots,v_6\}$。三角形 $v_0v_3v_6$ 的另外两条边，即弦 v_0v_3 和 v_3v_6 为根的两个儿子。以它们为根的子树表示凸多边形 $\{v_0,v_1,\cdots,v_3\}$ 和 $\{v_3,v_4,\cdots,v_6\}$ 的三角剖分。

在一般情况下，凸 n 边形的三角剖分和一棵有 $n-1$ 个叶结点的语法树保持对应关系。反之，也可根据一棵有 $n-1$ 个叶结点的语法树产生相应的凸 n 边形的三角剖分。也就是说，凸

n 边形的三角剖分与有 $n-1$ 个叶结点的语法树之间存在一一对应关系。由于 n 个矩阵的完全加括号乘积与 n 个叶结点的语法树之间存在一一对应关系，因此，n 个矩阵的完全加括号乘积也与凸$(n+1)$边形中的三角剖分之间存在一一对应关系。图 3-6(a)和(b)表示出这种对应关系。矩阵连乘积 $A_1A_2\cdots A_n$ 中的每个矩阵 A_i 对应于凸$(n+1)$边形中的一条边 $v_{i-1}v_i$。三角剖分中的一条弦 $v_iv_j(i<j)$ 和矩阵连乘积 $A[i+1:j]$保持对应关系。

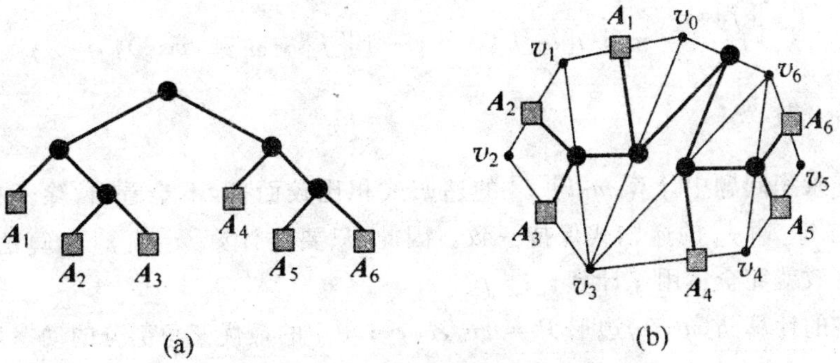

图 3-6 表达式语法树和三角剖分的对应

事实上，凸多边形最优三角剖分问题的特殊情形也就是矩阵连乘积的最优计算次序问题。对于给定的矩阵链 $A_1A_2\cdots A_n$，定义与之相应的凸$(n+1)$边形 $P=\{v_0,v_1,\cdots,v_n\}$，使得矩阵 A_i 与凸多边形的 $v_{i-1}v_i$ 一一对应。若矩阵 A_i 的维数为 $p_{i-1}\times p_i, i=1,2,\cdots,n$，则定义三角形 $v_iv_jv_k$ 上的权函数值为：$\omega(v_iv_jv_k)=p_ip_jp_k$。依此权函数的定义，凸多边形 P 的最优三角剖分所对应的语法树给出矩阵链 $A_1A_2\cdots A_n$ 的最优完全加括号方式。

3.4.2 动态规划设计

1. 问题分析

凸多边形的最优三角剖分问题有最优子结构性质。

事实上，若凸$(n+1)$边形 $P=\{v_0,v_1,\cdots,v_n\}$ 的最优三角剖分 T 包含三角形 $v_0v_kv_n$，$1\leqslant k\leqslant n-1$，则 T 的权为三个部分权的和：三角形 $v_0v_kv_n$ 的权，子多边形 $\{v_0,v_1,\cdots,v_k\}$ 和$\{v_k,v_{k+1},\cdots,v_n\}$ 的权之和。可以确定的是，由 T 所确定的这两个子多边形的三角剖分也是最优的。因为若有 $\{v_0,v_1,\cdots,v_k\}$ 或$\{v_k,v_{k+1},\cdots,v_n\}$ 的更小权的三角剖分将导致 T 不是最优三角剖分的矛盾。

用动态规划算法能有效地解凸多边形的最优三角剖分问题。

2. 最优三角剖分的递归结构

首先，定义 $j-i\geqslant 1$ 为凸子多边形 $\{v_{i-1},v_i,\cdots,v_j\}$ 的最优三角剖分所对应的权函数值，即其最优值。为方便起见，设退化的多边形 $\{v_{i-1},v_i\}$ 具有权值 0。据此定义，要计算的凸$(n+1)$边形 P 的最优权值为 $t[1][n]$。

可以利用最优子结构性质递归地计算出 $t[i][j]$ 的值。由于退化的 2 顶点多边形的权值为 0,所以 $t[i][j]=0,1,2,\cdots,n$。当 $j-i\geqslant 1$ 时,凸子多边形 $\{v_{i-1},v_i,\cdots,v_j\}$ 至少有 3 个顶点。由最优子结构性质,$t[i][j]$ 的值应为 $t[i][k]$ 的值加上 $t[k+1][j]$ 的值,再加上三角形 $v_{i-1}v_kv_j$ 的权值,其中,$i\leqslant k\leqslant j-1$。由于在计算时还不知道 k 的确切位置,而 k 的所有可能位置只有 $j-i$ 个,因此,可以在这 $j-i$ 个位置中选出使 $t[i][j]$ 值达到最小的位置。由此,$t[i][j]$ 可递归地定义为

$$t[i][j]=\begin{cases}0,i=j\\ \min\limits_{i\leqslant k<j}\{t[i][k]+t[k+1][j]+\omega(v_{i-1}v_kv_j)\},i<j\end{cases}$$

3. 计算最优值

与矩阵连乘积问题中计算 $m[i][j]$ 的递归式相比较而言,不难看出,除了权函数的定义外,$t[i][j]$ 与 $m[i][j]$ 的递归式保持一致。因此,只要对计算 $m[i][j]$ 的算法 MatrixChain 进行很小的修改就完全适用于计算 $t[i][j]$。

下面描述的计算凸$(n+1)$边形 $P=\{v_0,v_1,\cdots,v_n\}$ 的最优三角剖分的动态规划算法 minWeightTriangulation 以凸多边形 $P=\{v_0,v_1,\cdots,v_n\}$ 和定义在三角形上的权函数 ω 作为输入。

```
public static void minWeightTriangulation(int n,int[][]t,int[][]s)
{
for(int i=1;i<=n;i++) t[i][j]=0;
for(int r=2;r<=n;r++)
  for(int i=1;i<=n-r+1;i++){
    int j=i+r-1;
    t[i][j]=t[i+1][j]+w(i-1,i,j);
    s[i][j]=i;
    for(int k=i+1;k<j;k++){
      int u=t[i][k]+t[k+1][j]+w(i-1,k,j);
      if(u<t[i][j]){
        t[i][j]=u;
        s[i][j]=k;}
      }
  }
}
```

和算法 MatrixChain 相同,算法 minWeightTriangulation 占用 $O(n^2)$ 空间,耗时 $O(n^2)$。

4. 构造最优三角剖分

算法 minWeightTriangulation 在计算每一个凸子多边形 $\{v_{i-1},v_i,\cdots,v_j\}$ 的最优值时,最优三角剖分中所有三角形信息是通过数组 s 实现记录的。$s[i][j]$ 记录了与 v_{i-1} 和 v_j 一起构成三角形的第 3 个顶点的位置。据此,用 $O(n)$ 时间就可构造出最优三角剖分中的所有三角形。

3.5 0－1背包问题

3.5.1 问题的提出

0－1背包问题：给定 n 种物品和一背包。物品 i 的重量是 w_i，其价值为 v_i，背包的容量为 C。问应如何选择装入背包中的物品，使得装入背包中物品的总价值最大？

在选择装入背包的物品时，对每种物品 i 只有两种选择，即装入背包或不装入背包。不能将物品 i 装入背包多次，也不能只装入部分的物品 i。因此，该问题称为0－1背包问题。

3.5.2 动态规划设计

1.问题分析

设 $(x_1,x_2,\cdots,x_n)$ 是0－1背包问题的最优解，则 $(x_2,\cdots,x_n)$ 是下面子问题的最优解：

$$\begin{cases}\sum_{i=2}^{n} w_i x_i \leqslant C - w_1 x_1 \\ x_i \in \{0,1\}(2 \leqslant i \leqslant n)\end{cases}$$

$$\max \sum_{i=2}^{n} w_i x_i$$

如若不然，设 $(y_2,\cdots,y_n)$ 是上述问题的一个最优解，则 $\sum_{i=2}^{n} v_i y_i > \sum_{i=2}^{n} v_i x_i$，且 $w_1 x_1 + \sum_{i=2}^{n} w_i y_i \leqslant C$。因此 $v_1 x_1 + \sum_{i=2}^{n} v_i y_i > v_1 x_1 + \sum_{i=2}^{n} v_i x_i = \sum_{i=1}^{n} v_i x_i$，这说明 $(x_1,y_2,\cdots,y_n)$ 是0－1背包问题的最优解且比 $(x_1,x_2,\cdots,x_n)$ 更优，这样就会导致矛盾。

2.递归关系

子问题如何定义呢？0－1背包问题可以看作是决策一个序列 $(x_1,x_2,\cdots,x_n)$，对任一变量 x_i 的决策是决定 $x_i=1$ 还是 $x_i=0$。设 $V(n,C)$ 表示将 n 个物品装入容量为 C 的背包获得的最大价值，显然，初始子问题是把前面 i 个物品装入容量为0的背包和把0个物品装入容量为 j 的背包，得到的价值均为0，即：

$$V(i,0)=V(0,j)=0\ (0\leqslant i\leqslant n,0\leqslant j\leqslant C)$$

考虑原问题的一部分，设 $V(i,j)$ 表示将前 $i(1\leqslant i\leqslant n$ 个物品装入容量为 $j(0\leqslant j\leqslant C)$ 的背包获得的最大价值，在决策 x_i 时，已确定了 $(x_1,\cdots,x_{i-1})$，则问题存在两种可能的状态：第一种，背包容量不足以装入物品 i，则装入前 i 个物品得到的最大价值和装入前 $i-1$ 个物品得到的最大价值是相同的，即 $x_i=0$，背包的价值不会有任何增加。第二种又分两种情况，背包容量可以装入物品 i，若把第 i 个物品装入背包，则背包中物品的价值等于把前 $i-1$ 个物品装入

容量为 $j-w_i$ 的背包中的价值加上第 i 个物品的价值 v_i；若第 i 个物品没有装入背包，则背包中物品的价值和把前 $i-1$ 个物品装入容量为 j 的背包中所取得的价值两者是等同的。显然，取二者中价值较大者作为把前 i 个物品装入容量为 j 的背包中的最优解。则得到如下递推式：

$$V(i,j)=\begin{cases}V(i-1,j),j<w_i\\ \max\{V(i-1,j),V(i-1,j-w_i)+v_i\},j\geqslant w_i\end{cases}$$

为了确定装入背包的具体物品，从 $V(n,C)$ 的值向前推，若 $V(n,C)>V(n-1,C)$，表明第 n 个物品被装入背包，前 $n-1$ 个物品被装入容量为 $C-w_n$ 的背包中；否则，第 n 个物品没有被装入背包，前 $n-1$ 个物品被装入容量为 C 的背包中。依此类推，直到确定第 1 个物品是否被装入背包中为止。由此，得到如下函数：

$$x_i=\begin{cases}0,V(i,j)=V(i-1,j)\\ 1,j=j-w_i,V(i,j)>V(i-1,j)\end{cases}$$

例如，有 5 个物品，其重量分别是(2,2,6,5,4)，价值分别为(6,3,5,4,6)，背包的容量为 10，图 3-7 所示就是动态规划法求解 0—1 背包问题的过程，具体过程如下。

		0	1	2	3	4	5	6	7	8	9	10	
	0	0	0	0	0	0	0	0	0	0	0	0	$x_1=1$
$w_1=2$ $v_1=6$	1	0	0	6	6	6	6	6	6	6	6	6	$x_2=1$
$w_2=2$ $v_2=3$	2	0	0	6	6	9	9	9	9	9	9	9	$x_3=0$
$w_3=6$ $v_3=5$	3	0	0	6	6	9	9	9	9	11	11	14	$x_4=0$
$w_4=5$ $v_4=4$	4	0	0	6	6	9	9	9	10	11	13	14	$x_5=1$
$w_5=4$ $v_5=6$	5	0	0	6	6	9	9	9	12	12	15	**15**	

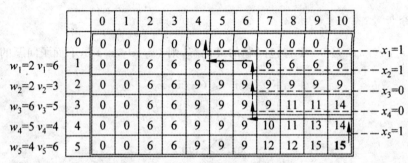

图 3-7　0—1 背包问题的求解过程

首先求解初始子问题，把前面 i 个物品装入容量为 0 的背包和把 0 个物品装入容量为 j 的背包，即 $V(i,0)=V(0,j)=0$，将第 0 行和第 0 列初始化为 0。

再对第一个阶段的子问题进行求解，装入前 1 个物品，确定各种情况下背包能够获得的最大价值：由于 $1<w_1$，则 $V(1,10)=0$；由于 $2=w_1$，则 $V(1,2)=\max\{V(0,2),V(1,2-w_1)+v_1\}$；依此计算，填写第 1 行。

再求解第二个阶段的子问题，装入前 2 个物品，确定各种情况下背包能够获得的最大价值：由于 $1<w_2$，则 $V(2,10)=0$；由于 $2=w_2$，则 $V(2,2)=\max\{V(1,2),V(1,2-w_2)+v_2\}$；依此计算，填写第 2 行。

依此类推，直到第 n 个阶段，$V(5,10)$便是在容量为 10 的背包中装入 5 个物品时取得的最大价值。为了求得装入背包的物品，从 $V(5,10)$开始回溯，由于 $V(5,10)>V(4,10)$，则物品 5 装入背包，$j=j-w_5=6$；由于 $V(4,6)=V(3,6)$，$V(3,6)=V(2,6)$，则物品 4 和 3 没有装入背包；由于 $V(2,6)>V(1,6)$，则物品 2 装入背包，$j=j-w_2=4$；由于 $V(1,4)>V(0,4)$，则物品 1 装入背包，问题的最优解 $X=\{1,1,0,0,1\}$ 即可得到。

3. 算法描述

设 n 个物品的重量存储在数组 $w[n]$中，价值存储在数组 $V[n]$中，背包容量为 C，数组

$V[n+1][C+1]$存放迭代结果，其中，$V[i][j]$表示前 i 个物品装入容量为 j 的背包中获得的最大价值，数组 $x[n]$存储装入背包的物品，动态规划法求解 0－1 背包问题的算法实现如下：

```
int KnapSack(int w[],int V[],int n,int C)
{
int i,j;
for(i=0;i<=n;i++)           //初始化第0列
  V[i][0]=0;
for(j=0;j<=C;j++)           //初始化第0行
  V[0][j]=0;
for(i=1;i<=n;i++)           //计算第i行,进行第i次迭代
  for(j=1;j<=C;j++)
    if(j<w[i]) V[i][j]=V[i-1][j];
    else V[i][j]=max(V[i-1][j],V[i-1][j-w[i]]+V[i]);
for(j=C,i=n;i>0;i--)            //求装入背包的物品
{
  if(V[i][j]>V[i-1][j])
    {
    x[i]=1;j=j-w[i];
    }
  else x[i]=0;
}
return V[n][C];       //返回背包取得的最大价值
}
```

4. 计算复杂性分析

在算法 KnapSack 中，第一个 for 循环的时间性能是 $O(n)$，第二个 for 循环的时间性能是 $O(C)$，第三个循环是两层嵌套的 for 循环，其时间性能是 $O(n\times C)$，第四个 for 循环的时间性能是 $O(n)$，所以，算法的时间复杂性也就是 $O(n\times C)$。

3.6 最优二叉搜索树

3.6.1 问题的提出

设 $S=\{x_1,x_2,\cdots,x_n\}$ 是有序集，且 $x_1<x_2<\cdots<x_n$。表示有序集 S 的二叉搜索树利用二叉树的结点来存储有序集中的元素。在表示 S 的二叉搜索树中搜索一个元素 x，返回的结果有两种情形：

①在二叉搜索树的内结点中找到 $x = x_i$。

②在二叉搜索树的叶结点中确定 $x \in (x_i, x_{i+1})$。

设在第①种情形中找到元素 $x = x_i$ 的概率为 b_i；在第②种情形中确定 $x \in (x_i, x_{i+1})$ 的概率为 a_i。其中,约定 $x_0 = -\infty, x_{n+1} = +\infty$。显然,有

$$a_i \geqslant 0, 0 \leqslant i \leqslant n; b_j \geqslant 0, 1 \leqslant j \leqslant n; \sum_{i=0}^{n} a_i + \sum_{j=1}^{n} b_j = 1$$

$(a_0, b_1, a_1, \cdots, b, a_n)$ 称为集合 S 的存取概率分布。

在表示 S 的二叉搜索树 T 中,设存储元素 x_i 的结点深度为 c_i；叶结点 (x_j, x_{j+1}) 的结点深度为 d_j，则

$$p = \sum_{i=1}^{n} b_i(1 + c_i) + \sum_{j=0}^{n} a_j d_j$$

表示在二叉搜索树 T 中进行一次搜索所需的平均比较次数。p 又称为二叉搜索树 T 的平均路长。在一般情形下,不同的二叉搜索树的平均路长是不相同的。

最优二叉搜索树问题是对于有序集 S 及其存取概率分布 $(a_0, b_1, a_1, \cdots, b, a_n)$，在所有表示有序集 S 的二叉搜索树中找出一棵具有最小平均路长的二叉搜索树。

3.6.2 动态规划设计

1. 问题分析

二叉搜索树 T 的一棵含有结点 $x_i, \cdots, x_j$ 和叶结点 $(x_{i-1}, x_i), \cdots, (x_j, x_{j+1})$ 的子树可以看作是有序集 $\{x_i, \cdots, x_j\}$ 关于全集合 $\{x_{i-1}, \cdots, x_{j+1}\}$ 的一棵二叉搜索树,其存取概率为下面的条件概率

$$\bar{b}_k = b_k / w_{ij} \ (i \leqslant k \leqslant j)$$
$$\bar{a}_h = a_h / w_{ij} \ (i - 1 \leqslant h \leqslant j)$$

式中,

$$w_{ij} = a_{i-1} + b_i + \cdots + b_j + a_j \ (1 \leqslant i \leqslant j \leqslant n)$$

设 T_{ij} 是有序集 $\{x_i, \cdots, x_j\}$ 关于存取概率 $\{\bar{a}_{i-1}, \bar{b}_i, \cdots, \bar{b}_j, \bar{a}_j\}$ 的一棵最优二叉搜索树,其平均路长为 p_{ij}。T_{ij} 的根结点存储元素 x_m。其左右子树 T_l 和 T_r 的平均路长分别为 p_l 和 p_r。由于 T_l 和 T_r 中结点深度是它们在 T_{ij} 中的结点深度减 1,故有

$$w_{i,j} p_{i,j} = w_{i,j} + w_{i,m-1} p_l + w_{m+1,j} p_r$$

由于 T_l 是关于集合 $\{x_i, \cdots, x_{m-1}\}$ 的一棵二叉搜索树,故 $p_l \geqslant p_{i,m-1}$。则用 $T_{i,m-1}$ 替换 T_l 可得到平均路长比 T_{ij} 更小的二叉搜索树。

2. 递归计算最优值

最优二叉搜索树 T_{ij} 的平均路长为 p_{ij}，则所求的最优值为 $p_{1,n}$。由最优二叉搜索树问题的最优子结构性质可建立计算 p_{ij} 的递归式如下:

$$w_{i,j} p_{i,j} = w_{i,j} + \min_{i \leqslant k \leqslant j} \{w_{i,k-1} p_{i,k-1} + w_{k+1,j} p_{k+1,j}\} \ (i \leqslant j)$$

初始时

$$p_{i,i-1} = 0 (1 \leqslant i \leqslant n)$$

记 $w_{i,j} p_{i,j}$ 为 $m(i,j)$，则

$$m(1,n) = w_{1,n} p_{1,n} = p_{1,n}$$

为所求的最优值。

计算 $m(i,j)$ 的递归式为

$$m(i,j) = w_{i,j} + \min_{i \leqslant k \leqslant j} \{ m(i,k-1) + m(k+1,j) \} (i \leqslant j)$$

$$m(i,i-1) = 0 (1 \leqslant i \leqslant n)$$

据此，可设计出解最优二叉搜索树问题的动态规划算法 OptimalBinarySearchTree 如下：

```
void OptimalBinarySearchTree(int a,int b,int n,int * * m,int * * s,int * * w)
{
  for(int i=0;i<=n;i++)
  {
    w[i+1][i]=a[i];m[i+1][i]=0;
  }
 for(int r=0;r<n;r++)
 for(int i=1;i<=n-r;i++)
  {
  int j=i+r;
    w[i][j]=w[i]w[j-1]+a[j]+b[j];
  m[i][j]=m[i+1][j];
  s[i][j]=i;
    for(int k=i+1;k<=j;k++)
    {
    int t=m[i][k=1]+m[k+1][j];
      if(t<m[i][j])
      {
        m[i][j]=t;s[i][j]=k;
      }
    }
  m[i][j]+=w[i][j];
  }
}
```

3. 构造最优解

算法 OptimalBinarySearchTree 中用 $s[i][j]$ 保存最优子树 $T(i,j)$ 的根结点中元素。当 $s[1][n] = k$ 时，x_k 为所求二叉搜索树根结点元素。其左子树为 $T(1,k-1)$。因此，$i = s[1][k-1]$ 表示 $T(1,k-1)$ 的根结点元素为 x_i。依此类推，容易由 s 记录的信息在 $O(n)$ 时

间内构造出所求的最优二叉搜索树。

4.计算复杂性分析

算法中用到3个二维数组 m,s 和 w,故所需的空间为 $O(n^2)$。算法的主要计算量在于计算 $\min\limits_{i\leqslant k\leqslant j}\{m(i,k-1)+m(k+1,j)\}$。对于固定的 r,它需要计算时间 $O(j-i+1)=O(r+1)$。因此,算法所耗费的总时间为

$$\sum_{r=0}^{n-1}\sum_{i=1}^{n-r}O(r+1)=O(n^3)$$

事实上,在上述算法中可以证明

$$\min_{i\leqslant k\leqslant j}\{m(i,k-1)+m(k+1,j)\}=\min_{s[i][j-1]\leqslant k\leqslant s[i+1][j]}\{m(i,k-1)+m(k+1,j)\}$$

由此可对算法做出进一步改进如下:

```
void OBST(int a,int b,int n,int * * m,int * * s,int * * w)
{
  for(int i=0;i<=n;i++)
  {
    w[i+1][i]=a[i];
    m[i+1][i]=0;
    s[i+1][i]=0;
  }
 for(int r=0;r<n;r++)
  for(int i=1;i<=n-r;i++)
  {
  int j=i+r;
  w[i][j]=w[i]w[j-1]+a[j]+b[j];
  m[i][j]=m[i+1][j];
  s[i][j]=i;
  for(int k=i+1;k<=j;k++)
   {
    int t=m[i][k-1]+m[k+1][j];
    if(t<=m[i][j])
     {
       m[i][j]=t;
       s[i][j]=k;
     }
    }
    m[i][j]+=w[i][j];
  }
}
```

改进后算法 OBST 所需的计算时间为 $O(n^2)$，所需的空间为 $O(n^2)$。

3.7 图像压缩

3.7.1 问题的提出

在计算机中常用像素点灰度值序列 $\{p_1, p_2, \cdots, p_n\}$ 表示图像。其中，整数 $p_i(1 \leqslant i \leqslant n)$ 表示像素点 i 的灰度值。通常灰度值的范围是 0～255。因此，一个像素需要用 8 位来表示。

图像的变位压缩存储格式将所有的像素点序列 $\{p_1, p_2, \cdots, p_n\}$ 分割成 m 个连续段 $S_1, S_2, \cdots, S_m$。第 i 个像素段 S_i 中 $(1 \leqslant i \leqslant m)$，有 $l[i]$ 个像素，且该段中每个像素都只用 $b[i]$ 表示。设 $t[i] = \sum_{k=1}^{i-1} l[k], 1 \leqslant i \leqslant m$，则第 i 个像素段 S_i 为

$$S_i = \{p_{t[i]+1}, \cdots, p_{t[i]+l[i]}\} (1 \leqslant i \leqslant m)$$

设 $h_i = \lceil \log(\max_{t[i]+1 \leqslant k \leqslant t[i]+l[i]} p_k + 1) \rceil$，则 $h_i \leqslant b[i] \leqslant 8$。因此需要用 3 位表示 $b[i], 1 \leqslant i \leqslant m$。若限制 $1 \leqslant l[i] \leqslant 255$，则需要用 8 位表示 $l[i], 1 \leqslant i \leqslant m$。因此，第 i 个像素段所需的存储空间为 $l[i] * b[i] + 11$ 位。按此格式存储像素序列 $\{p_1, p_2, \cdots, p_n\}$，需要的存储空间为 $\sum_{i=1}^{m} l[i] * b[i] + 11m$ 位。

图像压缩问题要求确定像素序列 $\{p_1, p_2, \cdots, p_n\}$ 的最优分段，使得依此分段所需的存储空间最少。其中，$0 \leqslant p_i \leqslant 256, 1 \leqslant i \leqslant n$。每个分段的长度不超过 256 位。

3.7.2 动态规划设计

1. 问题分析

设 $l[i], b[i], 1 \leqslant i \leqslant m$ 是 $\{p_1, p_2, \cdots, p_n\}$ 的一个最优分段。显而易见，$l[1], b[1]$ 是 $\{p_1, \cdots, p_{l[1]}\}$ 的一个最优分段，且 $l[i], b[i], 2 \leqslant i \leqslant m$ 是 $\{p_{l[1]+1}, \cdots, p_n\}$ 的一个最优分段。即图像压缩问题满足最优子结构性质。

2. 递归计算最优值

设 $s[i], 1 \leqslant i \leqslant n$ 是像素序列 $\{p_1, p_2, \cdots, p_i\}$ 的最优分段所需的存储位数。由最优子结构性质易知：

$$s[i] = \min_{1 \leqslant k \leqslant \min\{i, 256\}} \{s[i-k] + k * b\max(i-k+1, i)\} + 11$$

式中，

$$b\max(i, j) = \lceil \log(\max_{i \leqslant k \leqslant j}\{p_k\} + 1) \rceil$$

据此可设计解图像压缩问题的动态规划算法如下：

```
void Compress(int n,int p[],int s[],int l[],int b[])
{
  int Lmax=256,header=11;
 s[0]=0;
 for(int i=1;i<=n;i++)
   {
   b[i]=length(p[i]);
   int bmax=b[i];
   s[i]=s[i-1]+bmax;
   l[i]=1;
     for(int j=2;j<=i &&j<=Lmax;j++)
     {
     if(bmax<b[i-j+1]) bmax=b[i-j+1];
     if(s[i]>s[i-j]+j*bmax)
       {
       s[i]=s[i-j]+j*bmax;
       l[i]=j;
       }
   }
   s[i]+=header;
 }
 }
int length(int i)
{
  int k=1;i=i/2;
  while(i>0)
  {
    k++;i=i/2;
  }
return k;
}
```

3. 构造最优解

在算法 Compress 中，最优分段所需的信息是用 $l[i]$ 和 $b[i]$ 记录下来的。最优分段的最后一段的段长度和像素位数分别存储于 $l[n]$ 和 $b[n]$ 中。其前一段的段长度和像素位数存储于 $l[n-l[n]]$ 和 $b[n-l[n]]$ 中。依次类推，由算法计算出的 l 和 b 可在 $O(n)$ 时间内构造出相应的最优解。具体算法可实现如下：

```
private static void traceback(int n,int s[],int l[])
{
if(n==0) return;
traceback(n-l[n],s,l);
s[i++]=n-l[n];
}
public static void output(int s[],int l[],int b[])
{
int n=s.length-1;
System.out.println("The optimal value"+s[n]);
int m=0;
  traceback(n,s,1);
s[m]=n;
System.out.println("Decomposed into"+m+"segments");
for(int j=1;j<=m;j++){
  l[j]=l[s[j]];
  b[j]=b[s[j]];
}
for(int j=1;j<=m;j++)
    System.out.println(l[j]+","+b[j]);
  }
}
```

4.计算复杂性分析

算法 Compress 显然只需 $O(n)$ 空间。由于算法 Compress 中 j 的循环次数不超过 256,故对每一个确定的 i,可在 $O(1)$ 时间内完成

$$\min_{1\leqslant j\leqslant \min\{i,256\}}\{s[i-j]+j*b\max(i-j,i)\}$$

的计算。因此,整个算法所需的计算时间为 $O(n)$。

3.8　最大子段和

给定由 n 个整数(可能为负整数)组成的序列 $a_1,a_2,\cdots,a_n$,求该序列形如 $\sum_{k=i}^{j}a_k$ 的子段和的最大值。当所有整数均为负整数时定义其最大子段和为 0。依此定义,所求的最优值为

$$\max\left\{0,\max_{1\leqslant i\leqslant j\leqslant n}\sum_{k=i}^{j}a_k\right\}$$

例如，当$(a_1,a_2,a_3,a_4,a_5,a_6)=(-2,11,-4,13,-5,-2)$时，最大子段和为 $\sum_{k=2}^{4}a_k=20$。

3.8.1 最大子段和问题的简单算法

对于最大子段和问题，有多种求解算法。先讨论一个简单算法如下。其中，用数组 $a[]$存储给定的 n 个整数 $a_1,a_2,\cdots,a_n$。

```
int MaxSum(int n,int * a,int& besti,int& bestj)
{
  int sum=0;
for(int i=1;i<=n;i++)
for(int j=i;j<=n;j++)
  {
  int thissum=0;
    for(int k=i;k<=j;k++) thissum+=a[k];
  if(thissum>sum)
    {
    sum=thissum;
    besti=i;
    bestj=j;
  }
  }
return sum;
}
```

从这个算法的三个 for 循环可以看出，它所需的计算时间是 $O(n^3)$。事实上，若注意到 $\sum_{k=i}^{j}a_k=a_j+\sum_{k=i}^{j-1}a_k$，则可将算法中的最后一个 for 循环省去，避免重复计算，从而使算法得以改进。改进后的算法可描述为：

```
int MaxSum(int n,int * a,int& besti,int& bestj)
{
  int sum=0;
for(int i=1;i<=n;i++)
  {
  int thissum=0;
  for(int j=i;j<=n;j++)
    {
    thissum+=a[j];
    if(thissum>sum)
```

```
        {
        sum=thissum;
        besti=i;
        bestj=j;
      }
    }
  }
  return sum;
}
```

改进后的算法显然只需要 $O(n^2)$ 的计算时间。上述改进是在算法设计技巧上的一个改进，能充分利用已经得到的结果，避免重复计算，节省了计算时间。

3.8.2 最大子段和问题的分治算法

针对最大子段和这个具体问题本身的结构，还可以从算法设计的策略上对上述 $O(n^2)$ 计算时间算法加以更深刻的改进。从这个问题的解的结构可以看出，用分治法进行求解也是可行的。

若将所给的序列 $a[1:n]$ 分为长度相等的两段 $a[1:n/2]$ 和 $a[n/2+1:n]$，这两段的最大子段和可分别将其求出，则 $a[1:n]$ 的最大子段和有三种情形：

①$a[1:n]$ 的最大子段和与 $a[1:n/2]$ 的最大子段和相同；

②$a[1:n]$ 的最大子段和与 $a[n/2+1:n]$ 的最大子段和相同；

③$a[1:n]$ 的最大子段和为 $\sum_{k=2}^{4} a_k$，且 $1 \leqslant i \leqslant n/2, n/2+1 \leqslant j \leqslant n$。

①和②这两种情形可递归求得。对于情形③，容易看出，$a[n/2]$ 与 $a[n/2+1]$ 在最优子序列中。因此，可以在 $a[1:n/2]$ 中计算出 $s1 = \max\limits_{1 \leqslant i \leqslant n/2} \sum_{k=i}^{n/2} a[k]$，并在 $a[n/2+1:n]$ 中计算出 $s2 = \max\limits_{n/2+1 \leqslant i \leqslant n} \sum_{k=n/2+1}^{i} a[k]$。则 $s1 + s2$ 即为出现情形③时的最优值。据此可设计出求最大子段和的分治算法如下。

```
int MaxSubSum(int  * a,int left,int right)
{
  int sum=0;
if(left==right)sum=a[left]>0? a[left]:0;
  else{
    int center=(left+right)/2;
  int leftsum=MaxSubSum(a,left,center);
  int rightsum=MaxSubSum(a,center+1,right);
  int s1=0;
```

```
    int lefts=0;
    for(int i=center;i>=left;i--){
      lefts+=a[i];
      if(lefts>s1) s1=lefts;
      }
    int s2=0;
    int rights=0;
    for(int i=center+1;i<=right;i++){
      rights+=a[i];
      if(rights>s2)  s2=rights;
      }
    sum=s1+s2;
    if(sum<leftsum) sum=leftsum;
    if(sum<rightsum) sum=rightsum;
  }
  return Sum;
  }
  int MaxSum(int n,int * a)
  {
  return MaxSubSum(a,1,n);
  }
```

该算法所需的计算时间 $T(n)$ 满足典型的分治算法递归式

$$T(n) = \begin{cases} O(1), n \leqslant c \\ 2T(n/2) + O(n), n > c \end{cases}$$

解此递归方程可知，$T(n) = O(n\log n)$。

3.8.3 最大子段和问题的动态规划算法

在对上述分治算法的分析中注意到，若记 $b[j] = \max\limits_{1\leqslant i\leqslant j}\left\{\sum\limits_{k=i}^{j} a[k]\right\}, 1 \leqslant j \leqslant n$，则所求的最大子段和为

$$\max_{1\leqslant i\leqslant j\leqslant n}\sum_{k=i}^{j} a_k = \max_{1\leqslant j\leqslant n} \quad \max_{1\leqslant i\leqslant j}\sum_{k=i}^{j} a[k] = \max_{1\leqslant j\leqslant n} b[j]$$

由 $b[j]$ 的定义易知，当 $b[j-1] > 0$ 时 $b[j] = b[j-1] + a[j]$，否则 $b[j] = a[j]$。由此可得计算 $b[j]$ 的动态规划递归式

$$b[j] = \max\{b[j-1] + a[j], a[j]\} \ (1 \leqslant j \leqslant n)$$

据此，可设计出求最大子段和的动态规划算法如下：

```
int MaxSum(int n,int * a)
```

```
{
  int sum=0,b=0;
for(int i=1;i<=n;i++)
  {
  if(b>0) b+=a[i];
  else b=a[i];
  if(b>sum) sum=b;
}
return sum;
}
```

上述算法显然需要 $O(n)$ 计算时间和 $O(n)$ 空间。

3.8.4 最大子段和问题与动态规划算法的推广

最大子段和问题可以很自然地推广到高维的情形。

1. 最大子矩阵和问题

最大子矩阵和[①]问题是最大子段和问题向二维的推广。用二维数组 $a[1:m][1:n]$ 表示给定的 m 行 n 列的整数矩阵。子数组 $a[\mathrm{i1}:\mathrm{i2}][\mathrm{j1}:\mathrm{j2}]$表示左上角和右下角行列坐标分别为(i1,j1)和(i2,j2)的子矩阵,其各元素之和记为

$$s(\mathrm{i1},\mathrm{i2},\mathrm{j1},\mathrm{j2})=\sum_{i=\mathrm{i1}}^{\mathrm{i2}}\sum_{j=\mathrm{j1}}^{\mathrm{j2}}a[i][j]$$

最大子矩阵和问题的最优值为 $\max\limits_{\substack{1\leqslant \mathrm{i1}\leqslant \mathrm{i2}\leqslant m\\1\leqslant \mathrm{j1}\leqslant \mathrm{j2}\leqslant n}} s(\mathrm{i1},\mathrm{i2},\mathrm{j1},\mathrm{j2})$。

若用直接枚举的方法解最大子矩阵和问题,需要 $O(m^2n^2)$ 时间。注意到:

$$\max_{\substack{1\leqslant \mathrm{i1}\leqslant \mathrm{i2}\leqslant m\\1\leqslant \mathrm{j1}\leqslant \mathrm{j2}\leqslant n}} s(\mathrm{i1},\mathrm{i2},\mathrm{j1},\mathrm{j2})=\max_{1\leqslant \mathrm{i1}\leqslant \mathrm{i2}\leqslant m}\left\{\max_{1\leqslant \mathrm{j1}\leqslant \mathrm{j2}\leqslant n} s(\mathrm{i1},\mathrm{i2},\mathrm{j1},\mathrm{j2})\right\}=\max_{1\leqslant \mathrm{i1}\leqslant \mathrm{i2}\leqslant m} t(\mathrm{i1},\mathrm{i2})$$

式中,

$$t(\mathrm{i1},\mathrm{i2})=\max_{1\leqslant \mathrm{j1}\leqslant \mathrm{j2}\leqslant n} s(\mathrm{i1},\mathrm{i2},\mathrm{j1},\mathrm{j2})=\max_{1\leqslant \mathrm{j1}\leqslant \mathrm{j2}\leqslant n}\sum_{i=\mathrm{i1}}^{\mathrm{i2}}\sum_{j=\mathrm{j1}}^{\mathrm{j2}}a[i][j]$$

设 $b[j]=\sum\limits_{i=\mathrm{i1}}^{\mathrm{i2}}a[i][j]$,则

$$t(\mathrm{i1},\mathrm{i2})=\max_{1\leqslant \mathrm{j1}\leqslant \mathrm{j2}\leqslant n}\sum_{j=\mathrm{j1}}^{\mathrm{j2}}b[j]$$

借助于最大子段和问题的动态规划算法 MaxSum,可设计出动态规划算法 MaxSum2 如下:

```
int MaxSum2(int m,int n,int * *a)
```

① 给定一个 m 行 n 列的整数矩阵 **A**,试求矩阵 **A** 的一个子矩阵,使其各元素之和为最大。

```
{
    int sum=0;
  int * b=new int[n+1];
  for(int i=1;i<=m;i++)
    {
    for(int k=1;k<=n;k++)b[k]=0;
    for(int j=i;j<=m;j++)
      {
      for(int k=1;k<=n;k++)b[k]+=a[j][k];
      int max=MaxSum(n,b);
      if(max>sum) sum=max;
    }
  }
  return sum;
  }
```

由于解最大子段和问题的动态规划算法 MaxSum 需要 $O(n)$ 时间，故算法 MaxSum2 的双重 for 循环需要 $O(m^2 n)$ 计算时间。从而算法 MaxSum2 需要 $O(m^2 n)$ 计算时间。特别地，当 $m = O(n)$ 时，算法 MaxSum2 需要 $O(n^3)$ 计算时间。

2. 最大 m 子段和问题

给定由九个整数(可能为负整数)组成的序列 $a_1, a_2, \cdots, a_n$，以及一个正整数 m，要求确定序列 $a_1, a_2, \cdots, a_n$ 的 m 个不相交子段，使这 m 个子段的总和达到最大。

最大 m 子段和问题是最大子段和问题在子段个数上的推广。换句话说，最大子段和问题是最大 m 子段和问题当 $m=1$ 时的特殊情形。

设 $b(i,j)$ 表示数组 a 的前 j 项中 i 个子段和的最大值，且第 i 个子段含 $a[j](1 \leqslant i \leqslant m, i \leqslant j \leqslant n)$，则所求的最优值显然为 $\max\limits_{m \leqslant j \leqslant n} b(m,j)$。与最大子段和问题类似，计算 $b(i,j)$ 的递归式为

$$b(i,j) = \max\{b(i,j-1)+a[j], \max_{i-1 \leqslant t < j} b(i-1,t)+a[j]\}(1 \leqslant i \leqslant m, i \leqslant j \leqslant n)$$

式中，$b(i,j-1)+a[j]$ 项表示第 i 个子段含 $a[j-1]$；$\max\limits_{i-1 \leqslant t < j} b(i-1,t)+a[j]$ 项表示第 i 个子段含 $a[j]$。

初始时

$$b(0,j) = 0(1 \leqslant j \leqslant n)$$

$$b(i,0) = 0(1 \leqslant i \leqslant m)$$

根据上述计算 $b(i,j)$ 的动态规划递归式，可设计解最大 m 子段和问题的动态规划算法如下。

```
int MaxSum(int m,int n,int * a)
{
```

```
  if(n<m||m<1) return 0;
int **b=new int *[m+1];
for(int i=0;i<=m;i++) b[i]=new int[n+1];
for(int i=0;i<=m;i++) b[i][0]=0;
for(int j=1;j<=n;j++) b[0][j]=0;
for(int i=1;i<=m;i++)
  for(int j=i;j<=n-m+i;j++)
    if(j>i)
    {
     b[i][j]=b[i][j-1]+a[j];
  for(int k=i-1;k<j;k++)
    if(b[i][j]<b[i-1][k]+a[j])
      b[i][j]=b[i-1][k]+a[j];
    }
  else b[i][j]=b[i-1][j-1]+a[j];
int sum=0;
for(int j=m;j<=n;j++)
  if(sum<b[m][j]) sum=b[m][j];
return sum;
}
```

上述算法显然需要 $O(mn^2)$ 计算时间和 $O(mn)$ 空间。

注意到在上述算法中，计算 $b[i][j]$ 时只用到数组 b 的第 $i-1$ 行和第 i 行的值。因而算法中只要存储数组 b 的当前行，不必存储整个数组。另一方面，$\max\limits_{i-1\leqslant t<j} b(i-1,j)$ 的值可以在计算第 $i-1$ 行时预先计算并保存起来。计算第 i 行的值时不必重新计算，节省了计算时间和空间。按此思想可对上述算法做进一步改进如下：

```
int MaxSum(int m,int n,int *a)
{if(n<m||m<1) return 0;
int *b=new int[n+1];
int *c=new int[n+1];
b[0]=0;
  c[1]=0;
for(int i=1;i<=m;i++)
  {
  b[i]=b[i-1]+a[i];
    c[i-1]=b[i];
  int max=b[i];
  for(int j=i+1;j<=i+n-m;j++)
    {
```

```
      b[j]=b[j-1]>c[j-1]? b[j-1]+a[j]:c[j-1]+a[j];
      c[j-1]=max;
      if(max<b[j]) max=b[j];
    }
    c[i+n-m]=max;
  }
  int sum=0;
  for(int j=m;j<=n;j++)
    if(sum<b[j]) sum=b[j];
    return sum;
  }
```

上述算法需要 $O(m(n-m))$ 计算时间和 $O(n)$ 空间。当 m 或 $n-m$ 为常数时，上述算法需要 $O(n)$ 计算时间和 $O(n)$ 空间。

第 4 章　贪心算法

4.1　贪心算法的设计思想

在众多的算法设计策略中，贪心算法可以算得上是最接近人们日常思维的一种解题策略，它以其简单、直接和高效而受到重视。

4.1.1　贪心算法的基本思想

贪心算法是一种稳扎稳打的算法，它从问题的某一个初始解出发，在每一个阶段都根据贪心策略来做出当前最优的决策，逐步逼近给定的目标，尽可能快地求得更好的解。当达到算法中的某一步不能再继续前进时，算法终止。贪心算法可以理解为以逐步的局部最优，达到最终的全局最优。

从算法的思想中，很容易得出以下几个结论：

①贪心算法的精神是“今朝有酒今朝醉”。每个阶段面临选择时，贪心算法都做出对眼前来讲是最有利的选择，不考虑该选择对将来是否有不良影响。

②每个阶段的决策一旦做出，就不可更改，该算法不允许回溯。

③贪心算法是根据贪心策略来逐步构造问题的解。若所选的贪心策略不同，则得到的贪心算法就不同，贪心解的质量当然也不同。因此，该算法的好坏关键在于正确地选择贪心策略。贪心策略是依靠经验或直觉来确定一个最优解的决策。该策略一定要精心确定，且在使用之前最好对它的可行性进行数学证明，只有证明其能产生问题的最优解后再使用，不要被表面上看似正确的贪心策略所迷惑。

④贪心算法具有高效性和不稳定性，因为它可以非常迅速地获得一个解，但这个解不一定是最优解，即便不是最优解，也一定是最优解的近似解。

4.1.2　贪心算法的基本要素

何时能、何时应该采用贪心算法呢？一般认为，凡是经过数学归纳法证明可以采用贪心算法的情况都应该采用它，因为它具有高效性。可惜的是，它需要证明后才能真正运用到问题的求解中。

那么能采用贪心算法的问题具有怎样的性质呢？这个提问很难给予肯定的回答。但是，从许多可以用贪心算法求解的问题中，可以看到这些问题一般都具有两个重要的性质：贪心选择性质和最优子结构性质。换句话说，若一个问题具有这两大性质，则使用贪心算法来对其求解总能求得最优解。

1.贪心选择性质

贪心选择性质是指所求问题的整体最优解可以通过一系列局部最优的选择获得，即通过一系列的逐步局部最优选择使得最终的选择方案是全局最优的。其中，每次所做的选择，可以依赖于以前的选择，但不依赖于将来所做的选择。

可见，贪心选择性质所做的是一个非线性的子问题处理流程，即一个子问题并不依赖于另一个子问题，但是子问题间有严格的顺序性。

在实际应用中，至于什么问题具有什么样的贪心选择性质是不确定的，需要具体问题具体分析。对于一个具体问题，要确定它是否具有贪心选择性质，必须证明每一步所做的贪心选择能够最终导致问题的一个整体最优解。首先考察问题的一个整体最优解，并证明可修改这个最优解，使其以贪心选择开始。而且做了贪心选择后，原问题简化为一个规模更小的类似子问题。然后，用数学归纳法证明，通过每一步做贪心选择，最终可得到问题的一个整体最优解。其中，证明贪心选择后的问题简化为规模更小的类似子问题的关键在于利用该问题的最优子结构性质。

2.最优子结构性质

当一个问题的最优解一定包含其子问题的最优解时，称此问题具有最优子结构性质。换句话说，一个问题能够分解成各个子问题来解决，通过各个子问题的最优解能递推到原问题的最优解。那么原问题的最优解一定包含各个子问题的最优解，这是能够采用贪心算法来求解问题的关键。因为贪心算法求解问题的流程是依序研究每个子问题，然后综合得出最后结果。而且，只有拥有最优子结构性质才能保证贪心算法得到的解是最优解。

在分析问题是否具有最优子结构性质时，通常先设出问题的最优解，给出子问题的解一定是最优的结论。然后，采用反证法证明“子问题的解一定是最优的”结论成立。证明思路是：设原问题的最优解导出的子问题的解不是最优的，然后在这个假设下可以构造出比原问题的最优解更好的解，从而导致矛盾。

4.1.3 贪心算法的求解过程

使用贪心算法求解问题应该考虑如下几个方面。

①候选集合A：构造一个候选集合A，A中的解是问题的所有可能解，也就是说，问题的最终解都来自候选集合A。

②解集合S：S是问题解的集合，随着贪心选择的进行，解集合S不断扩展，直到构成满足问题的完整解。

③解决函数solution：构造函数对解集合S进行检查，检查S是否为问题的最终完整解。

④选择函数select：即贪心策略，这是贪心算法的关键，它指出候选集合A中哪个对象最有可能成为问题的解，选择函数通常和目标函数有关。

⑤可行函数 feasible：检查解集合中加入一个候选对象是否可行，即解集合扩展后是否满足约束条件。

贪心算法的一般流程如下：

```
Greedy(A)                    //A 是问题的输入集合，即候选集合
{
  S={}                       //初始化解，集合为空集
  while(not solution(S))     //集合 S 没有构成问题的一个解
  {
    x=select(A);             //在候选集合 A 中做贪心选择
    if feasible(S,x)         //判断集合 S 中加入 x 是否可行
      S=S+{x};
      A=A-{x};
  }
  return S;
}
```

4.2　活动安排问题

4.2.1　贪心策略

贪心算法求解活动安排问题的关键是如何设计贪心策略，使得算法在依照该策略的前提下按照一定的顺序来选择相容活动，以便安排尽量多的活动。根据给定的活动开始时间和结束时间，活动安排问题至少有三种看似合理的贪心策略可供选择。

①每次从剩下未安排的活动中选择具有最早开始时间且不会与已安排的活动重叠的活动来安排。这样可以增大资源的利用率。

②每次从剩下未安排的活动中选择使用时间最短且不会与已安排的活动重叠的活动来安排。这样看似可以安排更多的活动。

③每次从剩下未安排的活动中选择具有最早结束时间且不会与已安排的活动重叠的活动来安排。这样可以使下一个活动尽早开始。

到底选用哪一种贪心策略呢？选择策略①，若选择的活动开始时间最早，但使用时间无限长，这样只能安排 1 个活动来使用资源；选择策略②，若选择的活动的开始时间最晚，则也只能安排 1 个活动来使用资源；由策略①和策略③，人们容易想到一种更好的策略："选择开始时间最早且使用时间最短的活动"。根据"活动结束时间－活动开始时间＋使用资源时间"可知，该策略便是策略③。直观上，按这种策略选择相容活动可以给未安排的活动留下尽可能多的时间。也就是说，该算法的贪心选择的意义是使剩余的可安排时间段极大化，以便安排尽可能多的相容活动。

4.2.2　GreedySelector 算法的设计与描述

根据问题描述和所选用的贪心策略，对贪心算法求解活动安排问题的 GreedySelector 算法设计思路如下：

①初始化。将 n 个活动的开始时间存储在数组 B 中；将 n 个活动的结束时间存储在数组 E 中且按照结束时间的非减序排序：$e_1 \leqslant e_2 \leqslant \cdots \leqslant e_n$，数组 B 需要做相应调整；采用集合 A 来存储问题的解，即所选择的活动集合，活动 i 若在集合 A 中，当且仅当 $A[i]$＝true。

②根据贪心策略，算法 GreedySelector 首先选择活动 1，即令 $A[1]$＝true。

③依次扫描每一个活动，若活动 i 的开始时间不小于最后一个选入集合 A 中的活动的结束时间，即活动 i 与 A 中活动相容，则将活动 i 加入集合 A 中；否则，放弃活动 i，继续检查下一个活动与集合 A 中活动的相容性。

设活动 i 的起始时间 b_i 和结束时间 e_i 的数据类型为自定义结构体类型 struct time；则 GreedySelector 算法描述如下：

```
void GreedySelector(int n,struct time B[],struct time E[],bool A[])
  {
  E 中元素按非减序排列,B 中对应元素做相应调整;
  int i,j;
  A[1]=true;      //初始化选择活动的集合 A,即只包含活动 1
  j=i;i=2;      //从活动 i 开始寻找与活动 j 相容的活动
  while(i<=n)
  if(B[i]>=E[j]){A[i]=true;j=i}
  else A[i]=false;
  }
```

从 GreedySelector 算法的描述中可以看出，该算法的时间主要消耗在将各个活动按结束时间从小到大进行排列操作。若采用快速排序算法进行排序，算法的时间复杂性为 $O(n\log n)$。显然该算法的空间复杂性是常数阶，即 $S(n)=O(1)$。

4.2.3　GreedySelector 算法的正确性证明

前面已经介绍过，使用贪心算法并不能保证最终的解就是最优解。但对于活动安排问题，贪心算法 GreedySelector 却总能求得问题的最优解，即它最终所确定的相容活动集合 A 的规模最大。

贪心算法的正确性证明需要从贪心选择性质和最优子结构性质两方面进行。因此，GreedySelector 算法的正确性证明只需要证明活动安排问题具有贪心选择性质和最优子结构性质即可。下面采用数学归纳法来对该算法的正确性进行证明。

1. 贪心选择性质

贪心选择性质的证明即证明活动安排问题存在一个以贪心选择开始的最优解。

证明：设 $C=\{1,2,\cdots,n\}$ 是所给的活动集合。由于 C 中的活动是按结束时间的非减序排列，故活动 1 具有最早结束时间。因此，该问题的最优解首先选择活动 1。

设 C^* 是所给的活动安排问题的一个最优解，且 C^* 中活动也按结束时间的非减序排 $k>1$，则设 $C'=C^*-\{k\}\cup\{1\}$。由于 $e_1\leqslant e_k$，且 $C^*-\{k\}$ 中的活动是互为相容的且它们的开始时间均大于等于 e_k，故 $C^*-\{k\}$ 中的活动的开始时间一定大于等于 e_1，所以 C' 中的活动也是互为相容的。又由于 C' 中活动个数与 C^* 中活动个数相同且 C^* 是最优的，故 C' 也是最优的。即 C' 是一个以贪心算法选择活动 1 开始的最优活动安排。因此，证明了总存在一个以贪心选择开始的最优活动安排方案。

2. 最优子结构性质

进一步，在做了贪心选择，即选择了活动 1 后，原问题就简化为对 C 中所有与活动 1 相容的活动进行活动安排的子问题。即若 A 是原问题的一个最优解，则 $A'=A-\{1\}$ 是活动安排问题 $C_1=\{i\in C\mid b_i\geqslant e_1\}$ 的一个最优解。

证明：用反证法。假设 A' 不是活动安排问题 C_1 的一个最优解。设 A_1 是活动安排问题 C_1 的一个最优解，则 $|A_1|>|A'|$。令 $A_2=A_1\cup\{1\}$，由于 A_1 中的活动的开始时间均大于等于 e_1，故 A_2 是活动安排问题 C 的一个解。又因为 $|A_2=A_1\cup\{1\}|>|A'\cup\{1\}=A|$，所以 A 不是活动安排问题 C 的最优解。这与 A 是原问题的最优解矛盾，所以 A' 是活动安排问题 C 的一个最优解。

4.3　哈夫曼编码

哈夫曼编码是广泛地用于数据文件压缩的十分有效的编码方法。其压缩率通常在 20%～90% 之间。哈夫曼编码算法用字符在文件中出现的频率表来建立一个用 0、1 串表示各字符的最优表示方式。

解决远距离通信以及大容量存储问题时，经常涉及字符的编码和信息的压缩问题。一般来说，较短的编码能够提高通信的效率且节省磁盘存储空间。通常的编码方法有固定长度编码和不等长编码两种。

(1)固定长度编码方法

假设所有字符的编码都等长，则表示 n 个不同的字符需要 $\log n$ 位，ASCII 码就是固定长度的编码。若每个字符的使用频率相等的话，固定长度编码是空间效率最高的方法。但在信息的实际处理过程中，每个字符的使用频率有着很大的差异，现在的计算机键盘中的键的不规则排列，就是源于这种差异。

(2)不等长编码方法

不等长编码方法是如今广泛使用的文件压缩技术，其思想是：利用字符的使用频率来编码，使得经常使用的字符编码较短，不常使用的字符编码较长。这种方法既能节省磁盘空间，又能提高运算与通信速度。

给出现频率高的字符较短的编码，出现频率较低的字符以较长的编码，可以大大缩短总码长。

例如，一个包含 100000 个字符的文件，各字符出现频率不同，如表 4-1 所示。定长变码需要 300000 位，而按表中变长编码方案，文件的总码长为

$$(45\times1+13\times3+12\times3+16\times3+9\times4+5\times4)\times1000=224000$$

比用定长码方案总码长较少约 45%。

表 4-1　定长码与变长码

字符	a	B	C	d	e	f
频率(千次)	45	13	12	16	9	5
定长码	000	001	010	011	100	101
变长码	0	101	100	111	1101	1100

但是采用不等长编码方法要注意一个问题：任何一个字符的编码都不能是其他字符编码的前缀(对每一个字符规定一个 0,1 串作为其代码，并要求任一字符的代码都不是其他字符代码的前缀。这种编码称为前缀码)，否则译码时就会产生二义性。

编码的前缀性质可以使译码方法非常简单。由于任一字符的代码都不是其他字符代码的前缀，从编码文件中不断取出代表某一字符的前缀码，转换为原字符，即可逐个译出文件中的所有字符。可以用二叉树作为前缀编码的数据结构。在表示前缀码的二叉树中，树叶代表给定的字符，并将每个字符的前缀码看成从树根到代表该字符的树叶的一条道路。代码中每一位的 0 或 1 分别作为指示某结点到左子或右子的“路标”。

表示最优前缀码的二叉树总是一棵完全二叉树，即树中任一结点都有 2 个子结点。

平均码长定义为

$$B(T)=\sum_{c\in C}f(c)d_T(c)$$

使平均码长达到最小的前缀码编码方案称为给定编码字符集 C 的最优前缀码。哈夫曼提出构造最优前缀码的贪心算法，由此产生的编码方案称为哈夫曼编码。哈夫曼算法以自底向上的方式构造表示最优前缀码的二叉树 T。算法以 $|C|$ 个叶结点开始，执行 $|C|-1$ 次的“合并”运算后产生最终所要求的树 T。

```
HUFFMAN(c)
n← |c|
Q←C
for i←to n-1
    do allocate a new code z
left[z]←x←EXTRACT-MIN(Q)
right[z]←y←EXTRACT-MIN(Q)
f[z]=f[x]+f[y]
INSERT(Q,z)
return EXTRACT-MIN(Q)
```

时间分析,假设 Q 是作为最小二叉堆实现的。对包含个字符的集合 C,第二行中对 Q 的初始化可用建堆法所用的时间 $O(n)$ 内完成。第 3～8 行中的 for 循环执行了 $n-1$ 次,又因每一次堆操作需要 $O(n\log n)$ 时间,故整个循环需要 $O(n\log n)$ 时间。这样,作用于 n 个字符集合的 HUFFMAN 的总的运行时间为 $O(n\log n)$。

```
/* Huffman 编码问题的设计和实现 */
#include<stdio.h>
#include<malloc.h>
#include<stdlib.h>
#define MAXLEN 100
#define MAXVALUE 10000
/* 结点结构定义 */
typedef struct
{int weight;      /* 权值 */
  int nag;       /* 标记 */
  int parent;   /* 指向父结点的指针 */
  int lchild;
  int rchild;
}HuffNode;
/* Huffman 编码结构 */
typedef struct
{char bit[MAXLEN];
  int len;
  int weight;
}Code;
/* HuffTree 初始化 */
void Huffmanlnit(int weight[],int n,HuffNode HuffTree[])
{int i;
  /* Huffman 结构初始化,n 个叶结点的二叉树有 2n-1 个结点 */
for(i=0;i<2*n-1;i++){
  HuffTree[i].weight=(i<n)? weight[i]:0;
  HuffTree[i].parent=-1;/* 根,无父结点 */
  HuffTree[i].flag=0;
  HuffTree[i].lchild=-1;/* i 不可能是某结点的左子树或右子树 */
  HuffTree[i].rchild=-1;
  }
}
/* 建立权值为 weight[0..n-1]的 n 个结点的 HuffTree */
void Huffman(int weight[],int n,HuffNode HuffTree[])
```

```
{int i,j,m1,m2,x1,x2;
  Huffmanlnit(weight,n,HuffTree);/*初始化*/
 /* 构造n－1个非叶结点*/
 for(i=0;i<n－1;i++){
  m1=m2=MAXVALUE;  /*m1<=m2*/
  x1=x2=0;
  for(j=0;j<n+i;j++){/*在森林中找两个权值最小的结点*/
  if(HuffTree[j].flag==0){/*该结点未加入到Huffman树中*/
  if(HuffTree[j].weight<m1){
  m2=m1;
  x2=x1;
   m1=HuffTree[j].weight;
  x1=j;
  }else if(HuffTree[j].weight<m2){
  m2=HuffTree[j].weight;
  x2=j;
  }
  }
  }
  HuffTree[x1].parent=n+i;
  HuffTree[x2].parent=n+i;
  HuffTree[x1].nag=1;
  HuffTree[x2].flag=1;
  HuffTree[n+i].weight=HuffTree[x1].weight+HuffTree[x2].weight;
  HuffTree[n+i].lchild=x1;
  HuffTree[n+i].rchild=x2;
  }
  }
/*Huffman编码函数*/
Void HuffmanCode(HuffNode HuffTree[],int n,Code HuffCode[])
{ Code cd;
int i,j,child,parent;
for(i=0;i<n;i++){/*求第i个结点的Huffman编码*/
  cd.len=0;
  cd.weight=HuffTree[i].weight;
  child=i;
  parent=HuffTree[i].parent;/*回溯*/
  while(parent ! =－1){
```

```
    cd. bit[cd. len++]:(HuffTree[parent]. lchild=child)? '0':'1';
    child=parent;
    parent=HuffTree[child]. parent;
    }
    for(j=0;j<cd. len;j++)
    HuffCode[i]. bit[j]=cd. bit[cd. 1en-1-j];
    HuffCode[i]. bit[cd. 1en]='\0';
    HuffCode[i]. len=cd. 1en;
    HuffCode[i]. weight=cd. weight;
    }
}
/*打印 Huffman 编码*/
Void PrintCode(Code c[],int n)
{int i;
    printf("OutPut code:\n");
    for(i=0;i<n;i++)
    printf("weight=%d   code   %s\n",c[i]. weight,c[i]. bit);
}
/*测试程序 */
Void main(Void)
{int w[]={3,1,4,8,2,5,7};
HuffNode huff[100];
Code hcode[10];
Huffman(w,7,huff);
HuffmanCode(huff,7,hcode);
PrintCode(hcode,7);
getch();
}
```

4.4 最小生成树问题

假设已知一无向连通图 $G=(V,E)$,其加权函数为 $W:E\rightarrow R$,我们希望找到图 G 的最小生成树。后文所讨论的两种算法都运用了贪心方法,但在如何运用贪心算法上却有所不同。

下列的算法 GENERNIC-MIT 正是采用了贪心算法,每步形成最小生成树的一条边。算法设置了集合 A,该集合一直是某最小生成树的子集。在每步决定是否把边 (u,v) 添加到集合 A 中,其添加条件是 $A\cup\{(u,v)\}$ 仍然是最小生成树的子集。我们称这样的边为 A 的安全边,因为可以安全地把它添加到 A 中而不会破坏上述条件。

GENERNIC-MIT(G,W)

1. $A \leftarrow \varnothing$
2. while A 没有形成一棵生成树
3. 　do 　找出 A 的一条安全边(u,v)；
4. 　$A \leftarrow A \cup \{(u,v)\}$；
5. return A

注意从第 1 行以后，A 显然满足最小生成树子集的条件。第 2～4 行的循环中保持着这一条件，当第 5 行中返回集合 A 时，A 就必然是一最小生成树。算法最棘手的部分自然是第 3 行的寻找安全边。必定存在一生成树，因为在执行第 3 行代码时，根据条件要求存在一生成树 T，使 $A \subseteq T$，且若存在边 $(u,v) \in T$ 且$(u,v) \notin A$，则(u,v)是 A 的安全边。

定理 4.1 　设图 $G=(V,E)$是一无向连通图，且在 E 上定义了相应的实数值加权函数 W，设 A 是 E 的一个子集且包含于 G 的某个最小生成树中，割$(S,V-S)$是 G 的不妨碍 A 的任意割且边(u,v)是穿过割$(S,V-S)$的一条轻边，则边(u,v)对集合 A 是安全的。

下面讨论两个算法：Kruskal 算法和 Prim 算法。

1. Kruskal 算法

Kruskal 算法是直接基于上面给出的一般最小生成树算法的基础之上的。该算法找出森林中连接任意两棵树的所有边中具有最小权值的边(u,v)作为安全边，并把它添加到正在生长的森林中。设 C_1 和 C_2 表示边(u,v)连接的两棵树。因为(u,v)必是连 C_1 和其他某棵树的一条轻边，所以由定理 4.1 可知(u,v)对 C_1 是安全边。Kruskal 算法同时也是一种贪心算法，因为算法每一步添加到森林中的边的权值都尽可能小。

Kruskal 算法的实现类似于计算连通支的算法。它使用了分离集合数据结构以保持数个互相分离的元素集合。每一集合包含当前森林中某个树的结点，操作 FIND-SET(u)返回包含 u 的集合中的一个代表元素，因此可以通过 FIND-SET(v)来确定两结点 u 和 v 是否属于同一棵树，通过操作 UNION 来完成树与树的联结。

MST-KRUSKAL(G,W)

1. $A \leftarrow \varnothing$
2. for 每个结点 $v \in V[G]$
3. 　do MAKE-SET(v)
4. 根据权 W 的非递减顺序对 E 的边进行排序
5. for 每条边$(u,v) \in E$，按权的非递减次序
6. 　do if FIND-SET(u)$\neq$FIND-SET(v)
7. 　then $A \leftarrow A \cup \{(u,v)\}$
8. 　UNION(u,v)
9. 　return A

Kruskal 算法在图 $G=(V,E)$上的运行时间取决于分离集合这一数据结构如何实现。我们采用在分离集合中描述的按行结合和通路压缩的启发式方法来实现分离集合森林的结构，这是由于从渐近意义上来说，这是目前所知的最快的实现方法。初始化需占用时间 $O(V)$，第

4行中对边进行排序需要的运行时间为 $O(E\log E)$；对分离集的森林要进行 $O(E)$ 次操作，总共需要时间为 $O(E\alpha(E,V))$，其中，α 函数为 Ackerman 函数的反函数。因为 $\alpha(E,V)=O(\log E)$，所以 Kruskal 算法的全部运行时间为 $O(E\log E)$。

2. Prim 算法

正如 Kruskal 算法一样，Prim 算法也是上面讨论的一般最小生成树算法的特例。Prim 算法的执行非常类似于寻找图的最短通路的 Dijkstra 算法。Prim 算法的特点是集合 A 中的边总是只形成单棵树。因为每次添加到树中的边都是使树的权尽可能小的边，因此上述策略也是贪心的。

有效实现 Prim 算法的关键是设法较容易地选择一条新的边添加到由 A 的边所形成的树中，在下面的伪代码中，算法的输入是连通图 G 和将生成的最小生成树的根 r。在算法执行过程中，不在树中的所有结点都驻留于优先级基于 key 域的队列 Q 中。对每个结点 v，key[v]是连接 v 到树中结点的边所具有的最小权值；按常规，若不存在这样的边则 key[v]$=\infty$。域 $\pi[v]$ 说明树中 v 的"父母"。在算法执行中，GENERIC-MST 的集合 A 隐含地满足：

$A=\{(v,\pi[v])\mid v\in V-\{r\}-Q\}$

当算法终止时，优先队列 Q 为空，因此 G 的最小生成树 A 满足：

$A=\{(v,\pi[v])\mid v\in V-\{r\}\}$

```
MST-PRIM(G,W,r)
1. Q←V[G]
2. for 每个 u∈Q
3.     do key[u]←∞
4. key[r]←0
5. π[r]←NIL
6. while Q≠∅
7.     do u←EXTRACT-MIN(Q)
8.     for 每个 v∈Adj[u]
9.     do if v∈Q and w(u,v)<key[v]
10.       then π[v]←u
11.       key[v]←w(u,v)
```

Prim 算法的性能取决于我们如何实现优先队列 Q。若用二叉堆来实现 Q，可以使用过程 BUILD-HEAP 来实现第1～4行的初始化部分，其运行时间为 $O(V)$。循环需执行 $|V|$ 次，且由于每次 EXTRACToMIN 操作需要 $O(\log V)$ 的时间，所以对 EXTRACT-MIN 的全部调用所占用的时间为 $O(V\log V)$。第8～11行的 for 循环总共要执行 $O(E)$ 次，这是因为所有邻接表的长度和为 $2|E|$。在 for 循环内部，第9行对队列 Q 的成员条件进行测试可以在常数时间内完成，这是由于为每个结点空出1位(bit)的空间来记录该结点是否在队列 Q 中，并在该结点被移出队列时随时对该位进行更新。第11行的赋值语句隐含一个对堆进行的 DECREASE-KEY 操作，该操作在堆上可用 $O(\log V)$ 的时间完成。因此，Prim 算法的整个运行时间为：$O(V\log V+E\log V)=O(E\log V)$，从渐近意义上来说，它和实现 Kruskal 算法的运行

时间相同。

通过使用 Fibonacci 堆，Prim 算法的渐近意义上的运行时间可得到改进。在 Fibonacci 堆中我们已经说明，若 $|V|$ 个元素被组织成 Fibonacci 堆，在可在 $O(\log V)$ 的平摊时间内完成 EXTRACT-MIN 操作，在 $O(1)$ 的平摊时间里完成 DECREASE-KEY 操作（为实现第 11 行的代码），因此，若用 Fibonacci 堆来实现优先队列 Q，Prim 算法的运行时间可以改进为 $O(E+V\log V)$。

```
//图的存储结构以数组邻接矩阵表示，用普里姆(Prim)算法构造图的最小生成树。
#include<iostream.h>
#include<stdio.h>
#iIlclude<stdlib.h
#include<string.h>
#define TRUE 1
#define FALSE 0
#define NULL 0
#define OVERFLOW -2
#define OK 1
#define ERROR 0
typedef int Status;
typedef int VRType;
typedef char InfoType;                          //弧相关的信息
typedef char VertexType[10];                    //顶点的名称为字符串
#define INFINITY 32767                          //INT_MAX  最大整数
#define MAX_VERTEX_NUM 20                       //最大顶点数
typedef enum{DG,DN,AG,AN}GraphKind;  //有向图,有向网,无向图,无向网
typedef struct ArcCell{
  VRType adj;//VRType是顶点的关系情况,对无权图用1或
              0表示有关系否,对带权图(网),则填权值
  InfoType *info;                         //指向该弧相关信息的指针
}ArcCell,AdjMatrix[MAX_VERTEX_NUM][MAX_VERTEX_NUM];
typedef struct{
  VertexType vexs[MAX_VERTEX_NUM];//顶点数据元素
AdjMatrix arcs;                          //二维数组作邻接矩阵
int vexnum,arcnum;                       //图的当前顶点数和弧数
  GraphKind kind;                       //图的种类标志
}MGraph;
Status CreateGraph(MGraph&G,GraphKind kd){  //采用数组邻接矩阵表示法,构造图G
  Status CreateDG(MGraph&G);
  Status CreateDN(MGraph&G);
```

```
  Status CreateAG(MGraph&G);
  Status CreateAN(MGraph&G);
  Status CreateAN(MGraph&G);
  G.kind=kd;
  switch(G.kind){
  case DG:return CreateDG(G);      //构造有向图 G
  case DN:return CreateDN(G);      //构造有向网 G
  case AG:return CreateAG(G);      //构造无向图 G
  case AN:return CreateAN(G);      //构造无向网 G
  default return ERROR;
  }
}
Status CreateDG(MGraph&G){
return OK;
}
Status CreateDN(MGraph&G){
return OK;
}
Status CreateAG(MGraph&G){
return OK;
}
Status CreateAN(MGraph&G){      //构造无向网 G
  int i,j,k;
char v[3],w[3],vwinfo[10]={"  "};//边有关信息置空
char v[10][3]={"v1","vl","v2","v2","v5","v5","v6","v6","v4","v4"};
char w[10][3]={"v2","v3","v5","v3","v6","v3","v4","v3","v1","v3"};
int q[10]={ 6,1,3,5,6,6,2,4,5,5};
char vwinfo[10]={"  "};
printf("输入要构造的网的顶点数和弧数:\n");
scanf("%d,%d",&G.vexnum,&G.arcnum);
G.vexnum=6;G.arcnum=10;
  printf("依次输入网的顶点名称 v1  v2  …等等:\n");
for(i=0;i<G.vexnum;i++)scanf("%s",G.vexs[i]);//构造顶点数据
  strcpy(G.vexs[0],"v1");strcpy(G.vexs[1],"v2");strcpy(G.vexs[2],"v3");
  strcpy(G.vexs[3],"v4");strcpy(G.vexs[4],"v5");strcpy(G.vexs[5],"v6");
  for(i=0;i<G.vexnum;i++)
  for(j=0;j<G.vexnum;j++){G.arcs[i]D].adj=INFINITY;G.arcs[i][j]info=
NULL;}
```

```
    //初始化邻接矩阵
    printf("按照: 顶点名1  顶点名2权值输入数据:\n");
    for(k=0;k<G.arcnum;k++){
scanf("%s%s  %d".v.w&q);
    for(i=0;i<G.vexnum;i++)if(strcmp(G.vexs[i],v[k])==0)break;
//查找出v在vexs[]中的位置i
    if(i=G.vexnum)return ERROR;
    for(j=0;j<G.vexnum;j++)if(strcmp(G.vexs[j],w[k])==0)break;
//查找出v在vexs[]中的位置j
    if(j=G.vexnum)return ERROR;
    G.arcs[i][j].adj=q[k]; //邻接矩阵对应位置置权值
    G.arcs[j][i].adj=q[k];//邻接矩阵对称位置置权值
    G.arcs[i][j].info=(char *)malloc(10);strcpy(G.arcs[i][j].info,vwinfo);
//置A边有关信息
    }
    return OK;
    }
    Void PrintMGraph(MGraph&G){
int i,j;
switch(G.kind){
    case DG:
    for(i=0;i<G.vexnum;i++){
    for(i=0;j<G.vexnum;j++){
    printf("  %d|",G.arcs[i][j].adj);
    if(G.arcs[i][j].info=NULL)
    printf("NULL");
    else
    printf("%s",G.arcs[i][j].info);
    }
    printf("\n");
    }
    break;
    case DN:
    for(i=0;i<G.vexnum;i++){
    for(j=0;j<G.vexnum;j++){
    if(G.arcs[i][j].adj! =0)printf("  %d |",G.arcs[i][j].adj);
    else printf("∞  |");
    }
```

```
  printf("\n");
  }
  break;
  case AG:
  for(i=0;i<G.vexnum;i++){
  for(j=0;j<G.vexnum;j++){
  printf("   %d |",G.arcs[i][j].adj);
  }
  printf("\n");
  }
  break;
  case AN:
  for(i=0;i<G.vexnum;i++){
  for(j=0;j<G.vexnum;j++){
  if(G.arcs[i][j].adj<INFINITY)printf("   %d |",G.arcs[i][j].adj);
  else{printf("   ∞|");}
  }
  printf("\n");
  }
  }
return;
}
Status MiniSpanTree_PRIM(MGraph G,VertexType u){
  int i,j,k,r,min;
struct{
  VertexType adj Vex;
  VRType lowcost;
}closedge[MAX_VERTEX_NUM];      //定义辅助数组
k=LocateVex(G,u);
for(i=0;i<G.vexnum;i++)if(strcmp(G.vexs[i],u)=0)break;
//查找出v在vexs[]中的位置i
  if(i==G.vexnum)return ERROR;
  k=--i;
for(j=0;j<G.vexnum;++j)      //辅助数组初始化
  if(j! =k){strcpy(closedge[j].adjVex,u);
closedge[D].lowcost=G.arcs[k][D].adj;}
closedge[k].lowcost=0;     //初始,U={0,即v1}
for(i=1;i<G.vexnum;++i){
```

```
    k=mininum(closedge);      //求权值最小的顶点
    min=INFINITY;
    for(r==0;r<G.vexnum;r++){
    if(closedge[r].lowcost>0&&closedge[r].lowcost<min){
    k=r;min=closedge[r].lowcost;}
    }
    printf("k=%d   %s--->%s\n",k,closedge[k].adjvex,G.vexs[k]);
  //输出边
    closedge[k].lowcost=0;      //低顶点并入U集
    for(int j==0;j<G.vexnum;++j)
    if(G.arcs[k][j].adj<closedge[j].lowcost){
    //新顶点并入U集后,重新选择最小边
    strcpy(closedge[D].adjvex,G.vexs[k]);
    closedge[j].lowcost=G.arcs[k][j].adj;
    }
    }
  return OK;
  }
  void main(){
    MGraph ANN;
    printf("构造无向网\n");
    CreateGraph(ANN,AN);  //采用数组邻接矩阵表示法,构造有向网AGG
    PrintMGraph(ANN);
    MiniSpanTree PRIM(ANN,"v1");
    return;
  }
```

4.5 单源(点)最短路径问题

给定一个有向带权图 $G=(V,E)$,其中,每条边的权是一个非负实数。另外,给定 V 中的一个顶点,称为源点。现在要计算从源点到所有其他各个顶点的最短路径长度,这里的路径长度是指路径上经过的所有边上的权值之和。这个问题通常称为单源最短路径问题。

4.5.1 问题的提出

典型的最短路径问题就是在连接不同城市的道路网中确定连接两个指定城市之间的最短路径。例如,从甲地到乙地的公路网纵横交错,如图 4-1 所示。一名货车司机奉命在最短的时间内将一车货物从甲地运往乙地，因而有多种行车路线，这名司机应怎样选择线路。假设货车的运行速度是恒定的，则这一问题相当于需要找到一条从甲地到乙地的最短路径。

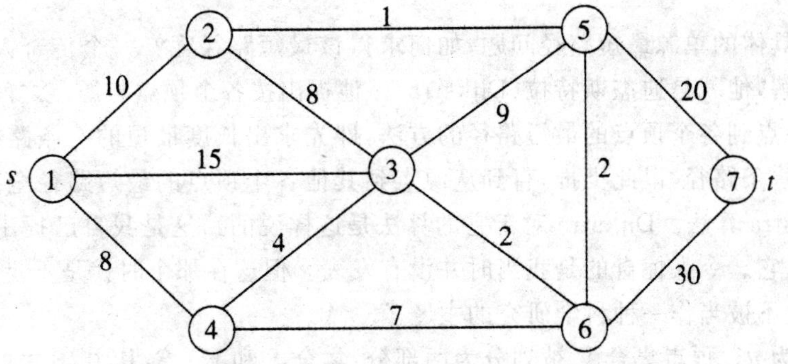

图 4-1 公路网

又如，有向图 4-2 中，求出从顶点 V_1 出发，到达其余各顶点的最短路径。

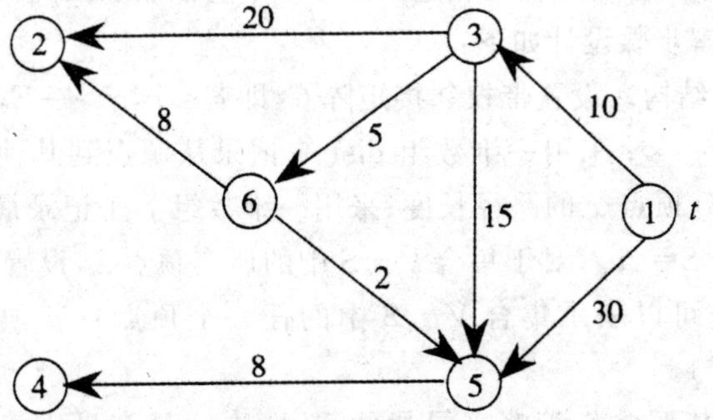

图 4-2 有向图

这类问题都可以归结为单源最短路径问题。解决该问题的常用算法是 Dijkstra 算法。

按路径长度的不同定义可将单源最短路径问题分为两大类：普通路径长度和一般路径长度。后者是指路径权被定义为其上边权的其他函数。如路径的权为其包含的所有边权之积，边权的最大值或其他更复杂的函数。分类如图 4-3 所示。

- 最短路径
  - 普通路径长度
    - 无约束
      - 最短路径
        - 两个指定顶点间的最短路径
        - 一个指定顶点到其余各顶点的最短路径
        - 任意两顶点间的最短路径
      - 第 2、第 3、……第 k 短路径
    - 有约束
      - 包含一些指定顶点的最短路径
      - 包含一些指定边的最短路径
  - 一般路径长度
    - 带转弯罚数
    - 路径权为其上边权的其他函数形式，如边权之积

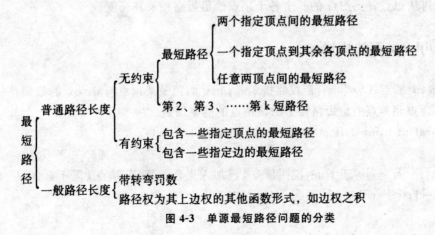

图 4-3 单源最短路径问题的分类

4.5.2 Dijkstra 算法设计

对于一个具体的单源最短路径问题，如何求得该最短路径呢？一个传奇人物的出现使得该问题迎刃而解，他就是迪杰斯特拉(Dijkstra)。他提出按各个顶点与源点之间路径长度的递增次序，生成源点到各个顶点的最短路径的方法，即先求出长度最短的一条路径，再参照它求出长度次短的一条路径，以此类推，直到从源点到其他各个顶点的最短路径全部求出为止，该算法俗称 Dijkstra 算法。Dijkstra 对于它的算法是这样说的："这是我自己提出的第一个图问题，并且解决了它。令人惊奇的是我当时并没有发表。但这在那个时代是不足为奇的，因为那时，算法基本上不被当作一种科学研究的主题。"

假定源点为 u。顶点集合 V 被划分为两部分：集合 S 和 $V-S$，其中，S 中的顶点到源点的最短路径的长度已经确定，集合 $V-S$ 中所包含的顶点到源点的最短路径的长度待定，称从源点出发只经过 S 中的点到达 $V-S$ 中的点的路径为特殊路径。Dijkstra 算法采用的贪心策略是选择特殊路径长度最短的路径，将其相连的 $V-S$ 中的顶点加入到集合 S 中。

Dijkstra 算法的求解步骤设计如下：

①设计合适的数据结构。设置带权邻接矩阵 C，即若 $<u,x>\in E$，令 $C[u][x]=<u,x>$ 的权值，否则，$C[u][x]=\infty$；采用一维数组 dist 来记录从源点到其他顶点的最短路径长度，例如，dist[x]表示源点到顶点 x 的路径长度；采用一维数组 p 来记录最短路径。

②初始化。令集合 $S=\{u\}$，对于集合 $V-S$ 中的所有顶点 x，设置 dist[x]=$C[u][x]$(注意，x 只是一个符号，它可以表示集合 $V-S$ 中的任一个顶点)；若顶点 i 与源点相邻，设置 $p[i]=u$，否则 $p[i]=-1$。

③在集合 $V-S$ 中依照贪心策略来寻找使得 dist[x]具有最小值的顶点 t，即 dist[t]=min{dist[x]|$x\in(V-S)$}，满足该公式的顶点 t 就是集合 $V-S$ 中距离源点 u 最近的顶点。

④将顶点 t 加入集合 S 中，同时更新集合 $V-S$。

⑤若集合 $V-S$ 为空，算法结束；否则，转⑥。

⑥对集合 $V-S$ 中的所有与顶点 t 相邻的顶点 x，若 dist[x]>dist[t]+$C[t][x]$，则 dist[x]=dist[t]+$C[t][x]$并设置 $p[x]=t$。转③。

由此，可求得从源点 u 到图 G 的其余各个顶点的最短路径及其长度。

4.5.3 Dijkstra 算法描述

n：顶点个数；u：源点；$C[n][n]$：带权邻接矩阵；dist[]：记录某顶点与源点 u 的最短路径长度；p[]：记录某顶点到源点的最短路径上的该顶点的前驱顶点。

```
void Dijkstra(int n,int u,float dist[],int p[],int C[n][n])
  {
  bool s[n];//若 s[i]等于 true,说明顶点 i 已加入集合 s;否则,顶点 i 属于集合 V-S
  for(int i=1;i<=n;i++)
  {
```

```
    dist[i]=c[u][i];      //初始化源点u到其他各个顶点的最短路径长度
    s[i]=false;
    if(dist[i]==∞)
    p[i]=-1;  //满足条件,说明顶点i与源点u不相邻,设置p[i]=-1
    else
    p[i]=u;      //说明顶点i与源点u相邻,设置p[i]=u
    }  //for循环结束
  dist[u]=0;
  s[u]=true;  //初始时,集合s中只有一个元素:源点u
  for(i=1;i<=n;i++)
    {
    int temp=∞;
    int t=u;
    for(int j=1;j<=n;j++)      //在集合V-S中寻找距离源点u最近的顶点t
    if((! s[j])&&(dist[j]<temp))
    {
    t=j;
    temp=dist[j];
    }
    if(t==u)break;  //找不到t,跳出循环
    s[t]=true;  //否则,将t加入集合s
    for(j=1;j<=n;j++)  //更新与t相邻接的顶点到源点u的距离
    if((! s[j])&&(C[t][j]<∞))
    if(dist[j]>(dist[t]+C[t][j]))
    {
    dist[j]=dist[t]+C[t][j];
    p[j]=t;
    }
    }
  }
```

从算法的描述中,不难发现语句if((! s[j])&&(dist[j]<temp))对算法的运行时间贡献最大,因此选择将该语句作为基本语句。当外层循环标号为1时,该语句在内层循环的控制下,共执行n次,外层循环从$1 \sim n$,因此,该语句的执行次数为$n \times n = n^2$,算法的时间复杂性为$O(n^2)$。

实现该算法所需的辅助空间包含为数组s和变量i、j、t和temp所分配的空间,因此,Dijkstra算法的空间复杂性为$O(n)$。

4.5.4 Dijkstra 算法的正确性证明

Dijkstra 算法的正确性证明，即证明该算法满足贪心选择性质和最优子结构性质。

1. 贪心选择性质

Dijkstra 算法是应用贪心算法设计策略的又一个典型例子。它所做的贪心选择是从集合 $V-S$ 中选择具有最短路径的顶点 t，从而确定从源点 u 到 t 的最短路径长度 dist[t]。这种贪心选择为什么能得到最优解呢？换句话说，为什么从源点到 t 没有更短的其他路径呢？

事实上，假设存在一条从源点 u 到 t 且长度比 dist[t]更短的路，设这条路径初次走出 S 之外到达的顶点为 $x \in V-S$，然后徘徊于 S 内外若干次，最后离开 S 到达 t。

在这条路径上，分别记 $d(u,x)$，$d(x,t)$ 和 $d(u,t)$ 为源点 u 到顶点 x，顶点 x 到顶点 t 和源点 u 到顶点 t 的路径长度，那么，依据假设容易得出：

$\text{dist}[z] \leqslant d(u,x)$

$d(u,x)+d(x,t)=d(u,t)\text{dist}[t]$

利用边权的非负性，可知 $d(x,t) \geqslant 0$，从而推得 dist[x]<dist[t]。此与前提矛盾，从而证明了 dist[t]是从源点到顶点 t 的最短路径长度。

2. 最优子结构性质

要完成 Dijkstra 算法正确性的证明，还必须证明最优子结构性质，即算法中确定的 dist[t]确实是当前从源点到顶点 t 的最短路径长度。为此，只要考察算法在添加 t 到 S 中后，dist[t]的值所起的变化就行了。将添加 t 之前的 S 称为老 S。当添加了 t 之后，可能出现一条到顶点 j 的新的特殊路径。若这条新路径是先经过老 S 到达顶点 t，然后从 t 经一条边直接到达顶点 j，则这条路径的最短长度是 dist[t]+C[t][j]。这时，若 dist[t]+C[t][j]<dist[j]，则算法中用 dist[t]+C[t][j]作为 dist[j]的新值。若这条新路径经过老 S 到达 t 后，不是从 t 经一条边直接到达 j，而是先回到老 S 中某个顶点 x，最后才到达顶点 j，那么由于 x 在老 S 中，因此 x 比 t 先加入 S，故从源点到 x 的路径长度比从源点到 t，再从 t 到 x 的路径长度小。于是当前 dist[j]的值小于从源点经 x 到 j 的路径长度，也小于从源点经 t 和 x，最后到达 j 的路径长度。因此，在算法中不必考虑这种路径。可见，无论算法中 dist[t]的值是否有变化，它总是关于当前顶点集 S 到顶点 t 的最短路径长度。

4.6 背包问题

4.6.1 0—1 背包问题

0—1 背包问题中，需对容量为 c 的背包进行装载。从 n 个物品中选取装入背包的物品，

每件物品 i 的重量为 w_i，价值为 p_i。对于可行的背包装载，背包中物品的总重量不能超过背包的容量，最佳装载是指所装入的物品价值最高，即 $n_i=\sum p_i x_i$ 取得最大值。约束条件为 $n_i=\sum w_i x_i \leqslant c$ 和 $x_i \in [0,1](1 \leqslant i \leqslant n)$。

在这个表达式中，需求出 x_i 的值。$x_i=1$ 表示物品 i 装入背包中，$x_i=0$ 表示物品 i 不装入背包。0－1 背包问题是一个一般化的货箱装载问题，即每个货箱所获得的价值不同。如船的货箱装载问题转化为背包问题的形式为：船作为背包，货箱作为可装入背包的物品。

0－1 背包问题有好几种贪心算法，每个贪心算法都采用多步过程来完成背包的装入。在每一步过程中利用贪心准则选择一个物品装入背包。一种贪心准则为：从剩余的物品中，选出可以装入背包的价值最大的物品，利用这种规则，价值最大的物品首先被装入（假设有足够容量），然后是下一个价值最大的物品，如此继续下去。这种策略不能保证得到最优解。例如，考虑 $n=2, w=[100,10,10], p=[20,15,15], c=105$。当利用价值贪心准则时，获得的解为 $x=[1,0,0]$，这种方案的总价值为 20。而最优解为 $[0,1,1]$，其总价值为 30。

另一种方案是重量贪心准则：从剩下的物品中选择可装入背包的重量最小的物品。虽然这种规则对于前面的例子能产生最优解，但在一般情况下则不一定能得到最优解。考虑 $n=2, w=[10,20] p=[5,100], c=25$。当利用重量贪心算法时，获得的解为 $x=[1,0]$，比最优解 $[0,1]$ 要差。

还可以利用另一方案，价值密度 p_i/w_i 贪心算法，这种选择准则为：从剩余物品中选择可装入包的 p_i/w_i 值最大的物品，这种策略也不能保证得到最优解。利用此策略试解 $n=3, w=[20,15,15], p=[40,25,25], c=30$ 时的最优解。

0－1 背包问题是一个 NP 复杂问题。对于这类问题，也许根本就不可能找到具有多项式时间的算法。虽然按 p_i/w_i 非递（增）减的次序装入物品不能保证得到最优解，但它是一个直觉上近似的解。我们希望它是一个好的启发式算法，且大多数时候能很好地接近最后算法。

在 600 个随机产生的背包问题中，用这种启发式贪心算法来解有 239 题为最优解。有 583 个例子与最优解相差 10%，所有 600 个答案与最优解之差全在 25% 以内。该算法能在 $O(n\log n)$ 时间内获得如此好的性能。那么是否存在一个 $x(x<100)$，使得贪心启发法的结果与最优值相差在 $x\%$ 以内。答案是否定的。为说明这一点，考虑例子 $n=2, w=[1,y]=[10,9y], c=y$。贪心算法结果为 $x=[1,0]$，这种方案的值为 10。对于 $y \geqslant 10/9$，最优解的值为 $9y$。

因此，贪心算法的值与最优解的差对最优解的比例为 $((9y-10)/9y*100)\%$，对于大的 y，这个值趋近于 100%。但是可以建立贪心启发式方法来提供解，使解的结果与最优解的值之差在最优值的 $x\%(x<100)$ 之内。首先将最多 k 件物品放入背包，若这 k 件物品重量大于 c，则放弃它。否则，剩余的容量用来考虑将剩余物品按 p_i/w_i 递减的顺序装入。通过考虑由启发法产生的解法中最多为 k 件物品的所有可能的子集来得到最优解。

考虑 $n=4, w=[2,4,6,7], p=[6,10,12,13], c=11$。当 $k=0$ 时，背包按物品价值密度非递减顺序装入，首先将物品 1 放入背包，然后是物品 2，背包剩下的容量为 5 个单元，剩下的物品没有一个合适的，因此解为 $x=[1,1,0,0]$。此解获得的价值为 16。

现在考虑 $k=1$ 时的贪心启发法。最初的子集为{1}、{2}、{3}、{4}。子集{1}、{2}产生与 $k=0$ 时相同的结果，考虑子集{3}，置 x_3 为 1。此时还剩 5 个单位的容量，按价值密度非递增顺序来考虑如何利用这 5 个单位的容量。首先考虑物品 1,它适合,因此取 x_1 为 1,这时仅剩下 3 个单位容量了,且剩余物品没有能够加入背包中的物品。通过子集{3}开始求解得结果为 $x=[1,0,1,0]$,获得的价值为 18。若从子集{4}开始,产生的解为 $x=[1,0,0,1]$,获得的价值为 19。考虑子集大小为 0 和 1 时获得的最优解为[1,0,0,1]。这个解是通过 $k=1$ 的贪心启发式算法得到的。

若 $k=2$,除了考虑 $k<2$ 的子集,还必须考虑子集{1,2}、{1,3}、{1,4}、{2,3}、{2,4}和{3,4}。首先从最后一个子集开始,它是不可行的,故将其抛弃,剩下的子集经求解分别得到如下结果:[1,1,0,0]、[1,0,1,0]、[1,0,0,1]、[0,1,1,0]和[0,1,0,1],这些结果中最后一个价值为 23,它的值比 $k=0$ 和 $k=1$ 时获得的解要高,这个答案即为启发式方法产生的结果。

这种修改后的贪心启发方法称为 k 阶优化方法(k-optimal)。也就是,若从答案中取出 k 件物品,并放入另外的 k 件,获得的结果不会比原来的好,而且用这种方式获得的值在最优值的(100/(k+1))%以内。当 $k=1$ 时,保证最终结果在最佳值的 50%以内;当 $k=2$ 时,则在 33.33%以内等,这种启发式方法的执行时间随 k 的增大而增加,需要测试的子集数目为 $O(nk)$,每一个子集所需时间为 $O(n)$,因此当 $k>0$ 时总的时间开销为 $O(nk+1)$,实验得到的性能要好得多。对于背包问题的更一般的情况,也可称之为可拆背包问题。

4.6.2 可拆背包问题

已知 n 种物品和一个可容纳 c 重量的背包,物品 i 的重量为 w_i,产生的效益为 p_i。装包时物品可拆,即可只装每种物品的一部分。显然物品 i 的一部分 x_i 放入背包可产生的效益为 $x_i p_i$,这里 $0\leqslant x_i\leqslant 1$,$p_i>0$。问如何装包,使所得整体效益最大。

应用贪心算法求解。每一种物品装包,由 $0\leqslant x_i\leqslant 1$,可以整个装入,也可以只装一部分,也可以不装。

约束条件:

$$\sum_{1\leqslant i\leqslant n} w_i x_i \leqslant c$$

目标函数:

$$\max \sum_{1\leqslant i\leqslant n} p_i x_i$$

$$0\leqslant x_i\leqslant 1, p_i>0, w_i>0, 1\leqslant i\leqslant n;\ \sum_{1\leqslant i\leqslant n} w_i x_i \leqslant c$$

要使整体效益即目标函数最大,按单位重量的效益非增次序一件件物品装包,直至某一件物品装不下时,装这种物品的一部分把包装满。

解背包问题贪心算法的时间复杂度为 $O(n)$。

物品可拆背包问题 C 程序设计代码如下:

```
/*可拆背包问题*/
#include<stdio.h>
#define N50
void main()
```

```
{noat p[N],w[N],x[N],c,cw,s,h;
int i,j,n;
printf("\n input n:");scanf("%d",&n);       /*输入已知条件*/
printf("input c:");scanf("%f",&c);
for(i==1;i<=n;i++)
{printf("input w%d,p%d:",i,i);
scanf("%f,%f",&w[i],&p[i]);
}
for(i=1;i<=n-1;i++)     /*对 n 件物品按单位重量的效益从大到小排序*/
for(j=i+1;j<=n;j++)
if(p[i]/W[i]<p[j]/w[j])
{h=p[i];p[i]=p[j];p[j]=h;
h=w[i];w[i]=w[j];w[j]=h;
}
cw=c;s=0;     /*cw 为背包还可装的重量*/
for(i=1;i<=n;i++)
{if(w[i]>CW)break;
x[i]=1.0;              /*若 w(i)<=cw,整体装入*/
cw=cw-W[i];
s=s+p[i];
}
x[i]=(noat)(cw/w[i]);       /*若 w(i)>cw,装入一部分 x(i)*/
s=s+p[i]*x[i];
printf("装包:");     /*输出装包结果*/
for(i=1;i<=n;i++)
if(x[i]<1)break;
else
printf("\n 装入重量为%5.1f 的物品.",w[i]);
if(x[i]>0&&x[i]<1)
printf("\n 装入重量为%5.1f 的物品百分之%5.1f",w[i],x[i]*100);
printf("\n 所得最大效益为:%7.1f",s);
}
```

运行程序：

```
input n:5
input c:90.0
input w1,p1:32.5,56.2
input w2,p2:25.3,40.5
input w3,p3:37.4,70.8
```

input w4,p4:41.3,78.4

input w5,p5:28.2,40.2

装包:装入重量为 41.3 的物品.

装入重量为 37.4 的物品.

装入重量为 32.5 的物品百分之 34.8.

所得最大效益为:168.7

4.7 删数字问题

对给定的 n 位高精度正整数,去掉其中 $k(k<n)$ 个数字后,按原左右次序将组成一个新的正整数,使得剩下的数字组成的新数最大。

操作对象是一个可以超过有效数字位数的 n 位高精度数,存储在数组 a 中。

每次删除一个数字,选择一个使剩下的数最大的数字作为删除对象。之所以选择这样"贪心"的操作,是因为删 k 个数字的全局最优解包含了删一个数字的子问题的最优解。

当 $k=1$ 时,在 n 位整数中删除哪一个数字能达到最大的目的?从左到右每相邻的两个数字比较:若出现增,即左边小于右边,则删除左边的小数字。若不出现减,即所有数字全部升序,则删除最右边的大数字。

当 $k>1$(当然小于 n),按上述操作一个一个删除。删除一个达到最大后,再从头即从串首开始,删除第 2 个,依此分解为 k 次完成。

若删除不到 k 个后已无左边小于右边的增序,则停止删除操作,打印剩下串的左边 $n-k$ 个数字即可(相当于删除了若干个最右边的数字)。

下面给出采用贪心算法的删数字问题的 C 语言代码:

```
/*贪心删数字*/
#include<stdio.h>
void main()
{int i,j,k,m,n,t,x,a[200];
  char b[200];
  printf("请输入整数:");
  scanf("%s",b);
  for(n=0,i=0;b[i]!='\0';i++)
    {n++;a[i]=b[i]-48;}
  printf("删除数字个数 k:");scanf("%d",&k);
  printf("以上%d 位整数中删除%d 个数字分别为:",n,k);
 i=0;m=0;x=0;
 while(k>x&&m==0)
    {i=i+1;
    if(a[i-1]<a[i])       /*出现递增,删除递增的首数字*/
```

```
    {printf("%d",a[i-1]);
    for(j=i-1;j<=n-x-2.j++)
    a[j]=a[j+1];
    x=x+1;     /* x 统计删除数字的个数 */
    i=0;     /* 从头开始查递增区间 */
    }
  if(i==n-x-1)     /* 已无递增区间,m=1 脱离循环 */
    m=1;
    }
printf("\n 删除后所得最大数:");
for(i=1;i<=n-k;i++)     /* 打印剩下的左边 n-k 个数字 */
  printf("%d",a[i-1]);
  }
```

运行程序示例：

请输入整数:762091754639820463

删除数字个数:6

以上 18 位整数中删除 6 个数字分别为:0 2 6 7 1 4

删除后所得最大数:975639820463

第5章 搜索算法

5.1 广度优先搜索

设图 G 的初始状态是所有顶点均未访问过。以 G 中任选一顶点 v 为起点，则广度优先搜索定义如下：

首先访问出发点 v，接着依次访问 v 的所有邻接点 $w_1, w_2, \cdots, w_t$，然后再依次访问与 $w_1, w_2, \cdots, w_t$ 邻接的所有未曾访问过的顶点。依此类推，直至图中所有和起点 v 有路径相通的顶点都已访问到为止。此时从 v 开始的搜索过程结束。

若 G 是连通图，则一次就能搜索完所有结点；否则，在图 G 中另选一个尚未访问的顶点作为新源点继续上述的搜索过程，直至 G 中所有顶点均已被访问为止。

5.1.1 广度优先搜索算法的思路与框架

1. 算法的基本思路

此算法主要用于解决在显式图中寻找某一方案的问题，解决问题的方法就是通过搜索图的过程中进行相应的操作，从而解决问题。由于在搜索过程中一般不能确定问题的解，只有在搜索结束后，才能得出问题的解。这样在搜索过程中，有一个重要操作就是记录当前找到的解决问题的方案。

算法设计的基本步骤如下：

①确定图的存储方式。

②设计图搜索过程中的操作，其中，包括为输出问题解而进行的存储操作。

③输出问题的结论。

2. 算法框架

从广度优先搜索定义可以看出，活结点的扩展是按先来先处理的原则进行的，所以在算法中要用“队”来存储每个 E-结点扩展出的活结点。

为了算法的简洁，抽象地定义：

Queue：队列类型；

InitQueue( )：队列初始化函数；

EnQueue(Q,k)：入队函数；

QueueEmpty(Q):判断队空函数;

DeQueue(Q):出队函数。

在实际应用中根据操作的方便性,用数组或链表实现队列。

在广度优先扩展结点时,一个结点可能多次作为扩展对象,这是需要避免的。一般开辟数组 visited 记录图中结点被搜索的情况。

在算法框架中以输出结点值表示"访问",具体应用中可根据实际问题进行相应的操作。

(1)邻接表表示图的广度优先搜索算法

```
//n 为结点个数,数组元素的初值均置为 0
int visited[n];
bfs(int k,graph head[])
{
int i;
//队列初始化
queue Q;
edgenode * p;
//队列初始化
InitQueue(Q);
//访问源点 vk
print("visit vertex",k);
visited[k]=1;
//vk 已经访问,将其入队
EnQueue(Q,k);
//队非空则执行
while(not QueueEmpty(Q))
{
   // vi 出队为 E-结点
   i=DeQueue(Q);
   //取 vi 的边表头指针
   p=head[i].firstedge;
   //扩展 E-结点
   while(p<>null)
   {
      //若 vj 未访问过
      if(visited[p->adjvex]=0)
      {
       //访问 vj
       print("visitvertex",p->adjvex);
       visited[p->adjvex]=1;
```

```
            EnQueue(Q,p->adjvex);
        }
        p=p->next;
        }
    }
}
```

(2)邻接矩阵表示图的广度优先搜索算法

```
bfsm(int k,graph g[][100],int n)
{
    int i,j;
    queue Q;
    InitQueue(Q);
    //访问源点 vk
    print("visit vertex",k);
    visited[k]=1;
    EnQueue(Q,k);
    while(not QueueEmpty(Q))
    {
        // vi 出队
        i=DeQueue(Q);
        //扩展结点
        for(j=0;j<n;j=j+1)
            if(g[i][j]=1 and visited[j]=0)
            {
                print("visit vertex",j);
                visited[j]=1;
                EnQueue(Q,j);
            }
    }
}
```

5.1.2 广度优先搜索算法的应用

例 5.1 走迷宫问题。

迷宫是许多小方格构成的矩形,如图 5-1 所示,在每个小方格中有的是墙(图中的"1")有的是路(图中的"0")。走迷宫就是从一个小方格沿上、下、左、右四个方向到邻近的方格,当然不能穿墙。设迷宫的入口是在左上角(1,1),出口是右下角(8,8)。根据给定的迷宫,找出一条从入口到出口的路径。

1,1

0	0	0	0	0	0	0	0
0	1	1	1	1	0	1	0
0	0	0	0	1	0	1	0
0	1	0	0	0	0	1	0
0	1	0	1	1	0	1	0
0	1	0	0	0	0	1	1
0	1	0	0	1	0	0	0
0	1	1	1	1	1	1	0

8,8

图 5-1 矩形图

算法设计：

从入口开始广度优先搜索所有可到达的方格入队，再扩展队首的方格，直到搜索到出口时算法结束。

根据迷宫问题的描述，若把迷宫作为图，则每个方格为顶点，其上、下、左、右的方格为其邻接点。迷宫是 8×8=64 个结点的图，那样邻接矩阵将是一个 64×64 的矩阵，且需要编写专门的算法去完成迷宫的存储工作。显然没有必要，因为搜索方格的过程是有规律的。对于迷宫中的任意一点 $A(Y,X)$，有 4 个搜索方向：向上 $A(Y-1,X)$；向下 $A(Y+1,X)$；向左 $A(Y,X-1)$；向右 $A(Y,X+1)$。当对应方格可行(值为 0)，就扩展为活结点，同时注意防止搜索不要出边界就可以了。

数据结构设计：

这里同样用数组做队的存储空间，队中结点有 3 个成员：行号、列号、前一个方格在队列中的下标。搜索过的方格不另外开辟空间记录其访问的情况，而是用迷宫原有的存储空间，元素值置为"－1"时，标识已经访问过该方格。

为了构造循环体，用数组 fx[]={1,－1,0,0}，fy[]={0,0,－1,1}模拟上下左右搜索时的下标的变化过程。

算法如下：

```
int maze[8][8]={{0,0,0,0,0,0,0,0},{0,1,1,1,1,0,1,0},{0,0,0,0,1,0,1,0},{0,1,
0,0,0,0,1,0},{0,1,0,1,1,0,1,0},{0,1,0,0,0,0,1,1},{0,1,0,0,1,0,0,0},{0,1,1,1,1,1,
1,0}};
//下标起点为 1
int fx[4]={1,-1,0,0},fy[4]={0,0,-1,1};
struct{int x,y,pre;}sq[100];
int qh,qe,i,j,k;
main( )
{
```

```
    search( );
  }
  search( )
  {
    qh=0;
    qe=1;
    maze[1][1]=-1;
    sq[1].pre=0;
    sq[1].x=1;
    sq[1].y=1;
    //当队不空
    while(qh< >qe)
    {
      //出队
      qh=qh+1;
      //搜索可达的方格
      for(k=1;k<=4;k=k+1)
      {
        i=sq[qh].x+fx[k];
        j=sq[qh].y+fy[k];
        if(check(i,j)=1)
        {
          //入队
          qe=qe+1;
          sq[qe].x=i;
          sq[qe].y=j;
          sq[qe].pre=qh;
          maze[i][j]=-1;
          if(sq[qe].x=8 and sq[qe].y=8)
          {
            out( );
            return;
          }
        }
      }
  print("Non solution.");
  }
  check(int i,int j)
```

```
{
  int flag=1;
  //是否在迷宫内
  if(i<1 or i>8 or j<1 or j>8)
  flag=0;
  //是否可行
  if(maze[i][j]=1 or maze[i][j]=-1)
  flag=0;
  return(flag);
}
//输出过程
out( );
{
  print(" (",sq[qe].x,","sq[qe].y,")");
  while(sq[qe].pre< >0)
  {
    qe=sq[qe].pre;
    print('--',"(",sq[qe].x,","sq[qe].y,")");
  }
}
```

算法分析：

这个题目的时间复杂度是 $O(n)$。算法的空间复杂性为 $O(n^2)$，包括图本身的存储空间和搜索时辅助空间“队”的存储空间。

5.2 深度优先搜索

给定图 G 的初始状态是所有顶点均未曾访问过，在 G 中任选一顶点 v 为初始出发点(源点或根结点)，则深度优先遍历可定义如下：

首先访问出发点 v，并将其标记为已访问过；然后依次从 v 出发搜索 v 的每个邻接点(子结点)w。若 w 未曾访问过，则以 w 为新的出发点继续进行深度优先遍历，直至图中所有和源点 v 有路径相通的顶点(亦称为从源点可达的顶点)均已被访问为止。若此时图中仍有未访问的顶点，则另选一个尚未访问的顶点作为新的源点重复上述过程，直至图中所有顶点均已被访问为止。

深度搜索与广度搜索的相似之处在于：最终都要扩展一个结点的所有子结点。深度搜索与广度搜索的区别在于扩展结点的过程不同，深度搜索扩展的是 E-结点的邻接结点(子结点)中的一个，并将其作为新的 E-结点继续扩展，当前 E-结点仍为活结点，待搜索完其子结点后，回溯到该结点扩展它的其他未搜索的邻接结点。而广度搜索，则是连续扩展 E-结点的所有邻接结点(子结点)后,E-结点就成为一个死结点。

5.2.1 深度优先搜索算法的思路与框架

1. 算法的基本思路

深度优先搜索和广度优先搜索的基本思路相同。由于深度优先搜索的 E-结点是分多次进行扩展的,所以它可以搜索到问题所有可能的解方案。但对于搜索路径的问题,不像广度优先搜索容易得到最短路径。

和广度优先搜索一样,搜索过程中也需要记录解决问题的方案。

深度优先搜索算法设计的基本步骤如下:

①确定图的存储方式。

②设计搜索过程中的操作,其中,包括为输出问题解而进行的存储操作。

③搜索到问题的解,则输出;否则回溯。

④一般在回溯前应该将结点状态恢复为原始状态,特别是在有多解需求的问题中。

2. 算法框架

从深度优先搜索定义可以看出算法是递归定义的,用递归算法实现时,将结点作为参数,这样参数栈就能存储现有的活结点。当然若是用非递归算法,则需要自己建立并管理栈空间。

同样用"输出结点值"抽象地表示实际问题中的相应操作。

(1)邻接表表示图的深度优先搜索算法

```
//n 为结点个数,数组元素的初值均置为 0
int visited[n];
graph head[100];
//head 图的顶点数组
dfs(int k)
{
  //ptr 图的边表指针
  edgenode *ptr;
  visited[k]=1;
  print("访问",k);
  //顶点的第一个邻接点
  ptr=head[k].firstedge;
  //遍历至链表尾
  while(ptr< >NULL)
    {
      if(visited[ptr->vertex]=0)
        //递归遍历
```

```
        dfs(ptr－＞vertex)；
      //下一个顶点
    ptr＝ptr－＞nextnode；
  }
}
```

算法分析：

图中有 n 个顶点，e 条边。若用邻接表表示图，由于总共有 $2e$ 个边结点，所以扫描边的时间为 $O(e)$。而且对所有顶点递归访问 1 次，所以遍历图的时间复杂性为 $O(n+e)$。

(2)邻接矩阵表示图的深度优先搜索算法

```
//n 为结点个数，数组元素的初值均置为 0
int visited[n]；
graph g[][100]，int n；
dfsm(int k)
{
  int j；
  print("访问"，k)；
  visited[k]＝1；
  //依次搜索 vk 的邻接点
  for(j＝1；j＜＝n；j＝j＋1)
  if(g[k][j]＝1 and visited[j]＝0)
  //(vk，vj)∈E，且 vj 未访问过，故 vj 为新出发点
  dfsm(g，j)
}
```

若用邻接矩阵表示图，则查找每一个顶点的所有的边，所需时间为 $O(n)$，则遍历图中所有的顶点所需的时间为 $O(n)^2$。

5.2.2　深度优先搜索算法的应用

例 5.2　走迷宫问题。

问题同例 5.1，这里采用深度优先搜索算法解决。

算法设计：

深度优先搜索，就是一直向着可通行的下一个方格行进，直到搜索到出口就找到一个解。若行不通时，则返回上一个方格，继续搜索其他方向。

数据结构设计：

广度优先搜索算法的路径是依赖“队列”中存储的信息，在深度优先搜索过程中虽然也有辅助存储空间栈，但并不能方便地记录搜索到的路径。因为并不是走过的方格都是可行的路径，也就是通常说的可能走入了“死胡同”。所以，还是利用迷宫本身的存储空间，除了记录方格走过的信息，还要标识是否可行：

```
//标识走过的方格
maze[i][j]=3
//标识走入死胡同的方格
maze[i][j]=2
```

这样,最后存储为"3"的方格为可行的方格。而当一个方格4个方向都搜索完还没有走到出口,说明该方格或无路可走或只能走入了"死胡同"。

算法如下:

```
int maze[8][8]={{0,0,0,0,0,0,0,0},{0,1,1,1,1,0,1,0},{0,0,0,0,1,0,1,0},{0,1,
0,0,0,0,1,0},{0,1,0,1,1,0,1,0},{0,1,0,0,0,0,1,1},{0,1,0,0,1,0,0,0},{0,1,1,1,1,1,
1,0}},
//下标从1开始
fx[4]={1,1,0,0},fy[4]={0,0,-1,1};
int 1,1,k,total;
main( )
{
  int total=0;
  //入口坐标设置已走标志
  maze[1][1]=3;
  search(1,1);
}
search(int i,int j)
{
  int k,newi,newj;
  //搜索可达的方格
  for(k=1;k<=4;k=k+1)
  if(check(i,j,k)=1)
{
  newi=i+fx[k];
  newj=j+fy[k];
  //来到新位置后,设置已走过标志
  maze[newi][newj]=3;
  //若到出口则输出,否则下一步递归
  if(newi=8 and newj=8)
    out( );
  else
    search(newi,newj);
}
  //某一方格只能走入死胡同
```

```
    maze[i][j]=2;
  }
  out( )
  {
    int i,j;
    for(i=1;i<=8;i=i+1)
    print("换行符");
    for(j=1;j<=8;j=j+1)
    if(maze[i][j]=3)
    {
      print("V ");
      //统计总步数
      total=total+1;
    }
  else
    print(" * ");
  }
  print("Total is",total);
  }
  check(int i,int j,int k)
  {
    int flag=1;
    i=i+fx[k];
    j=j+fy[k];
    //是否在迷宫内
    if(i<1 or i>8 or j<1 or j>8)
    flag=0;
    //是否可行
    else if(maze[i][j]< >0)
      flag=0;
    return(flag);
  }
```

①和广度优先算法一样每个方格有 4 个方向可以进行搜索,这样一个结点(方格)有可能多次成为"活结点",而在广度优先算法中一个结点(方格)就只有一次成队后就变成了死结点,不再进行操作。

②与广度优先算法相比较在空间效率上二者相近,都需要辅助空间。

需要注意:用广度优先算法,最先搜索到的就是一条最短的路径,而用深度优先搜索则能方便地找出一条可行的路径,但要保证找到最短的路径,需要找出所有的路径,再从中筛选出最短的路径。请改进算法求问题的最短路径。

例 5.3 七巧板问题。

如图 5-2 所示的七巧板，试设计算法，使用至多 4 种不同颜色对七巧板进行涂色（每块涂一种颜色），要求相邻区域的颜色互不相同，打印输出所有可能的涂色方案。

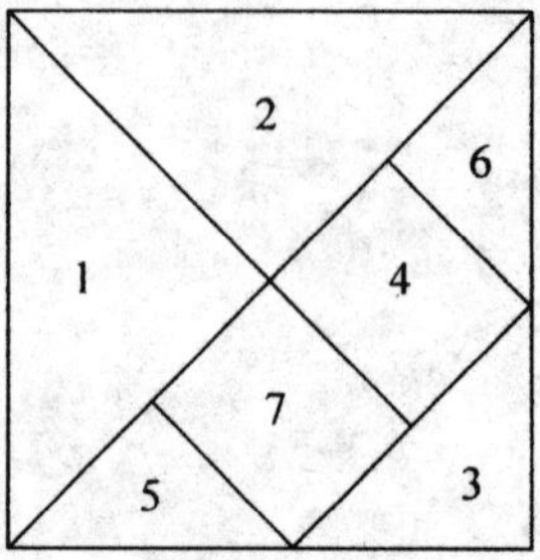

图 5-2 七巧板

问题分析：

本题实际上是一个简化的“4 色地图”问题，无论地图多么复杂，只需用 4 种颜色就可以将相邻的区域分开。为了让算法能识别不同区域间的相邻关系，把七巧板上每一个区域看成一个顶点，若两个区域相邻，则相应的顶点间用一条边相连，这样就将七巧板转化为图，该问题就是一个图的搜索问题了。数据采用邻接矩阵存储如下（顶点编号如图 5-2 所示）。

0 1 0 0 1 0 1

1 0 0 1 0 1 0

0 0 0 0 0 1 1

0 1 0 0 0 1 1

1 0 0 0 0 0 1

0 1 1 1 0 0 0

1 0 1 1 1 0 0

算法设计：

在深度优先搜索顶点（即不同区域）时，并不加入任何涂色的策略，只是对每一个顶点逐个尝试 4 种颜色，检查当前顶点的颜色是否与前面已确定的相邻顶点的颜色发生冲突，若没有发生冲突，则继续以同样的方法处理下一个顶点；若 4 个颜色都尝试完毕，仍然与前面顶点的颜色发生冲突，则返回到上一个还没有尝试完 4 种颜色的顶点，再去尝试别的颜色。已经有研究证明，对任意的平面图至少存在一种 4 色涂色法，问题肯定是有解的。

按顺序分别对 1 号，2 号，…，7 号区域进行试探性涂色，用 1，2，3，4 号代表 4 种颜色。

涂色过程：

①对某一区域涂上与其相邻区域不同的颜色。

②若使用 4 种颜色进行涂色均不能满足要求，则回溯一步，更改前一区域的颜色。

③转①继续涂色，直到全部区域全部涂色为止，输出结果。

算法如下：

//下标从 1 开始

```
int data[7][7],n,color[7],total;
main( )
{
  int i,j;
  for(i=1;i<=7;i=i+1)
    for(j=1;j<=7;j=j+1)
      input(data[i][j]);
    for(j=1;j<=7;j=j+1)
      color[j]=0;
      total=0;
      try(1);
      print("换行符,Total=",total);
}
try(int s)
{
  int i;
  if(s>7)
    output( );
  else
    for(i=1;i<=4;i=i+1)
      {
        color[s]=i;
        if(colorsame(s)=0)
          try(s+1);
      }
  //判断相邻点是否同色
  colorsame(int s)
  {
    int i,flag;
    flag=0;
    for(i=1;i<=s-1;i=i+1)
      if(data[i][s]=1 and color[i]=color[s])
        flag=1;
      return(flag);
  }
  output( )
  {
    int i;
```

```
        print("换行符,serial number:",total);
        for(i=1;i<=n;i=i+1)
        print(color[i]);
        total=total+1;
}
```

5.3 回溯法

回溯法是一种搜索方法。用回溯法解决问题时,首先应明确搜索范围,即问题所有可能解组成的范围。这个范围越小越好,且至少包含问题的一个(最优)解。

5.3.1 回溯法的一般性描述

在一般情况下,问题的解向量 $X=(x_0,x_1,\cdots,x_{n-1})$ 中,每一个分量 x 的取值范围为某个有穷集 S_i,$S_i=\{a_{i,0},a_{i,1},\cdots,a_{i,m_i}\}$。因此,问题的解空间由笛卡儿积 $A=S_0\times S_1\times\cdots\times S_{n-1}$ 构成。这时,可以把状态空间树看成是一棵高度为 n 的树,第 0 层有 $|S_0|=m_0$ 个分支,因此在第 1 层有 m_0 个分支结点,它们构成 m_0 棵子树;每一棵子树都有 $|S_1|=m_1$ 个分支,因此在第 2 层共有 $m_0\times m_1$ 个分支结点,构成 $m_0\times m_1$ 棵子树……最后,在第 n 层,共有 $m_0\times m_1\times\cdots\times m_{n-1}$ 个结点,它们都是叶子结点。

回溯法在初始化时,令解向量 X 为空。然后,从根结点出发,在第 0 层选择 S_0 的第 1 个元素作为解向量 X 的第 1 个元素,即置 $x_0=a_{0,0}$,这是根结点的第 1 个儿子结点。若 $X=(x_0)$ 是问题的部分解,则该结点是 $l\_$ 结点。因为它有下层的儿子结点,所以它也是 $e\_$ 结点。于是,搜索以该结点为根的子树。首次搜索这棵子树时,选择 S_1 的第 1 个元素作为解向量 X 的第 2 个元素,即置 $x_1=a_{1,0}$,这是这棵子树的第 1 个分支结点。若 $X=(x_0,x_1)$ 是问题的部分解,则这个结点也是 $l\_$ 结点,并且也是 $e\_$ 结点,就继续选择 S_2 的第 1 个元素作为解向量 X 的第 3 个元素,即置 $x_2=a_{2,0}$。但是,若 $X=(x_0,x_1)$ 不是问题的部分解,则该结点是一个 $d\_$ 结点,于是舍弃以该 $d\_$ 结点作为根的子树的搜索,取 $d\_$ 的下一个元素作为解向量 X 的第 2 个元素,即置 $x_1=a_{1,1}$,这是第 1 层子树的第 2 个分支结点……依此类推。在一般情况下,若已经检测到 $X=(x_0,x_1,\cdots,x_i)$ 是问题的部分解,在把 $x_{i+1}=a_{i+1,0}$ 扩展到 X 时,有以下几种情况。

①若 $X=(x_0,x_1,\cdots,x_{i+1})$ 是问题的最终解,就把它作为问题的一个可行解存放起来。若问题只希望有一个解,而不必求取最优解,则结束搜索;否则,继续搜索其他的可行解。

②若 $X=(x_0,x_1,\cdots,x_{i+1})$ 是问题的部分解,则设 $x_{i+2}=a_{i+2,0}$,搜索其下层子树,继续扩展解向量 X。

③若 $X=(x_0,x_1,\cdots,x_{i+1})$ 既不是问题的最终解,也不是问题的部分解,则有下面两种情况。

a. 若 $x_{i+1}=a_{i+1,k}$ 不是 S_{i+1} 的最后一个元素,就令 $x_{i+1}=a_{i+1,k+1}$,继续搜索其兄弟子树。

b. 若 $x_{i+1}=a_{i+1.k}$ 是 S_{i+1} 的最后一个元素，就回溯到 $X=(x_0,x_1,\cdots,x_i)$ 的情况。若此时的 $x_i=a_{i.k}$ 不是 S_i 的最后一个元素，就令 $x_i=a_{i.k+1}$，搜索上一层的兄弟子树；若此时的 $x_i=a_{i.k}$ 是 S_i 的最后一个元素，就继续回溯到 $X=(x_0,x_1,\cdots,x_{i-1})$ 的情况。

根据上面的叙述，若用 $m[i]$ 表示集合 S_i 的元素个数，则 $|S_i|=m[i]$；用变量 $x[i]$ 表示解向量 X 的第 i 个分量；用变量 $k[i]$ 表示当前算法对集合 S_i 中的元素的取值位置。这样，就可以给回溯方法作如下的一般性描述。

```
1. void backt rack _item( )
2. {
3.   initial(x);
4.   i=0;k[i]=0;flag=FALSE;
5.   while(i>=0){
6.     while(k[i]<m[i]){
7.         x[i]=a(i,k[i]);
8.       if(constrain(x)&&bound(x)){
9.         if(solution(x)){
10.            flag=TRUE;break;
11.          }
12.          else{
13.          i=i+1;k[i]=0;
14.          }
15.     }
16.     else k[i]=k[i]+1;
17.   }
18.   if(flag)break;
19.   i=i-1;
20. }
21. if(! flag)
22.   initial(x);
23. }
```

其中，第 3 行的函数 initial(x)把解向量初始化为空。第 4 行置变量 i 为 0，使算法从解向量的第一个分量开始处理，搜索第 0 层子树；置变量 $k[0]$ 为 0，复位集合 S_0 的取值位置。然后进入一个 while 循环进行搜索。在第 5 行，只要 $i\geqslant 0$，这种搜索就一直进行。在第 6 行开始，控制第 i 层的同一父亲的兄弟子树的搜索。在第 7 行，开始时 $k[i]$ 为 0，搜索第 $k[i]$ 层相应父亲结点的第一棵子树。函数 $a(i,k[i])$ 取 S_i 的第 $k[i]$ 个值，把该值赋给解向量的分量 $x[i]$。第 8 行的函数 constrain(x)判断解向量是否满足约束条件，若满足，则返回值为真；函数 bound(x)判断解向量是否满足目标函数的界，若满足，在返回值为真。在这两个条件都为真的情况下，当前的解向量是问题的一个部分解。第 9 行的函数 solution(x)判断解向量是否为问题的最终解。若是，则在第 10 行把标志变量 flag 置为真，退出循环。若不是最终解，则在第 13 行令

变量 i 加 1，向下搜索其儿子子树；置变量 $k[i]$ 为 0，复位集合 S_i 的取值位置，把控制返回到内循环的顶部，从它的第一棵儿子子树取值。若既不是部分解，也不是最终解，则舍弃它的所有子树，也把控制返回到这个循环体的顶部继续执行。但是，这时只简单地使变量 $k[i]$ 加 1，搜索其同一父亲的另一个兄弟子树。在第 18 行，当前层的同一父亲的兄弟子树已全部搜索完毕，若既找不到部分解，也找不到最终解，这时在第 19 行，使变量 i 减 1，回溯到上一层子树，继续搜索上一层子树的兄弟子树。在下面两种情况下退出外循环：找到问题的最终解，或者第 0 层的子树已全部搜索完毕，都找不到问题的部分解。若是前者，则返回最终解；若是后者，则用 initial(x) 把解向量置为空，返回空向量，说明问题没有解。

上面是用循环的形式，对回溯法所做的一般性描述。此外，也可以用递归形式对回溯法作一般性的描述。

```
void backtrack_rec( )
{
  flag=FALSE;
  initial(x);
  back_rec(0,flag);
  if(! flag) initial(x);
}
```

```
void back_rec(int i,BOOL&flag)
{
  k[i]=0;
  while((k[i]<=m[i])&&! flag){
  x[i]=a(i,k[i]);
  if(constrain(x)&&bound(x)){
    if(solution(x)){
       flag=TRUE;break;
  }
   else back_rec(i+1,flag);
}
if(! flag)
k[i]=k[i]+1;
     }
}
```

综上所述，在使用回溯法解题时，一般包含以下几个步骤。

①对所给定的问题，定义问题的解空间。

②确定状态空间树的结构。

③用深度优先搜索方法搜索解空间，用约束方程和目标函数的界对状态空间树进行修剪，生成搜索树，得到问题的解。

5.3.2 图的着色问题

给定无向图 $G(V,E)$，用 m 种颜色为图中每个顶点着色，要求每个顶点着一种颜色，并使相邻两个顶点之间具有不同的颜色，这个问题就称为图的着色问题。

图的着色问题是由地图的着色问题引申而来的：用 m 种颜色为地图着色，使得地图上的每一个区域着一种颜色，且相邻区域的颜色不同。若把每一个区域收缩为一个顶点，把相邻两个区域用一条边相连接，就可以把一个区域图抽象为一个平面图。例如，如图 5-3(a)所示的区域图可抽象为如图 5-3(b)所示的平面图。19 世纪 50 年代，英国学者提出了任何地图都可用 4 种颜色来着色的 4 色猜想问题。过了 100 多年，这个问题才由美国学者在计算机上予以证明，这就是著名的四色定理。例如，在图 5-3 中，区域用大写字母表示，颜色用数字表示，则图中表示了不同区域的不同着色情况。

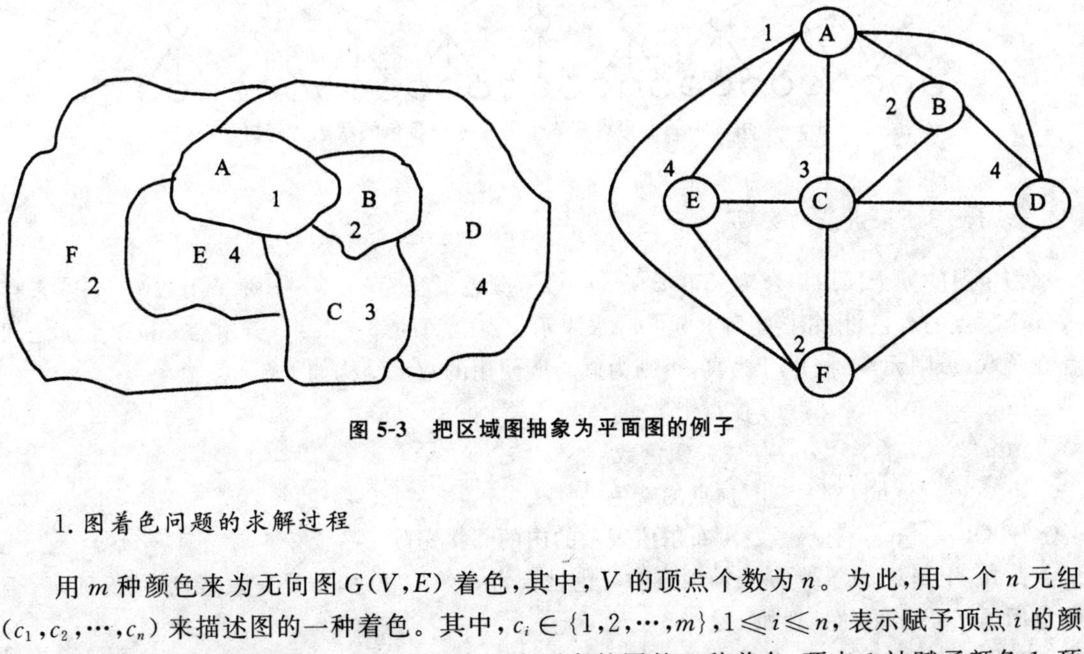

图 5-3 把区域图抽象为平面图的例子

1. 图着色问题的求解过程

用 m 种颜色来为无向图 $G(V,E)$ 着色，其中，V 的顶点个数为 n。为此，用一个 n 元组 $(c_1,c_2,\cdots,c_n)$ 来描述图的一种着色。其中，$c_i \in \{1,2,\cdots,m\}$，$1\leqslant i\leqslant n$，表示赋予顶点 i 的颜色。例如，5 元组(1,3,2,3,1)表示对具有 5 个顶点的图的一种着色，顶点 1 被赋予颜色 1，顶点 2 被赋予颜色 3，如此等等。若在这种着色中，所有相邻的顶点都不会具有相同的颜色，就称这种着色是有效着色，否则称为无效着色。为了用 m 种颜色来给一个具有 n 个零点的图着色，就有 m^n 种可能的着色组合。其中，有些是有效着色，有些是无效着色。因此，其状态空间树是一棵高度为 n 的完全 m 叉树。在这里，树的高度是指从树的根结点到叶子结点的最长通路的长度。每一个分支结点，都有 m 个儿子结点。最底层有 m^n 个叶子结点。例如，用 3 种颜色为具有 3 个顶点的图着色的状态空间树，如图 5-4 所示。

用回溯法求解图的 m 着色问题时，按照题意可列出如下约束方程：

$$x[i] \neq x[j]，若顶点\ i\ 与顶点\ j\ 相邻接$$

首先，把所有顶点的颜色初始化为 0。然后，一个顶点一个顶点地为每个顶点赋予颜色。

若其中 i 个顶点已经着色，并且相邻两个顶点的颜色都不一样，就称当前的着色是有效的局部着色；否则，就称为无效的着色。若由根结点到当前结点路径上的着色，对应于一个有效的着色，并且路径的长度小于 n，则相应的着色是有效的局部着色。这时，就从当前结点出发，继续搜索它的儿子结点，并把儿子结点标记为当前结点。在另一方面，若在相应路径上搜索不到有效的着色，就把当前结点标记为 $d\_$ 结点，并把控制转移去搜索对应于另一种颜色的兄弟结点。若对所有 m 个兄弟结点，都搜索不到一种有效的着色，就回溯到其父亲结点，并把父亲结点标记为 $d\_$ 结点，转移去搜索父亲结点的兄弟结点。这种搜索过程一直进行，直到根结点变为 $d\_$ 结点，或搜索路径的长度等于 n，并找到了一个有效的着色。前者表示该图是 m 不可着色的，后者表示该图是 m 可着色的。

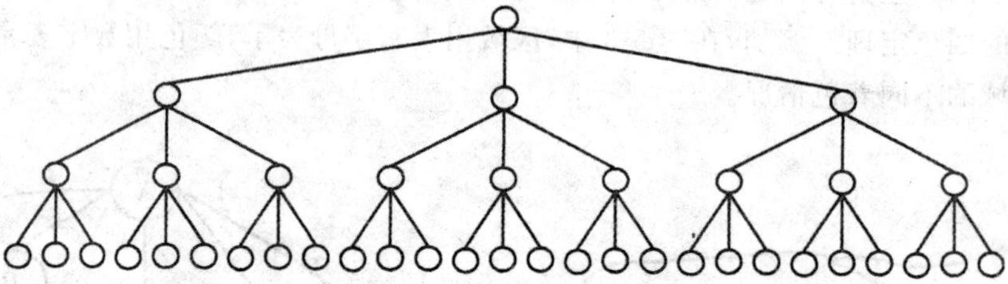

图 5-4　用 3 种颜色为具有 3 个顶点的图着色的状态空间树

2. 图着色问题算法的实现

假定图的 n 个顶点集合为 $\{0,1,2,\cdots,n-1\}$，颜色集合为 $\{1,2,\cdots,m\}$；用数组 $x[n]$ 来存放 n 个顶点的着色，用邻接矩阵 $c[n][n]$ 来表示顶点之间的邻接关系，若顶点 i 和顶点 j 之间存在关联边，则元素 $c[i][j]$ 为真，否则为假。所使用的数据结构如下：

```
int      n;        //顶点个数
int      m;        //最大颜色数
int      x[n];     //顶点的着色
BOOL     c[n][n];  //布尔值表示的图的邻接矩阵
```

此外，用函数 ok 来判断当前顶点的着色是否为有效的着色，若是有效着色，就返回真，否则返回假。ok 函数的处理如下：

```
BOOL ok(int x[],int k,BOOL c[][],int n)
{
    int i;
    for(i=0;i<k;i++){
    if(c[k][i]&&(x[k]==x[i])
        return FALSE;
    return TRUE;
}
```

ok 函数假定 $0\sim k-1$ 顶点的着色是有效着色，在此基础上判断 $0\sim k$ 顶点的着色是否有效。若顶点 k 与顶点 i 是相邻接的顶点，$0\leqslant i\leqslant k-1$，而顶点 k 的颜色与顶点 i 的颜色相同，就是无效着色，即返回 FALSE，否则返回 TRUE。

有了 ok 函数之后，图的 m 色问题的算法可叙述如下。

输入：无向图的顶点个数 n，颜色数 m，图的邻接矩阵 c[][]

输出：n 个顶点的着色 x[]

```
1. BOOL m_coloring(int n,int m,int x[],BOOL c[][])
2. {
3.     int i,k;
4.     for(i=0;i<n;i++)
5.         x[i]=0;//解向量初始化为0
6.      k=0;
7.     while(k>=0){
8.       x[k]=x[k]+1;//使当前的颜色数加1
9.       while((x[k]<=m)&&(! ok(x,k,c,n)))//当前着色是否有效
10.          x[k]=x[k]+1;//无效，继续搜索下一颜色
11.          if(x[k]<=m){   //搜索成功
12.              if(k==n-i) break;//是最后的顶点，完成搜索
13.              else k=k+1;   //不是，处理下一个顶点
14.          }
15.      else{                     //搜索失败，回溯到前一个顶点
16.          x[k]=0;k=k-1;
17.      }
18.    }
19.    if(k==n-1)return TRUE;
20.    else return FALSE;
21. }
```

算法中，用变量 k 来表示顶点的号码。开始时，所有顶点的颜色数都初始化为 0。第 6 行把 k 赋予 0，从编号为 0 的顶点开始进行着色。第 7 行开始的 while 循环执行图的着色工作。第 8 行使第 k 个顶点的颜色数加 1。第 9 行判断当前的颜色是否有效；若无效，则第 10 行继续搜索下一种颜色。若搜索到一种有效的颜色，或已经搜索完 m 种颜色，都找不到有效的颜色，就退出这个内部循环。若存在一种有效的颜色，则该颜色数必定小于或等于 m，第 11 行判断这种情况。在此情况下，第 12 行进一步判断 n 个顶点是否全部着色，若是则退出外部的 while 循环，结束搜索；否则，使变量 k 加 1，为下一个顶点着色。若不存在有效的着色，在第 16 行使第 k 个顶点的颜色数复位为 0，使变量 k 减 1，回溯到前一个顶点，把控制返回到外部 while 循环的顶部，从前一个顶点的当前颜色数继续进行搜索。

该算法的第 4、5 行的初始化花费 $\Theta(n)$ 时间。主要工作由一个二重循环组成，即第 7 行开始的外部 while 循环和第 9 行开始的内部 while 循环。因此，算法的运行时间与内部 while 循环的循环体的执行次数有关。每访问一个结点，该循环体就执行一次。状态空间树中的结点总数为

$$\sum_{i=0}^{n} m^i = (m^{n+1}-1)/(m-1) = O(m^n)$$

同时,每访问一个结点,就调用一次 ok 函数计算约束方程。ok 函数由一个循环组成,每执行一次循环体,就计算一次约束方程。循环体的执行次数与搜索深度有关,最少一次,最多 $n-1$ 次。因此,每次 ok 函数计算约束方程的次数为 $O(n)$。这样,理论上在最坏情况下,算法的总花费为 $O(nm^n)$。但实际上,被访问的结点个数 c 是动态生成的,其总个数远远低于状态空间树的总结点数。这时,算法的总花费为 $O(cn)$。

若不考虑输入所占用的存储空间,则该算法需要用 $\Theta(n)$ 的空间来存放解向量。因此,算法所需要的空间为 $\Theta(n)$。

5.3.3 *n* 皇后问题

8 皇后问题是一个古典的问题,它要求在 8×8 格的国际象棋的棋盘上放置 8 个皇后,使其不在同一行、同一列或斜率为±1 的同一斜线上,这样这些皇后便不会互相攻杀。8 皇后问题可以一般化为 n 皇后问题,即在 $n \times n$ 格的棋盘上放置 n 个皇后,使其不会互相攻杀的问题。

1. 4 皇后问题的求解过程

考虑在 4×4 格的棋盘上放置 4 个皇后的问题,把这个问题称为 4 皇后问题。因为每一行只能放置一个皇后,每一个皇后在每一行上有 4 个位置可供选择,因此在 4×4 格的棋盘上放置 4 个皇后,有 44 种可能的布局。令向量 $x = (x_1, x_2, x_3, x_4)$ 表示皇后的布局。其中,分量 x_i 表示第 i 行皇后的列位置。例如,向量(2,4,3,1)对应图 5-5(a)所示的皇后布局,而向量(1,4,2,3)对应图 5-5(b)所示的皇后布局。显然,这两种布局都不满足问题的要求

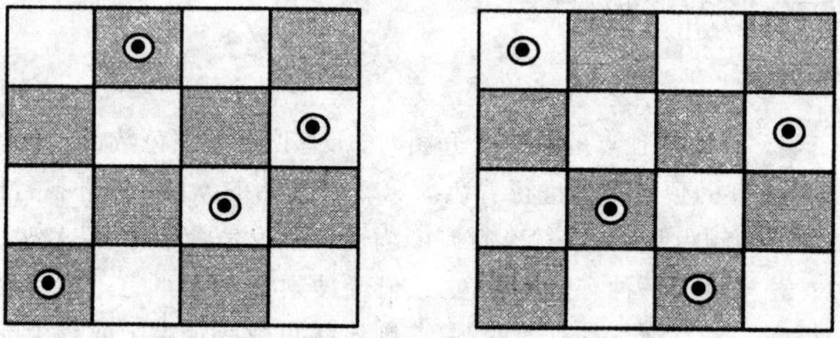

(a)　　　　(b)

图 5-5　4 皇后问题的两种无效布局

4 皇后问题的解空间可以用一棵完全 4 叉树来表示,每一个结点都有 4 个可能的分支。因为每一个皇后不能放在同一列,因此可以把 44 种可能的解空间压缩成如图 5-6 所示的解空间,它有 41 种可能的解。其中,第 1、2、3、4 层结点到上一层结点的路径上所标记的数字,对应第 1、2、3、4 行皇后可能的列位置。因此,每一个 x_i 的取值范围 $S_i = \{1,2,3,4\}$。

按照问题的题意,对 4 皇后问题可以列出下面的约束方程:

$$x_i \neq x_j (1 \leqslant i \leqslant 4, 1 \leqslant j \leqslant 4, i \neq j) \tag{5-1}$$

$$|x_i - x_j| \neq |i - j| (1 \leqslant i \leqslant 4, 1 \leqslant j \leqslant 4, i \neq j) \tag{5-2}$$

式(5-1)保证第 i 行的皇后和第 j 行的皇后不会在同一列；式(5-2)保证两个皇后的行号之差的绝对值不会等于列号之差的绝对值，因此它们不会在斜率为±1 的同一斜线上。这两个关系式还保证 i 和 j 的取值范围应该为 1 到 4。

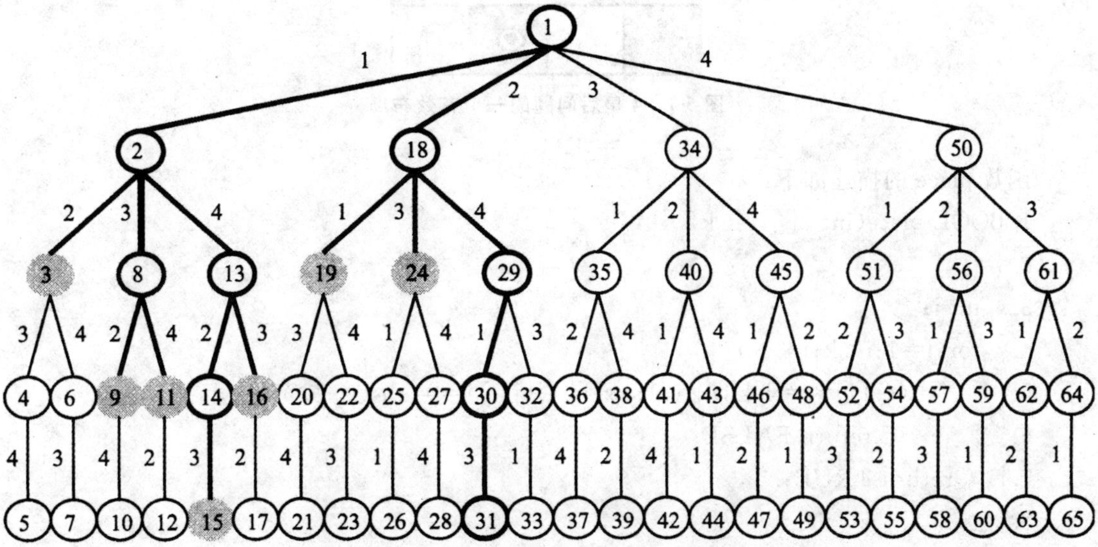

图 5-6　4 皇后问题的状态空间树及搜索树

在图 5-6 中，不满足式(5-1)的结点及其子树已被剪去。用回溯法求解时，解向量初始化为(0,0,0,0)。从根结点 1 开始搜索它的第一棵子树，首先生成结点 2，并令 $x_1 = 1$，得到解向量(1,0,0,0)，它是问题的部分解。于是，把结点 2 作为 e_ 结点，向下搜索结点 2 的子树，生成结点 3，并令 $x_2 = 2$，得到解向量(1,2,0,0)。因为 x_1 及 x_2 不满足约束方程，所以(1,2,0,0)不是问题的部分解。于是，向上回溯到结点 2，生成结点 e_，并令 $x_2 = 3$，得到解向量(1,3,0,0)，它是问题的部分解。于是，把结点 8 作为 e_ 结点，向下搜索结点 8 的子树，生成结点 9，并令 $x_3 = 2$，得到解向量(1,3,2,0)。因为 x_2 及 x_3 不满足约束方程，所以(1,3,2,0)不是问题的部分解。向上回溯到结点 8，生成结点 11，并令 $x_3 = 4$，得到解向量(1,3,4,0)。同样，(1,3,4,0)不是问题的部分解，向上回溯到结点 8。这时，结点 8 的所有子树都已搜索完毕，所以继续回溯到结点 2，生成结点 13，并令 $x_2 = 4$，得到解向量(1,4,0,0)。继续这种搜索过程，最后得到解向量(2,4,1,3)，它就是 4 皇后问题的一个可行解。在图 5-6 中，搜索过程动态生成的搜索树用粗线画出。对应于图 5-6 所示的搜索过程所产生的皇后布局，如图 5-7 所示。

2. n 皇后问题算法的实现

可以容易地把 4 皇后问题推广为 n 皇后问题。实现时，用一棵完全即叉树来表示问题的解空间，用关系式(5-1)和式(5-2)来判断皇后所处位置的正确性，即判断当前所得到的解向量是否满足问题的解，以此来实现对树的动态搜索，而这是由函数 place 来完成的。

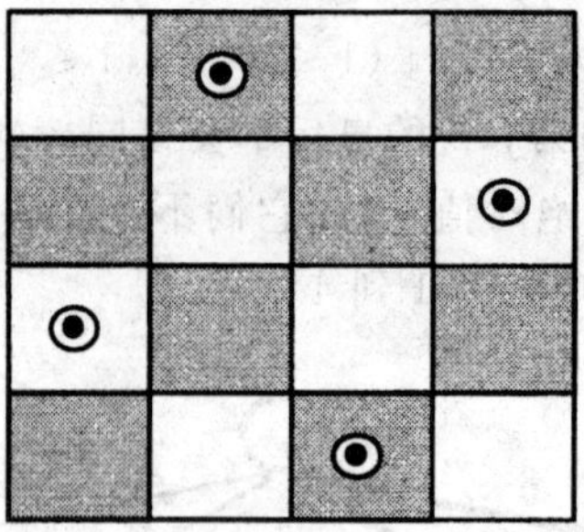

图 5-7　4 皇后问题的一个有效布局

函数 place 的描述如下：

```
BOOL place(int x[],int k)
{
   int i;
   for(i=1;i<k;i++)
      if((x[i]==x[k])||(abs(x[i]- x[k])==abs(i-k)))
          return FALSE;
   return TRUE;.
}
```

这个函数以解向量 $x[\,]$ 和皇后的行号 k 作为形式参数，判断第 k 个皇后当前的列位置 $x[k]$ 是否满足关系式(5-1)和式(5-2)。这样，它必须和第 $1\sim k-1$ 行的所有皇后的列位置进行比较。由一个循环来完成这项工作。函数返回一个布尔量，若第 k 个皇后当前的列位置满足问题的要求，返回真，否则返回假。

k 皇后问题算法的描述如下：

输入：皇后个数 n

输出：n 后问题的解向量 x[]

```
void n_queens(int n,int x[])
{
   int k=1;
   x[1]=0;
   while(k>0){
      x[k]=x[k]+1; //在当前列加 1 的位置开始搜索
      while((x[k]<=n)&&(! place(x,k)))//当前列位置是否满足条件
          x[k]=x[k]+1;//不满足条件，继续搜索下一列位置
      if(x[k]<=n){          //存在满足条件的列
         if(k==n)break;//是最后一个皇后，完成搜索
         else{
         k=k+1;x[k]=0;//不是，则处理下一个行皇后
```

```
13.          }
14.       }
15.    else{            //已判断完 n 列,均没有满足条件
16.       x[k]=0;k=k-1;//第 k 行复位为 0,回溯到前一行
17.       }
18.    }
19.}
```

算法中,用变量 k 表示所处理的是第 k 行的皇后,则 $x[k]$ 表示第 k 行皇后的列位置。开始时,k 赋予 1,变量 $x[1]$ 赋予 0,从第 1 个皇后的第 0 列开始搜索。第 6 行使第 k 个皇后的当前列位置加 1。第 7 行判断皇后的列位置是否满足条件,若不满足条件,则在第 8 行把列位置加 1。当找到一个满足条件的列,或是已经判断完第 n 列都找不到满足条件的列时,都退出这个内部循环。若存在一个满足条件的列,则该列必定小于或等于 n,第 9 行判断这种情况。在此情况下,第 10 行进一步判断 n 个皇后是否全部搜索完成,若是则退出 while 循环,结束搜索;否则,使变量 k 加 1,搜索下一个皇后的列位置。若不存在一个满足条件的列,则在第 16 行使变量 k 减 1,回溯到前一个皇后,把控制返回到 while 循环的顶部,从前一个皇后的当前列加 1 的位置上继续搜索。

该算法由一个二重循环组成:第 5 行开始的外部 while 循环和第 7 行开始的内部 while 循环。因此,算法的运行时间与内部 while 循环的循环体的执行次数有关。每访问一个结点,该循环体就执行一次。因此,在某种意义下,算法的运行时间取决于它所访问过的结点个数 c。同时,每访问一个结点,就调用一次 place 函数计算约束方程。place 函数由一个循环组成,每执行一次循环体,就计算一次约束方程。循环体的执行次数与搜索深度有关,最少一次,最多 $n-1$ 次。因此,计算约束方程的总次数为 $O(cn)$。结点个数 c 是动态生成的,对某些问题的不同实例,具有不确定性。但在一般情况下,它可由一个 n 的多项式确定。

用该算法处理 4 皇后问题的搜索过程,如图 5-8 所示。在一个 4 叉完全树中,结点总数有 $1+4+16+64+256=341$ 个。用回溯算法处理这个问题,只访问了其中的 27 个结点,即得到

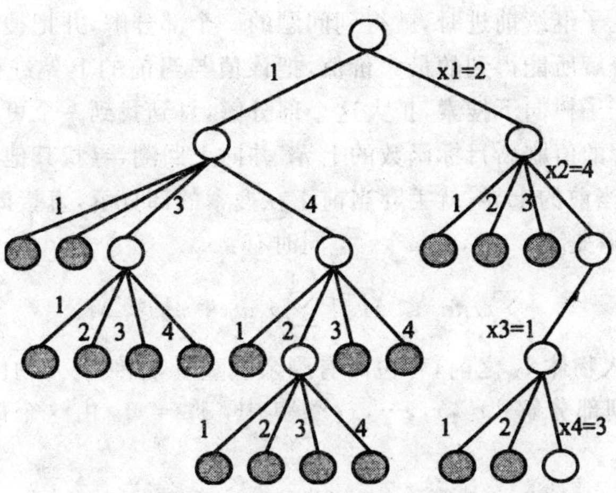

图 5-8　用 4_queens 算法解 4 皇后问题时的搜索树

问题的解。被访问的结点数与结点总数之比约为 8%。实际模拟表明：当 $n = 8$ 时，被访问的结点数与状态空间树中的结点总数之比约为 1.5%。尽管理论上回溯法在最坏情况下的花费是 $O(n^n)$，但实际上，它可以很快地得到问题的解。

显然，该算法需要使用一个具有 n 个分量的向量来存放解向量，所以算法所需要的工作空间为 $\Theta(n)$。

5.3.4 0—1 背包问题

1. 0—1 背包问题的求解过程

在 0—1 背包问题中，假定 n 个物体 v_i，其重量为 w_i，价值为 p_i，$0 \leqslant i \leqslant n-1$，背包的载重量为 M。x_i 表示物体 v_i 被装入背包的情况，$x_i = 0,1$。当 $x_i = 0$ 时，表示物体没被装入背包；当 $x_i = 1$ 时，表示物体被装入背包。

根据问题的要求，有下面的约束方程和目标函数：

$$\sum_{i=1}^{n} w_i x_i \leqslant M \tag{5-3}$$

$$optp = \max \sum_{i=1}^{n} p_i x_i \tag{5-4}$$

令问题的解向量为 $X = (x_0, x_1, \cdots, x_{n-1})$，它必须满足上述约束方程，并使目标函数达到最大。使用回溯法搜索这个解向量时，状态空间树是一棵高度为 n 的完全二叉树。其结点总数为 $2^{n+1} - 1$。从根结点到叶结点的所有路径，描述问题的解的所有可能状态。可以假定：第 i 层的左儿子子树描述物体 v_i 被装入背包的情况；右儿子子树描述物体 v_i 未被装入背包的情况。

0—1 背包问题是一个求取可装入的最大价值的最优解问题。在状态空间树的搜索过程中，一方面可利用约束方程(5-3)来控制不需访问的结点，另一方面还可利用目标函数(5-4)的界，来进一步控制不需访问的结点个数。在初始化时，把目标函数的上界初始化为 0，把物体按价值重量比的非增顺序排序，然后按照这个顺序搜索；在搜索过程中，尽量沿着左儿子结点前进，当不能沿着左儿子继续前进时，就得到问题的一个部分解，并把搜索转移到右儿子子树。此时，估计由这个部分解所能得到的最大价值，把该值与当前的上界进行比较，若高于当前的上界，就继续由右儿子子树向下搜索，扩大这个部分解，直到找到一个可行解，最后把可行解保存起来，用当前可行解的值刷新目标函数的上界，并向上回溯，寻找其他的可能解；若由部分解所估计的最大值小于当前的上界，就丢弃当前正在搜索的部分解，直接向上回溯。

假定当前的部分解是 $\{x_0, x_1, \cdots, x_{k-1}\}$，同时有：

$$\sum_{i=0}^{k-1} x_i w_i \leqslant M \text{ 且 } \sum_{i=0}^{k-1} x_i w_i + w_k > M \tag{5-5}$$

式(5-5)表示，装入物体 v_k 之前，背包尚有剩余载重量，继续装入物体 v_k 后，将超过背包的载重量。由此，将得到部分解 $\{x_0, x_1, \cdots, x_k\}$，其中，$x_k = 0$。由这个部分解继续向下搜索，将有：

$$\sum_{i=0}^{k} x_i w_i + \sum_{i=0}^{k} w_i \leqslant M \text{ 且 } \sum_{i=0}^{k-1} x_i w_i + \sum_{i=k+1}^{k+m-1} w_i + w_{k+m} > M \tag{5-6}$$

式(5-6)表示，不装入物体 $v_k(x_k=0)$，继续装入物体 $v_{k+1},\cdots,v_{k+m-1}$，背包尚有剩余载重量，但继续装入物体 v_{k+m}，将超过背包的载重量。其中，$m=2,\cdots,n-k-1$。因为物体是按价值重量比非增顺序排序的，显然由这个部分解继续向下搜索，能够找到的可能解的最大值不会超过：

$$\sum_{i=1}^{n} x_i p_i + \sum_{i=k+1}^{k+m-1} x_i p_i + (M - \sum_{i=0}^{k} x_i w_i - \sum_{i=k+1}^{k+m-1} x_i w_i) \times p_{k+m}/w_{k+m} \tag{5-7}$$

因此，可以用式(5-6)和式(5-7)来估计从当前的部分解 $\{x_0,x_1,\cdots,x_k\}$ 继续向下搜索时，可能取得的最大价值。若所得到的估计值小于当前目标函数的上界，就放弃向下搜索。向上回溯有两种情况：

①若当前的结点是左儿子分支结点，就转而搜索相应的右儿子分支结点。

②若当前的结点是右儿子分支结点，就沿着右儿子分支结点向上回溯，直到左儿子分支结点为止，然后再转而搜索相应的右儿子分支结点。

这样，若用 *w_cur* 和 *p_cur* 分别表示当前正在搜索的部分解中装入背包的物体的总重量和总价值；用 *p_est* 表示当前正在搜索的部分解可能达到的最大价值的估计值；用 *p_total* 表示当前搜索到的所有可行解中的最大价值，它也是当前目标函数的上界；用 y_k 和 x_k 分别表示问题的部分解的第 k 个分量及其副本，同时 k 也表示当前对搜索树的搜索深度，则回溯法解 0—1 背包问题的步骤可叙述如下：

①把物体按价值重量比的非增顺序排序。

②把 *w_cur*、*p_cur* 和 *p_total* 初始化为 0，把部分解初始化为空，搜索树的搜索深度后置为 0。

③按式(5-6)和式(5-7)估计从当前的部分解可取得的最大价值 *p_est*。

④若 $p\_est > p\_total$ 转⑤；否则转⑧。

⑤从 v_k 开始把物体装入背包，直到没有物体可装或装不下物体 v_i 为止，并生成部分解 $y_k,\cdots,y_i,k \leqslant i < n$，刷新 *p_cur*。

⑥若 $i \geqslant n$，则得到一个新的可行解，把所有的 y_i 复制到 v_i，$p\_total = p\_cur$，则 *p_total* 是目标函数的新上界；令 $k=n$，转③，以便回溯搜索其他的可能解。

⑦否则，得到一个部分解，令 $k=i+1$，舍弃物体 v_i，从物体 v_{i+1} 继续装入，转③。

⑧当 $i \geqslant 0$ 并且 $y_i=0$ 时，执行 $i=i-1$，直到 $y_i \neq 0$ 为止；即沿右儿子分支结点方向向上回溯，直到左儿子分支结点，从左儿子分支结点转移到相应的右儿子分支结点，继续搜索其他的部分解或可能解。

⑨若 $i<0$，则算法结束；否则，转⑩。

⑩令 $y_i=0, w\_cur = w\_cur - w_i, p\_cur = p\_cur - p_i, k=i+1$，转③。

2.0—1 背包问题算法的实现

首先，定义算法中所用到的数据结构和变量。

```
typedef struct
{
  //物体重量
```

```
    float w;
    //物体价值
    float p;
    //物体的价值重量比
    float v;
}OBJECT;
OBJECT ob[n];
//背包载重量
float M;
//可能的解向量
int x[n];
//当前搜索的解向量
int y[n];
//当前搜索方向装入背包的物体的估计最大价值
float p_est;
//装入背包的物体的最大价值的上界
float p_total;
//当前装入背包的物体的总重量
float w_cur;
//当前装入背包的物体的总价值
float p_cur;
```

于是，解 0—1 背包问题的回溯算法可叙述如下。

输入：背包载重量 M，问题个数 n，存放物体的价值和重量的结构体数组 ob[]

输出：0—1 背包问题的最优解 x[]

```
1. float knapsack_back(OBJECT ob[],float M,int n,BOOL x[])
2. {
3.    int i,k;
4.    float w_curr,p_total,p_cur,w_est,p_est;
5.       BOOL *y=new BOOL[n+1];
6.       for(i=0;i<n;i++){  //计算物体的价值重量比
7.          ob[i].v=ob[i].p/ob[i].w;
8.          y[i]=FALSE;//当前的解向量初始化
9. }
10. merge_sort(ob,n);//物体按价值重量比的非增顺序排序
11. w_cur=p_cur=p_total=0;//当前背包中物体的价值重量初始化
12. y[n]=FALSE;k=0;//搜索到的可能解的总价值初始化
13. while(k>=0){
14.    w_est=w_cur;p_est=p_cur;
```

```
for(i＝k;i＜n;i＋＋){//沿当前分支可能取得的最大价值
  w_est＝w_est＋ob[i].w;
  if(w_est＜M)
  p_est＝p_est＋ob[i].p;
else{
    p_est＝p_est＋((M－w_est＋ob[i].w)/ob[i].w)*ob[i].p;
    break;
    }
}
if(p_est＞ptotal){ //估计值大于上界
for(i＝k;i＜n;i＋＋){
  if(w_cur＋ob[i].w＜＝M){ //可装入第i个物体
    w_cur＝w_cur＋ob[i].w;
    p_cur＝p _cur＋ob[i].p;
    y[i]＝TRUE;
  }
  else{
  y[i]＝FALSE;break;//不能装入第i个物体
}
}
if(i＞＝n－1){ //n个物体已全部装入
if(p_cur＞p_total){
p_total＝p_cur;k＝n;//刷新当前上限
for(i＝0;i＜n;i＋＋)//保存可能的解
    x[i]＝y[i];
  }
}
else k＝i＋1;//继续装入其余物体
}
else{//估计价值小于当前上限
  while((i＞＝0)&&(! y[i]) //沿着右分支结点方向回溯
        i＝i－1;//直到左分支结点
  if(i＜0)break;//已到达根结点,算法结束
  else{
      w_cur＝w_cur－ob[i].w;//修改当前值
      p_cur＝p_cur－ob[i].p;
      y[i]＝FALSE;k＝i＋1;//搜索右分支子树
  }
```

```
53.     }
54.}
55.deletey;
56.return p_total;
57.}
```

算法的第 6～12 行是初始化部分，先计算物体的价值重量比，然后按价值重量比的非增顺序对物体进行排序。算法的主要工作由从第 13 行开始的 while 循环完成。分成如下几个部分：

①第 1 部分由第 14～23 行组成，计算沿当前分支结点向下搜索可能取得的最大价值。

②第 2 部分由第 24～43 行组成，当估计值大于当前目标函数的上界时，向下搜索。

③第 3 部分由第 44～53 行组成，当估计值小于或等于当前目标函数的上界时，向上回溯。

在开始搜索时，变量 w_cur、p_cur 初始化为 0。在整个搜索过程中，动态维护这两个变量的值。当沿着左儿子分支结点向下推进时，这两个变量分别增加相应物体的重量和价值；当沿着左儿子分支结点无法再向下推进，而生成右儿子分支结点时，这两个变量的值维持不变；当沿着右儿子分支结点向上回溯时，这两个变量的值维持不变；当回溯到达左儿子分支结点，就结束回溯，转而生成相应的右儿子分支结点时，这两个变量分别减去相应左儿子分支结点的物体重量和价值；每当搜索转移到右儿子分支结点时，就对继续向下搜索可能取得的最大价值进行估计；当搜索到叶子结点时，已得到一个可能解，这时变量 k 被置为 n，而 $y[n]$ 被初始化为 FALSE，因此不管该叶子结点是左儿子结点，还是右儿子结点，都可顺利向上回溯，继续搜索其他的可能解。

显然，算法所使用的工作空间为 $\Theta(n)$。算法的第 6～9 行花费 $\Theta(n)$ 时间；第 10 行对物体进行合并排序，需花费 $\Theta(n\log n)$ 时间；在最坏情况下，状态空间树有 $\Theta(n\log n)$ 个结点，其中，有 $O(2^n)$ 个左儿子结点，花费 $O(2^n)$ 时间；有 $O(2^n)$ 个右儿子结点，每个右儿子结点都需估计继续搜索可能取得的目标函数的最大价值，每次估计需花费 $O(n)$ 时间，因此右儿子结点需花费 $O(n2^n)$ 时间，而这也是算法在最坏情况下所花费的时间。

5.3.5 哈密顿回路问题

哈密尔顿回路问题起源于 19 世纪 50 年代英国数学家哈密尔顿提出的周游世界的问题。他用正十二面体的 20 个顶点代表世界上的 20 个城市，要求从一个城市出发，经过每个城市恰好一次，然后回到出发点。如图 5-9(a)所示的正十二面体，其“展开”图，如图 5-9(b)所示，按照图中的顶点标号顺序所构成的回路，就是他所提问题的一个解。

1.哈密尔顿回路问题的求解过程

哈密尔顿回路的定义如下：

设无向图 $G(V,E)$，$v_1 v_2 \cdots v_n$ 是 G 的一条通路，若 G 中每个顶点在该通路中出现且仅出现一次，则称该通路为哈密尔顿通路。若 $v_1 = v_n$，则称该通路为哈密尔顿回路。

假定图 $G(V,E)$ 的顶点集为 $V = \{0,1,\cdots,n-1\}$。按照回路中顶点的顺序，用 n 元向量

$X=(x_0,x_1,\cdots,x_{n-1})$ 来表示回路中的顶点编号，其中，$x_i\in\{0,1,\cdots,n-1\}$。用布尔数组 $c[n][n]$ 来表示图的邻接矩阵，若顶点 i 和顶点 j 相邻接，则 $c[i][j]$ 为真，否则为假。根据题意，有如下约束方程：

$$c[x_i][x_{i+1}]=\text{TRUE}(0\leqslant i\leqslant n-1)$$
$$c[x_0][x_{n-1}]=\text{TRUE}$$
$$x_i\neq x_j(0\leqslant i,j\leqslant n-1,i\neq j)$$

因为有 n 个顶点，因此其状态空间树是一棵高度为 n 的完全 n 叉树，每一个分支结点都有 n 个儿子结点，最底层有 n^n 个叶子结点。

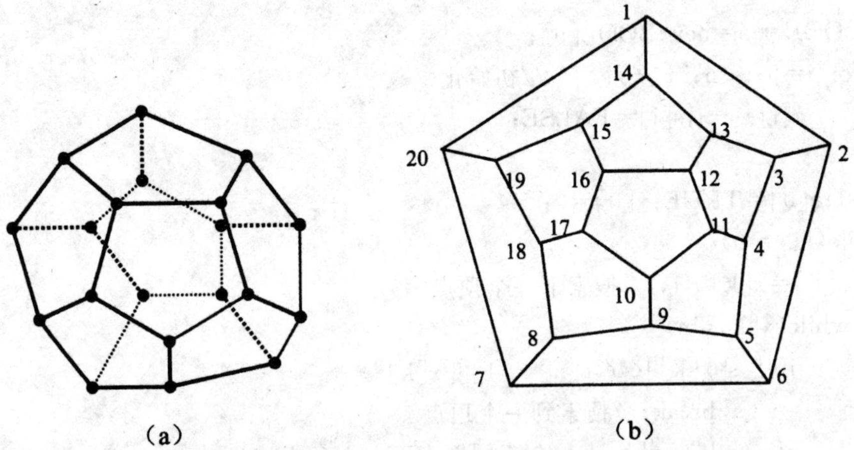

图 5-9　哈密尔顿周游世界的正十二面体及其“展开”图

用回溯法求解哈密尔顿回路问题时，首先把回路中所有顶点的编号初始化为−1。然后，把顶点 0 当作回路中的第一个顶点，搜索与顶点 0 相邻接的编号最小的顶点，作为它的后续顶点。假定在搜索过程中已经生成了通路 $l=x_0x_1\cdots x_{i-1}$，在继续搜索某个顶点作为通路中的 x_i 时，根据约束方程，在 V 中寻找与 x_{i-1} 相邻接的并且不属于 l 的编号最小的顶点。若搜索成功，就把这个顶点作为通路中的顶点 x_i，然后继续搜索通路中的下一个顶点。若搜索失败，就把 l 中的 x_{i-1} 删去，从 x_{i-1} 的顶点编号加 1 的位置开始，继续搜索与 x_{i-2} 相邻接的并且不属于 l 的编号最小的顶点。这个过程一直进行，当搜索到 l 中的顶点 x_{n-1} 时，若 x_{n-1} 与 x_0 相邻接，则所生成的回路，就是一条哈密尔顿回路；否则，把 l 中的顶点 x_{n-1} 删去，继续回溯。最后，若在回溯过程中，只剩下一个顶点 x_0，则表明图中不存在哈密尔顿回路，即该图不是哈密尔顿图。

2.哈密尔顿回路算法的实现

假定图的 n 个顶点集合为 $\{0,1,\cdots,n-1\}$；用数组 $x[n]$ 来顺序存放哈密尔顿回路的 n 个顶点的编号；用邻接矩阵 $c[n][n]$ 来表示顶点之间的邻接关系，若顶点 i 和顶点 j 之间存在关联边，则元素 $c[i][j]$ 为真，否则为假。此外，用布尔数组 $s[n]$ 标志某个顶点已在哈密尔顿回路中。因此，若顶点 i 在哈密尔顿回路中，则 $s[i]$ 为真。所用到的数据结构为

```
int n;  //顶点个数
```

```
int x[n];  //哈密尔顿回路上的顶点编号
BOOL c[n][n];      //布尔值表示的图的邻接矩阵
BOOL s[n];      //顶点状态，已处于所搜索的通路上的顶点为真
```

由此，解哈密尔顿回路问题的算法叙述如下。

输入：无向图的顶点个数 n，图的邻接矩阵 c[][]

输出：存放回路的顶点序号 x[]

```
1. BOOL hamilton(int n,int x[],BOOL c[][])
2. {
3.    int i,k;
4.    BOOL *s=new BOOL[n];
5.    for(i=0;i<n;i++){      //初始化
6.          x[i]=-i;s[i]=FALSE;
7. }
8. k=1;s[0]=TRUE;x[0]=0;
9. while(k>=0){
10.    x[k]=x[k]+1;// 搜索下一个顶点编号
11.    while(x[k]<n)
12.         if(! s[x[k]]&&c[x[k-1]][x[k]])
13.                 break;//搜索到一个顶点
14.         else x[k]=x[k]+1;//否则搜索下一个顶点编号
15.       if((x[k]<n)&&(k! =n-1)){//搜索成功且 k<=n-1
16.         s[x[k]]=TRUE;k=k+1;//向前推进一个顶点
17.    }
18. else if((x[k]<n)&&(k==n-1)&&(c[x[k]][x[0]]))
19.    break;//是最后的顶点，完成搜索
20. else{   //搜索失败，回溯到前一个顶点
21.       x[k]=-1;k=k-i;s[x[k]]=FALSE;
22.    }
23. }
24. deletes;
25. if(k==n-1)return TRUE;
26. else return FALSE;
27. }
```

算法的第 5、6 行把解向量初始化为－1，顶点的状态标志都置为 FALSE。然后，把顶点 0 作为所搜索通路的第 0 个顶点，把 k 置为 1，开始搜索通路的第七个顶点。第 9 行开始的 while 循环进行回路的搜索。第 10 行把当前的顶点编号加 1。第 11 行开始的内部 while 循环，从当前的顶点编号开始，寻找一个尚未在当前通路中并且与当前通路中的最后一个顶点相邻接的顶点。第 15 行判断若找到这样的一个顶点，并且通路中的顶点个数还不足 n 个，就把

这个顶点标志为通路中的顶点，使 k 加 1，继续从编号为 0 的顶点开始，搜索通路中的下一个顶点。第 18 行判断若找到这样的一个顶点，并且通路中的顶点个数已达至 n 个，且该顶点与通路中第 0 个顶点相邻接，则表明已找到一条哈密尔顿回路，就退出 while 循环，结束算法。若找不到这样的顶点，或者找到这样的顶点，且通路中的顶点个数已经达到 n 个，但该顶点与通路中第 0 个顶点不相邻接，在这两种情况下都进行回溯，使通中第 k 个顶点的顶点编号复位为 -1，并使 k 减 1，使当前通路中最后一个顶点的顶点标志复位为 FALSE，在该顶点处继续向后搜索。

该算法的第 5、6 行的初始化花费 $\Theta(n)$ 时间。但主要工作由一个二重循环组成：第 9 行开始的外部 while 循环和第 11 行开始的内部 while 循环。因此，算法的运行时间与内部 while 循环的循环体的执行次数有关。每访问一个结点，该循环体就执行一次。状态空间树中的结点总数为

$$\sum_{i=0}^{n} n^{i} = (n^{n+1}-1)/(n-1) = O(n^{n})$$

因此，在最坏情况下，算法的总花费为 $O(n^{n})$。若被访问的结点个数为 c，它远远低于状态空间树的总结点数，这时，算法的总花费为 $O(c)$。

若不考虑输入所占用的存储空间，则该算法需要用 $\Theta(n)$ 的空间来存放解向量及顶点的状态。因此，算法所需要的工作空间为 $\Theta(n)$。

5.4　分支限界法

5.4.1　分支限界法的基本思想

分支限界法常以广度优先或以最小耗费优先的方式搜索问题的解空间树。问题的解空间树是表示问题解空间的一棵有序树，常见的有子集树和排列树。在搜索问题的解空间树时，分支限界法与回溯法的主要不同在于它们对当前扩展结点所采用的扩展方式。在分支限界法中，每一个活结点只有一次机会成为扩展结点。活结点一旦成为扩展结点，就一次性产生其所有儿子结点。在这些儿子结点中，导致不可行解或导致非最优解的儿子结点被舍弃，其余儿子结点被加入活结点表中。此后，从活结点表中取下一结点成为当前扩展结点，并重复上述结点扩展过程。这个过程一直持续到找到所需的解或活结点表为空时为止。

从活结点表中选择下一扩展结点的不同方式导致不同的分支限界法。最常见的有以下两种方式。

(1)队列式(FIFO)分支限界法

队列式分支限界法将活结点表组织成一个队列，并按队列的先进先出 FIFO(First In First Out)原则选取下一个结点为当前扩展结点。

(2)优先队列式分支限界法

优先队列式的分支限界法将活结点表组织成一个优先队列，并按优先队列中规定的结点

优先级选取优先级最高的下一个结点成为当前扩展结点。

优先队列中规定的结点优先级常用一个与该结点相关的数值 p 表示。结点优先级的高低与 p 值的大小相关。最大优先队列规定 p 值较大的结点优先级较高。在算法实现时通常用最大堆来实现最大优先队列，用最大堆的 removeMax 运算抽取堆中下一个结点成为当前扩展结点，体现最大效益优先的原则。类似地，最小优先队列规定 p 值较小的结点优先级较高。在算法实现时通常用最小堆来实现最小优先队列，用最小堆的 removeMin 运算抽取堆中下一个结点成为当前扩展结点，体现最小费用优先的原则。

用优先队列式分支限界法解具体问题时，应根据具体问题的特点确定选用最大优先队列或最小优先队列表示解空间的活结点表。

5.4.2　0−1 背包问题

在下面所描述的解 0−1 背包问题的优先队列式分支限界法中，活结点优先队列中结点元素 N 的优先级由该结点的上界函数 bound 计算出的值 uprofit 给出。子集树中以结点 node 为根的子树中任一结点的价值不超过 node. profit。因此用一个最大堆来实现活结点优先队列。堆中元素类型为 HeapNode，其私有成员有 uprofit、profit、weight 和 level。对于任意一个活结点 node，node. weight 是结点 node 所相应的重量；node. profit 是 node 所相应的价值，node. uprofit 是结点 node 的价值上界，最大堆以这个值作为优先级。子集空间树中结点类型为 BBnode。

```
static class BBnode
{
   //父结点
   BBnode parent;
   //左儿子结点标志
   boolean leftChild;
   BBnode(BBnode par,boolean ch)
   {
      parent==par;
      leftChild==ch;
   }
}
static class HeapNode implements Comparable
{
   //活结点
   BBnode liveNode;
   //结点的价值上界
   double upperProfit;
   //结点所相应的价值
```

```
  double profit;
  //结点所相应的重量
double weight;
  //活结点在子集树中所处的层序号
  int level;
  //构造方法
HeapNode(BBnode node,double up,double pp,double ww,int lev)
{
  liveNode=node;
  upperProfit=up;
  profit=pp;
  weight=ww;
  level=lev;
}
public int compareTo(Object x)
{
  double xup=((HeapNode)x).upperProfit;
  if(upperProfit<xup)
    return -1;
  if(upperProfit==xup)
    return 0;
  return 1;
}
}
private static class Element implements Comparable
{
  //编号
  int id;
  //单位重量价值
  double d;
  //构造方法
  private Element(int idd,double dd)
  {
    id=idd;
    d=dd;
  }
  public int compareTo(Object x)
  {
```

```
        double xd-((Element)x).d;
        if(d<xd)
          return -1;
        if(d==xd)
          return 0;
        return 1;
        }
        public boolean equals(object x)
        {
          return d==((Element)x).d;
        }
    }
```

算法中用到的类 BBKnapsack 与解 0-1 背包问题的回溯法中用到的类 Knapsack 十分相似。它们的区别是新的类中没有成员变量 bestp,而增加了新的成员 bestx。bestx[i]-1 当且仅当最优解含有物品 i。

```
    public class BBKnapsack
    {
      //背包容量
      statxc double c;
      //物品总数
      static int n;
      //物品重量数组
      statm double[]w;
      //物品价值数组
      statm double[]p;
      //当前重量
      static double cw;
      //当前价值值
      statm double cp;
      //最优解
      static int[]bestx;
      //活结点优先队列
      statm MaxHeap heap;
    }
```

上界函数 bound 计算结点所相应价值的上界。

```
    private static double bound(int i)
    {
      //计算结点所相应价值的上界
```

```
    double cleft=c-cw;       //剩余容量
    //价值上界
    double b=cp;
    //以物品单位重量价值递减序装填剩余容量
    while(i<=n&&w[i]<=left)
    {
      cleft-=w[i];
      b+=p[i];
      i++;
    }
    //装填剩余容量装满背包
    if(i<=n)b+=p[i]/w[i]*cleft;
    return b;
    }
```

addLiveNode 将一个新的活结点插入到子集树和优先队列中。

```
private static void addLiveNode(double up,double pp,
                                double ww,int lev,BBnode par,boolean ch)
{
    //将一个新的活结点插入到子集树和最大堆 H 中
    BBnode b=new BBnode(par,ch);
    HeapNode node=new HeapNode(b,up,pp,ww,lev);
    heap.put(node);
}
```

算法 BBKnapsack 实施对子集树的优先队列式分支限界搜索。其中,假定各物品依其单位重量价值从大到小排好序。相应的排序过程可在算法的预处理部分完成。

算法中 enode 是当前扩展结点;cw 是该结点所相应的重量;cp 是相应的价值;up 是价值上界。算法的 while 循环不断扩展结点,直到子集树的一个叶结点成为扩展结点时为止。此时优先队列中所有活结点的价值上界均不超过该叶结点的价值。因此,该叶结点相应的解为问题的最优解。

在 while 循环内部,算法首先检查当前扩展结点的左儿子结点的可行性。若该左儿子结点是可行结点,则将它加入到子集树和活结点优先队列中。当前扩展结点的右儿子结点一定是可行结点,仅当右儿子结点满足上界约束时才将它加入子集树和活结点优先队列。

算法 BBKnapsack 具体描述如下:

```
private static double BBKnapsack()
{
    //优先队列式分支限界法,返回最大价值,bestx 返回最优解
    //初始化
    BBnode enode=null;
```

```
int i=1;
//当前最优值
double bestp=0.0;
//价值上界
double up=bound(1);
//搜索子集空间树
while(i! =n+1)
{
  //非叶结点
  //检查当前扩展结点的左儿子结点
  double wt=cw+w[i];
  if(wt<=c)
  {
    //左儿子结点为可行结点
    if(cp+p[i]>bestp)
    bestp=cp+p[i];
    addLiveNode(up,cp+p[i],cw+w[i],i+1,enode,true);
  }
  up=bound(i+1);
  //检查当前扩展结点的右儿子结点
  if(up>=bestp)
  //右子树可能含最优解
  addLiveNode(up,cp,cw,i+1,enode,false);
  //取下一扩展结点
  HeapNode node=(HeapNode)heap.removeMax();
  enode=node.liveNode;
  cw=node.weight;
  cp=node.profit;
  up=node.upperProfit;
  i=node.level;
  }
  //构造当前最优解
  for(int j=n;j>0;j--)
  {
    bestx[j]=(enode.leftChild)? 1:0;
    enode=enode.parent;
  }
  return cp;
```

```
}
```

下面的算法 knapsack 完成对输入数据的预处理。主要任务是将各物品依其单位重量价值从大到小排好序。然后调用 BBKnapsack 完成对子集树的优先队列式分支限界搜索。

```
public static double knapsack(double[] pp,double[] ww,double cc,int[] xx)
{
  //返回最大价值,bestx 返回最优解
  c=cc;
  n=pp.length-1;
  //定义依单位重量价值排序的物品数组
  Element[]q=new Element[n];
  //装包物品重量
  double ws=0.0;
  //装包物品价值
  double ps=0.0;
  for(int i=1;i<=n;i++)
  {
    q[i-1]=new Element(i,pp[i]/ww[i]);
    ps+=pp[i];
    ws+=ww[i];
  }
  //所有物品装包
  if(ws<=c)
  {
    for(int i=1;i<=n;i++)
    xx[i]=1;
    return ps;
  }
  //依单位重量价值排序
  MergeSort.mergeSort(q);
  //初始化类数据成员
  p=new double[n+1];
  w=new double[n+1];
  for(int i-1;i<=n;i++)
  {
    p[i]=pp[q[n-i].id];
    w[i]=ww[q[n-i].id];
  }
  cw=0.0;
```

```
    cp＝0.0;
    bestx＝new int[n＋1];
    heap＝new MaxHeap();
    //调用 BBKnapsack 求问题的最优解
    double maxp＝BBKnapsack();
    for(int i－1;i<＝n;i＋＋)
      xx[q[n－i].id]＝bestx[i];
    return maxp;
}
```

5.4.3 单源最短路径问题

单源最短路径问题适合于用分支限界法求解。先用单源最短路径问题的一个具体实例来说明算法的基本思想。在图 5-10 所给的有向图 G 中,每一边都有一个非负边权。要求图 G 的从源顶点 s 到目标顶点 t 之间的最短路径。解单源最短路径问题的优先队列式分支限界法用一极小堆来存储活结点表,其优先级是结点所对应的当前路长。算法从图 G 的源顶点 s 和空优先队列开始。结点 s 被扩展后,它的 3 个儿子结点被依次插入堆中。此后,算法从堆中取出具有最小当前路长的结点作为当前扩展结点,并依次检查与当前扩展结点相邻的所有顶点。若从当前扩展结点 i 到顶点 j 有边可达,且从源出发,途经顶点 i 再到顶点 j 的所相应的路径的长度小于当前最优路径长度,则将该顶点作为活结点插入到活结点优先队列中。这个结点的扩展过程一直继续到活结点优先队列为空时为止。

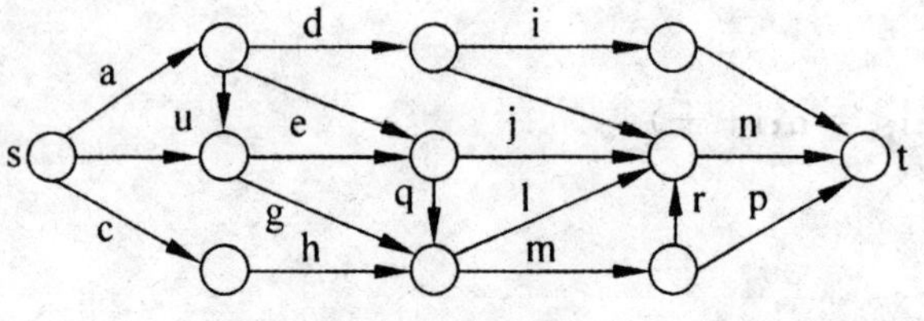

图 5-10　有同图 G

图 5-11 所示是用优先队列式分支限界法解图 5-10 的有向图 G 的单源最短路径问题产生的解空间树。其中,每一个结点旁边的数字表示该结点所对应的当前路长。由于图 G 中各边的权均非负,所以结点所对应的当前路长也是解空间树中以该结点为根的子树中所有结点所对应的路长的一个下界。在算法扩展结点的过程中,一旦发现一个结点的下界不小于当前找到的最短路长,则算法剪去以该结点为根的子树。

在算法中,利用结点间的控制关系进行剪枝。例如,在图 5-11 中,从源顶点 s 出发,经过边 a,e,q(路长为 5)和经过边 c,h(路长为 6)的 2 条路径到达图 G 的同一顶点。在该问题的解空间树中,这 2 条路径相应于解空间树的 2 个不同的结点 A 和 B。由于结点 A 所相应的路长小于结点 B 所相应的路长,因此以结点 A 为根的子树中所包含的从 s 到 t 的路长小于以结点 B 为根的子树中所包含的从 s 到 t 的路长。因而可以将以结点 B 为根的子树剪去。在这种情况下，称结点A控制了结点B。显然算法可将被控制结点所相应的子树剪去。

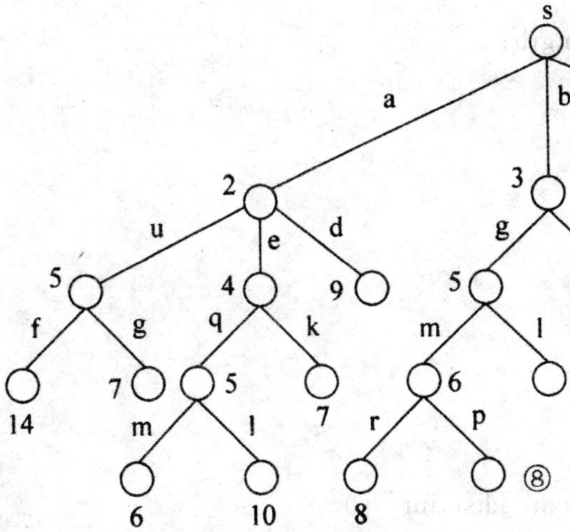

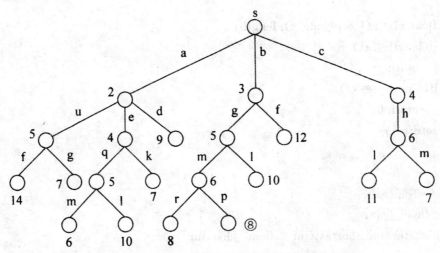

图5-11 有向图 G 的单源最短路径问题的解空间树

下面给出的算法是找出从源顶点s到图 G 中所有其他顶点之间的最短路径，因此主要利用结点控制关系进行剪枝。在一般情况下，若解空间树中以结点y为根的子树中所含的解优于以结点x为根的子树中所含的解，则结点y控制了结点x，以被控制的结点x为根的子树可以剪去。

在具体实现时，算法用邻接矩阵表示所给的图 G。在类BBShortest中用一个二维数组 G 存储图 G 的邻接矩阵。另外，算法中用数组dist记录从源到各顶点的距离；用数组 p 记录从源到各顶点的路径上的前驱顶点。

由于要找的是从源到各顶点的最短路径，所以选用最小堆表示活结点优先队列。最小堆中元素的类型为HeapNode。该类型结点包含域 i 用于记录该活结点所表示的图 G 中相应顶点的编号，length表示从源到该顶点的距离。

```
public class BBShortest
{
   static class HeapNode implements Comparable
   {
      //顶点编号
      int i;
      //当前路长
      float length;
      HeapNode(int ii,float ll)
      {
         i=ii;
         length=ll;
      }
```

```
    public int compareTo(Object x)
    {
      float x1=((HeapNode)x).length;
      if(length<x1)
        return -1;
      if(length==x1)
        return 0;
      return 1;
    }
  }
  //图G的邻接矩阵
  static float[][]a;
  public static void shortest(int v,float[]dist,int[]p)
  {
    int n=p.length-1;
    MinHeap heap==new MinHeap();
    //定义源为初始扩展结点
    HeapNode enode=new HeapNode(v,0);
    for(int j=1;j<=n;j++)
      dist[j]=Float.MAX_VALUE;
    dist[v]=0;
    while(true)
    {
    //搜索问题的解空间
    for(int j=1;j<=n;j++)
    if(a[enode.i][j]<Float.MAX_VALUE&&enode.length+a[enode.i][j]<dist[j])
    {
    //顶点i到顶点j可达,且满足控制约束
    dist[j]=enode.length+a[enode.i][j];
    p[j]=enode.i;
    HeapNode node=new HeapNode(j,dist[j]);
    //加入活结点优先队列
    heap.put(node);
    }
    //取下一扩展结点
    if(heap.isEmpty())
      break;
    else enode=(HeapNode)heap.removeMin();
```

```
        }
    }
}
```

算法开始时创建一个最小堆，用于表示活结点优先队列。堆中每个结点的 length 值是优先队列的优先级。接着算法将源顶点 v 初始化为当前扩展结点。

算法的 while 循环体完成对解空间内部结点的扩展。对于当前扩展结点，算法依次检查与当前扩展结点相邻的所有顶点。若从当前扩展结点 i 到顶点 j 有边可达，且从源出发，途经顶点 i 再到顶点 j 的所相应的路径的长度小于当前最优路径长度，则将该顶点作为活结点插入到活结点优先队列中。完成对当前结点的扩展后，算法从活结点优先队列中取出下一个活结点作为当前扩展结点，重复上述结点的分支扩展。这个结点的扩展过程一直继续到活结点优先队列为空时为止。算法结束后，数组 dist 返回从源到各顶点的最短距离。相应的最短路径容易从前驱顶点数组 p 记录的信息构造出。

5.4.4 旅行推销员问题

旅行售货员问题的解空间树是一棵排列树。实现对排列树搜索的优先队列式分支限界法可以有以下两种不同的实现方式：

①仅使用优先队列来存储活结点。优先队列中的每个活结点都存储从根到该活结点的相应路径。

②用优先队列来存储活结点，并同时存储当前已构造出的部分排列树。在这种实现方式下，优先队列中的活结点就不必再存储从根到该活结点的相应路径。这条路径可在必要时从存储的部分排列树中获得。

在下面的讨论中采用第一种实现方式。

在具体实现时，用邻接矩阵表示所给的图 G。在类 BBTSP 中用二维数组 a 存储图 G 的邻接矩阵。

```
public class BBTSP
{
  private static class HeapNode implements Comparable
  {
    //子树费用的下界
    float lcost,
    //当前费用
      cc,
    //x[s:n-1]中顶点最小出边费用和
      rcost;
    //根结点到当前结点的路径为 x[0:s]
    int s;
    //需要进一步搜索的顶点是 x[s+1:n-1]
```

```
    int[] x;
    //构造方法
    HeapNode(float lc,float ccc,float rc,int ss,int[] xx)
    {
      lcost=lc;
      cc=ccc;
      s=ss;
      x=xx;
    }
    public int compareTo(Object x)
    {
      float xlc=((HeapNode)x).lcost;
      if(lcost<xlc)
        return -1;
      if(lcost==xlc)
        return 0;
      return 1;
    }
  }
    //图 G 的邻接矩阵
    static float[][] a;
}
```

由于要找的是最小费用旅行售货员回路，所以选用最小堆表示活结点优先队列。最小堆中元素的类型为 HeapNode。该类型结点包含域 x，用于记录当前解；s 表示结点在排列树中的层次，从排列树的根结点到该结点的路径为 $x[0:s]$，需要进一步搜索的顶点是 $x[s+1:n-1]$。cc 表示当前费用，lcost 是子树费用的下界，rcost 是 $x[s:n-1]$ 中顶点最小出边费用和。具体算法可描述如下。

算法开始时创建一个最小堆，用于表示活结点优先队列。堆中每个结点的 lcost 值是优先队列的优先级。接着算法计算出图中每个顶点的最小费用出边并用 minout 记录。若所给的有向图中某个顶点没有出边，则该图不可能有回路，算法即告结束。若每个顶点都有出边，则根据计算出的 minout 做算法初始化。算法的第 1 个扩展结点是排列树中根结点的唯一儿子结点。在该结点处，已确定的回路中唯一顶点为顶点 1。因此，初始时有 $s=0, x[0]=1$, $x[1:n-1]=(2,3,\cdots,n)$, $cc=0$ 且 $\mathrm{rcost}=\sum_{i=s}^{n}\mathrm{minout}[i]$。算法中用 bestc 记录当前优值。

```
public static float bbTSP(int v[])
{
//解旅行售货员问题的优先队列式分支限界法
int n=v.length-1;
```

```
MinHeap heap=new MinHeap();
//minOut[i]=顶点 i 的最小出边费用
float []minOut=new float[n+1];
//最小出边费用和
float minSum=0;
for(int i=1;i<=n;i++)
{
  //计算 minOut[i]和 minSum
  float min=Float.MAX_VALUE;
  for(int j=1;j<=n;j++)
    if(a[i][j]<Float.MAX_VALUE&&a[i][j]<min)
    min=a[i][j];
  if(min==Float.MAX_VALUE)
    //无回路
    return Float.MAX_VALUE;
  minOut[i]=min;
  minSum+=min;
}
//初始化
int [] x=new int [n];
for(int i=0;i<n;i++)
  x[i]=i+1;
HeapNode enode=new HeapNode(0,0,minSum,0,x);
float bestc=Float.MAX_VALUE;
//搜索排列空间树
while(enode! =null&&enode.s<n-1)
{
  //非叶结点
  x=enode.x;
  if(enode.s==n-2)
  {
    //当前扩展结点是叶结点的父结点
    //再加 2 条边构成回路
    //所构成回路是否优于当前最优解
    if(a[x[n-2]][x[n-1]]<Float.MAX_VALUE&&
        a[x[n-1]][1]<Float.MAX_VALUE&&
          enode.cc+a[x[n-2]][x[n-1]]+a[x[n-1]][1]<bestc)
    {
```

```
        //找到费用更小的回路
        bestc=enode.cc+a[x[n-2]][x[n-1]]+a[x[n-1]][1];
        enode.cc=estc;
        enode.lcost=bestc;
        enode.s++;
        heap.put(enode);
      }
    }
    else
    {
      //产生当前扩展结点的儿子结点
      for(int i=enode.s+1;i<n;i++)
      if(a[x[enode.s]][x[i]]<Float.MAX_VAIUE)
      {
        //可行儿子结点
        float cc=enode.cc+a[x[enode.s]][x[i]];
        float reost=enode.rcost-minOut[x[enode.s]];
        //下界
        float b=cc+rcost;
        if(b<bestc)
        {
          //子树可能含最优解,结点插入最小堆
          int[]xx=new int[n];
          for(int j=0;j<n;j++)
            xx[j]=x[j];
            xx[enode.s+1]-x[i];
            xx[i]==x[enode.s+1];
            HeapNode node=new HeapNode(b,cc,rcost,enode.s+1,xx);
            heap.put(node);
        }
      }
    }
    //取下一扩展结点
    enode=(HeapNode)heap.removeMin();
    }
    //将最优解复制到v[1:n]
    for(int i=0;i<n;i++)
      v[i+1]-x[i];
```

```
return bestc;
}
```

算法中 while 循环的终止条件是排列树的一个叶结点成为当前扩展结点。当 $s=n-1$ 时,已找到的回路前缀是 $s=n-1$,它已包含图 G 的所有九个顶点。因此,当 $s=n-1$ 时,相应的扩展结点表示一个叶结点。此时该叶结点所相应的回路的费用等于 cc 和 lcost 的值,剩余的活结点的 lcost 值不小于已找到的回路的费用,它们都不可能导致费用更小的回路。因此,已找到的叶结点所相应的回路是一个最小费用旅行售货员回路,算法可以结束。

算法的 while 循环体完成对排列树内部结点的扩展。对于当前扩展结点,算法分两种情况进行处理。首先考虑 $s=<n-2$ 的情形。此时当前扩展结点是排列树中某个叶结点的父结点。若该叶结点相应一条可行回路且费用小于当前最小费用,则将该叶结点插入到优先队列中;否则,舍去该叶结点。

当 $s<n-2$ 时,算法依次产生当前扩展结点的所有儿子结点。由于当前扩展结点所相应的路径是 $x[0:s]$,其可行儿子结点是从剩余顶点 $x[s+1:n-1]$ 中选取的顶点 $x[i]$,且 $(x[s],x[i])$ 是所给有向图 G 中的一条边。对于当前扩展结点的每一个可行儿子结点,计算出其前缀 $s=<n-2$ 的费用 cc 和相应的下界 lcost。当 lcost<bestc 时,将这个可行儿子结点插入到活结点优先队列中。

算法结束时返回找到的最小费用,相应的最优解由数组 v 给出。

5.4.5 布线问题

印刷电路板将布线区域划分成 $n\times n$ 个方格阵列,如图 5-12 所示。精确的电路布线问题要求确定连接方格 a 的中点到方格 b 的中点的最短布线方案。在布线时,电路只能沿直线或直角布线,如图 5-12(b)所示。为了避免线路相交,已布了线的方格做了封锁标记,其他线路不允许穿过被封锁的方格。

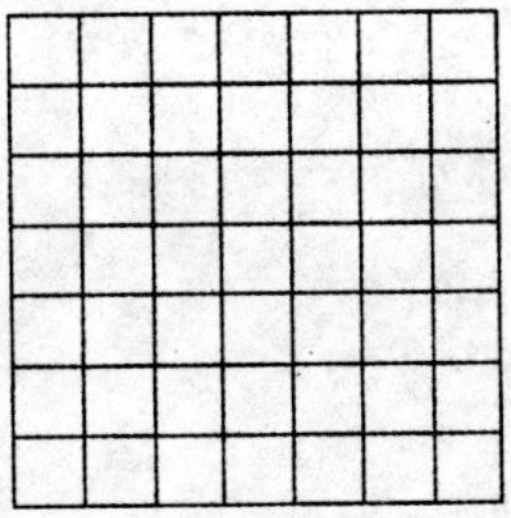

(a) 布线区域

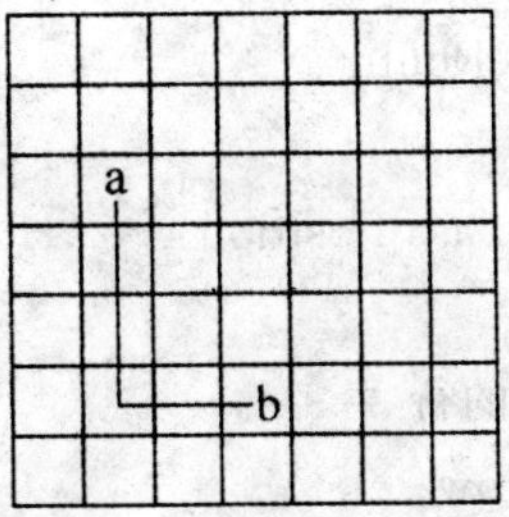

(b) 沿直线或直角布线

图 5-12 印刷电路板布线方格阵列

下面讨论用队列式分支限界法来解布线问题。布线问题的解空间是一个图。解此问题的队列式分支限界法从起始位置 a 开始将它作为第一个扩展结点。与该扩展结点相邻并且可达的方格成为可行结点被加入到活结点队列中,并且将这些方格标记为 1,即从起始方格 a 到这些方格的距离为 1。接着,算法从活结点队列中取出队首结点作为下一个扩展结点,并将与当前扩展结点相邻且未标记过的方格标记为 2,并存入活结点队列。这个过程一直继续到算法搜索到目标方格 b 或活结点队列为空时为止。

在实现上述算法时,首先定义一个表示电路板上方格位置的类 Position,它的两个私有成员 row 和 col 分别表示方格所在的行和列。在电路板的任何一个方格处,布线可沿右、下、左、上 4 个方向进行。沿这 4 个方向的移动分别记为移动 0,1,2,3。在表 5-1 中,offset[*i*].row 和 offset[*i*].col ($i=0,1,2,3$) 分别给出沿这 4 个方向前进 1 步相对于当前方格的相对位移。

表 5-1 移动方向的相对位移

移动 *i*	方向	offset[*i*].row	offset[*i*].col
0	右	0	1
1	下	1	0
2	左	0	−1
3	上	−1	0

在实现上述算法时,用二维数组 grid 表示所给的方格阵列。初始时,grid[*i*][*j*]=0,表示该方格允许布线;而 grid[*i*][*j*]=1 表示该方格被封锁,不允许布线。为了便于处理方格边界的情况,算法在所给方格阵列四周设置一道"围墙",即增设标记为"1"的附加方格。算法开始时测试初始方格与目标方格是否相同。若这两个方格相同,则不必计算,直接返回最短距离 0;否则,算法设置方格阵列的"围墙",初始化位移矩阵 offset。算法将起始位置的距离标记为 2。由于数字 0 和 1 用于表示方格的开放或封锁状态,所以在表示距离时不用这两个数字,因而将距离的值都加 2。实际距离应为标记距离减 2。算法从起始位置 start 开始,标记所有标记距离为 3 的方格并存入活结点队列,然后依次标记所有标记距离为 4,5,…的方格,直至到达目标方格 finish 或活结点队列为空时为止。

具体算法可描述如下:

```
public class WireRouter
{
  private static class Position
  {
    //方格所在的行
    private int row;
    //方格所在的列
    private int col;
    Position(int rr,int cc)
    {
      row=rr;
      col=cc;
    }
```

```
//方格阵列
private static int [][] grid;
//方格阵列大小
private static int size;
//最短线路长度 length of shortest wire path
private static int pathLen;
//扩展结点队列
private static ArrayQueue q;
//起点
private static Position start,
//终点
finish;
//最短路
private static Position[]path;
private static void inputData()
{
  MyInputStream keyboard=new MyInputStream();
  System.out.println("Enter grid size");
  size=keyboard.readInteger( );
  System.out.println("Enter the start position");
  start=new Position(keyboard.readInteger(),keyboard.readInteger());
  system.out.println("Enter the finish position");
  finish=new Position(keyboard.readInteger(),keyboard.readInteger());
  grid=new int[size+2][size+2];
  System.out.println("Enter the wiring grid in row-major order");
  for(int i=1;i<=size;i++)
    for(int j=1;j<=size;j++)
      grid[i][j]=keyboard.readInteger( );
}
private static boolean findPath( )
{
//计算从起始位置 start 到目标位置 finish 的最短布线路径
//找到最短布线路径则返回 true,否则返回 false
if((start.row==finish.row)&&(start.col==finish.col))
{
  //start==finish
  pathLen=0;
  return true;
```

```
}
//初始化相对位移
Position[]offset=new Position[4];
//右
offset[0]=new Position(0,1);
//下
offset[1]=new Position(1,0);
//左
offset[2]=new Position(0,-1);
//上
offset[3]=new Position(-1,0);
//设置方格阵列"围墙"
for(int i-0;i<=size+1;i++)
{
  //顶部和底部
  grid[0][i]=grid[size+1][i]-1;
  //左翼和右翼
  grid[i][0]=grid[i][size+1]-1;
}
Position here=new Position(start.row,start.col);
//起始位置的距离
grid[start.row][start.col]-2;
//相邻方格数
int numOfNbrs=4;
//标记可达方格位置
ArrayQueue q=new ArrayQueue( );
Position nbr=new Position(0,0);
do
{
  //标记可达相邻方格
  for(int i=0;i<numOfNbrs;i++)
  {
    nbr.row=here.row+offset[i].row;
    nbr.col=here.col+ffset[i].col;
    if(grid[nbr.row][nbr.col]==0)
    {
      //该方格未标记
      grid[nbr.row][nbr.col]=grid[here.row][here.col]+1;
```

```
        if((nbr.row==finish.row)&&(nbr.col==finish.col))break;//完成
        q.put(new Position(nbr.row,nbr.col));
      }
   }
   //是否到达目标位置 finish?
   if((nbr.row==finish.row)&&(nbr.col==finish.col))break;//完成
   //活结点队列是否非空
   if(q.isEmpty()) return false;        //无解
   //取下一个扩展结点
   here=(Position)q.remove( );
   }while(true);
   //构造最短布线路径
   pathLen==grid[finish.row][finish.col]-2;
   path=new Position[pathLen];
   //从目标位置 finish 开始向起始位置回溯
   here=finish;
   for(int j=pathLen-1;j>=0;j--)
   {
     path[j]-here;
     //找前驱位置
     for(int i==0;i<numOfNbrs;i++)
     {
       nbr.row=here.row+offset[i].row;
       nbr.col=here.col+offset[i].col;
       if(grid[nbr.row][nbr.col]==j+2)
         break;
     }
     //向前移动
     here=new Position(nbr.row,nbr.col);
     }
     return true;
     }
   }
```

图 5-13 所示是在一个 7×7 方格阵列中布线的例子。其中，起始位置 a 是(3,2)，目标位置 b 是(4,6)，阴影方格表示被封锁的方格。当算法搜索到目标方格 b 时，将目标方格 b 标记为从起始位置 a 到 b 的最短距离。在上例中，a 到 b 的最短距离是 9。要构造出与最短距离相应的最短路径，可以从目标方格开始向起始方格方向回溯，逐步构造出最优解。每次向标记的距离比当前方格标记距离少 1 的相邻方格移动，直至到达起始方格时为止。在图 5-13(a)的例

子中，从目标方格 b 移到(5,6)，然后移至(6,6)，……最终移至起始方格 a，得到相应的最短路径如图 5-13(b)所示。

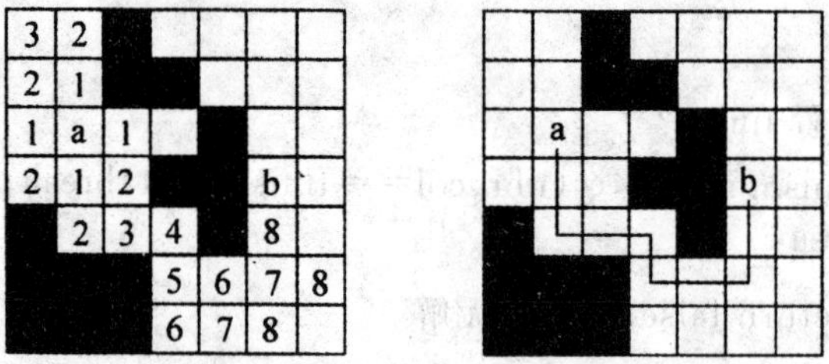

(a) 标记距离　　(b) 最短布线路径

图 5-13　布线算法示例

由于每个方格成为活结点进入活结点队列最多 1 次，因此活结点队列中最多只处理 $O(mn)$ 个活结点。扩展每个结点需 $O(mn)$ 时间，因此算法共耗时 $O(mn)$。构造相应的最短距离需要 $O(L)$ 时间，其中，L 是最短布线路径的长度。

第6章 概率算法

6.1 概率算法的设计思想

假设你意外地得到了一张藏宝图，但是，可能的藏宝地点有两个，要到达其中一个地点，或者从一个地点到达另一个地点都需要5天的时间。你需要4天的时间解读藏宝图，得出确切的藏宝位置，但是一旦出发后就不允许再解读藏宝图。更麻烦的是，有另外一个人知道这个藏宝地点，每天都会拿走一部分宝藏。不过，有一个小精灵可以告诉你如何解读藏宝图，它的条件是，需要支付给它相当于知道藏宝地点的那个人三天拿走的宝藏。如何做才能得到更多的宝藏呢？

假设你得到藏宝图时剩余宝藏的总价值是 x，知道藏宝地点的那个人每天拿走宝藏的价值是 y，并 $x > 9y$，可行的方案有：

①用4天的时间解读藏宝图，用5天的时间到达藏宝地点，可获宝藏价值 $x - 9y$。

②接受小精灵的条件，用5天的时间到达藏宝地点，可获宝藏价值 $x - 5y$，但需付给小精灵宝藏价值 $3y$，最终可获宝藏价值 $x - 8y$。

③投掷硬币决定首先前往哪个地点，若发现地点是错的，就前往另一个地点。这样，你就有一半的机会获得宝藏价值 $x - 5y$，另一半的机会获得宝藏价值 $x - 10y$，所以，最终可获宝藏价值 $x - 7.5y$。

当面临一个选择时，若计算正确选择的时间大于随机确定一个选择的时间，则应该随机选择一个。同样，当算法在执行过程中面临一个选择时，有时候随机地选择算法的执行动作可能比花费时间计算哪个是最优选择要好。随机从某种角度来说就是运气，在算法中增加这种随机性的因素，通常可以引导算法快速地求解问题，并且概率算法通常都比较简单。也比较容易理解。

例如，判断表达式 $f(x_1, x_2, \cdots, x_n)$ 是否恒等于0。概率算法首先生成一个随机 n 元向量 $(r_1, r_2, \cdots, r_n)$，并计算 $f(r_1, r_2, \cdots, r_n)$ 的值，若 $f(r_1, r_2, \cdots, r_n) \neq 0$，则 $f(x_1, x_2, \cdots, x_n) \neq 0$；若 $f(r_1, r_2, \cdots, r_n) = 0$，则或者 $f(x_1, x_2, \cdots, x_n)$ 恒等于0，或者是向量 $(r_1, r_2, \cdots, r_n)$ 比较特殊，若这样重复几次，继续得到 $f(r_1, r_2, \cdots, r_n) = 0$ 的结果，则可得出 $f(x_1, x_2, \cdots, x_n)$ 恒等于0的结论，并且测试的随机向量越多，这个结果出错的可能性就越小。

通常情况下，概率算法具有以下几个基本特征：

①概率算法在运行过程中，包括一处或若干处随机选择，根据随机值来决定算法的运行，因此，对于相同的输入实例，概率算法的执行时间可能不同。

②概率算法的结果不能保证一定是正确的，但可以限定其出错概率。

③概率算法在不同的运行中，对于相同的输入实例可能会得到不同的结果。

对于确定性算法，通常分析平均情况下的时间复杂性，即算法在每个可能的输入实例上花费的平均时间。对于概率算法，通常分析在平均情况下的期望时间复杂性，即在相同输入实例上反复执行概率算法的平均时间。概率算法的性能分析通常很复杂，需要了解概率以及统计的一些结论。

6.2 数值随机化算法

6.2.1 随机数生成

在现实计算机上无法产生真正的随机数，因此在数值随机化算法中使用的随机数都是一定程度上随机的，即伪随机数。

产生伪随机数最常用的方法为线性同余法。由线性同余法产生的随机序列 $a_1, a_2, \cdots a_n, \cdots$ 满足

$$\begin{cases} a_0 = d \\ a_n = (ba_{n-1} + c) \bmod m \end{cases} \quad (n = 1, 2, \cdots)$$

其中，$b \geqslant 0, c \geqslant 0, d \geqslant m$。$d$ 称为该随机序列的种子。如何选取该方法中的常数 b, c 和 m 直接关系到所产生的随机序列的随机性能。从直观上看，m 应取得充分大，因此可取 m 为机器大数，另外应取 $\gcd(m, b) = 1$，因此可取 b 为一素数。

为了在设计随机化算法时便于产生所需的随机数，建立一个随机数类 RandomNumber。该类包含一个需由用户初始化的种子 randSeed。给定初始种子后，即可产生与之相应的随机序列。种子 randSeed 是一个无符号整型数，可由用户选定也可用系统时间自动产生。函数 Random 的输入参数 $n \leqslant 65536$ 是一个无符号整型数，它返回 $0 \sim (n-1)$ 范围内的一个随机整数。函数 fRandom 返回 $[0,1)$ 内的一个随机实数。

```
//随机数类
const unsigned long maxshort=65536L;
const unsigned long multiplier=1194211693L;
const unsigned long adder=12345L;
class RandomNumber
{
  private:
  //当前种子
  unsigned long randSeed;
  public:
  RandomNumber(unsigned long s=0);//构造函数，默认值 0 表示由系统自动产生种子
  unsigned short Random(unsigned long n);  //产生 0～(n-1)之间的随机整数
```

```
  double fRandom(void);  //产生[0,1)之间的随机实数
};
```

函数 Random 在每次计算时，用线性同余式计算新的种子 randSeed。它的高 16 位的随机性较好。将 randSeed 右移 16 位得到一个 0～65535 间的随机整数，然后再将此随机整数映射到 0～($n-1$)范围内。

对于函数 fRandom，先用函数 Random(maxshort)产生一个 0～(maxshort－1)之间的整型随机序列，将每个整型随机数除以 maxshort，就得到[0,1)区间中的随机实数。

```
RandomNumber::RandomNumber(unsigned long s)    //产生种子
{
  if(s==0)randSeed=time(0);  //用系统时间产生种子
  else randSeed=S;      //由用户提供种子
}
  unsigned short RandomNumber::Random(unsigned long n)
                                    //产生 0～(n－1)间的随机整数
{randSeed=multiplier * randSeed+adder;
  return(unsigned short)  ((randSeed>>16)%n);
}
double RandomNumber::fRandom(void)  //产生[0,1)之间的随机实数
{return Random(maxshort)/double(maxshort);
}
```

下面用计算机产生的伪随机数来模拟抛硬币试验。假设抛 10 次硬币，每次抛硬币得到正面和反面是随机的。抛 10 次硬币构成一个事件。调用 Random(2)返回一个二值结果。返回 0 表示抛硬币得到反面，返回 1 表示得到正面。下面的算法 TossCoins 模拟抛 10 次硬币这一事件。在主程序中反复用函数 TossCoins 模拟抛 10 次硬币这一事件 50000 次。用 head[i]($0\leqslant i\leqslant 10$)记录这 50000 次模拟恰好得到 i 次正面的次数。最终输出模拟抛硬币事件得到正面事件的频率图，如图 6-1 所示。

```
int TossCoins(int numberCoins)
{//随机抛硬币
static RandomNumber coinToss;
int i,tosses=0;
for(i=0;i<numberCoins;i++)
    //Random(2)=1 表示正面
    tosses+=coinToss.Random(2);
return tosses;
}
//测试程序
void main(void)
{//模拟随机抛硬币事件
```

```
    const int NCOINS=10;
    const long NTOSSES=50000L;
//heads[i]是得到 i 次正面的次数
    long i,heads[NCOINS+1];
    int j,position;
//初始化数组 heads
    for(j=0;j<NCOINS+1;j++)
       heads[j]=0;
//重复 50000 次模拟事件
    for(i=0;i<NTOSSES;i++)
       heads[TossCoins(NCOINS)]++;
//输出频率图
    for(i=0;i<=NCOINS;i++)
    {
       position=int(float(heads[i])/NTOSSES * 72);
       cout<<setw(6)<<i<<"";
       for(j=0;j<position-1;j++)
          cout<<"";
       cout<<" * "<<endl;
}
```

```
 0  *
 1  *
 2   *
 3      *
 4         *
 5           *
 6         *
 7      *
 8   *
 9  *
10  *
```

图 6-1 模拟抛硬币得到的正面事件频率

6.2.2 计算 π 值

设有一半径为 r 的圆及其外切四边形，如图 6-2(a)所示。向该正方形随机地投掷 n 个点。设落入圆内的点数为 k。由于所投入的点在正方形上均匀分布，因而所投入的点落入圆内的

概率为 $\frac{\pi r^2}{4r^2}=\frac{\pi}{4}$。所以当 n 足够大时，k 与 n 之比就逼近这一概率，即 $\frac{\pi}{4}$，从而 $\pi\approx\frac{4k}{n}$。由此可得用随机投点法计算 π 值的数值随机化算法。在具体实现时，只要在第一象限计算即可，如图 6-2(b)所示。

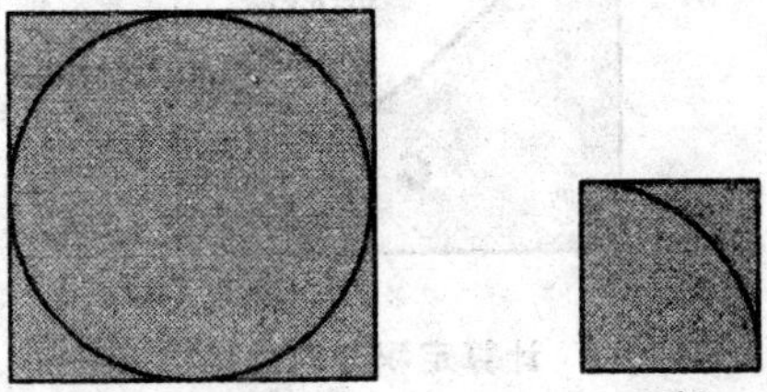

(a)　　(b)

图 6-2　计算 π 值的随机投点法

由此可设计出用随机投点法计算 π 值的数值随机化算法如下：

```
double Darts(int n)
{//用随机投点法计算 π 值
  static RandomNumber dart;
  int k=0;
  for(int i=1;i<=n;i++){
  double x=dart.fRandom();
  double y=dart.fRandom();
  if((x*x+y*y)<=1)k++;
}
return 4*k/double(n);
}
```

6.2.3　计算定积分

1. 用随机投点法计算定积分

设 $f(x)$ 是[0,1]上的连续函数，且 $0\leqslant f(x)\leqslant 1$。需要计算积分值 $I=\int_0^1 f(x)\mathrm{d}x$。积分 I 等于图 6-3 中的面积 G。

在图 6-3 所示单位正方形内均匀地作投点试验，则随机点落在曲线 $y=f(x)$ 下面的概率为

$$P_r\{y\leqslant f(x)\}=\int_0^1\int_0^{f(x)}\mathrm{d}y\mathrm{d}x=\int_0^1 f(x)\mathrm{d}x=I$$

假设向单位正方形内随机地投入 n 个点 (x_i,y_i)，$i=1,2,\cdots,n$。随机点 (x_i,y_i) 落入 G 内，则 $y_i\leqslant f(x_i)$。若有 m 个点落入 G 内，则 $\bar{I}=\frac{m}{n}$ 近似等于随机点落入 G 内的概率，即 $I\approx\frac{m}{n}$。

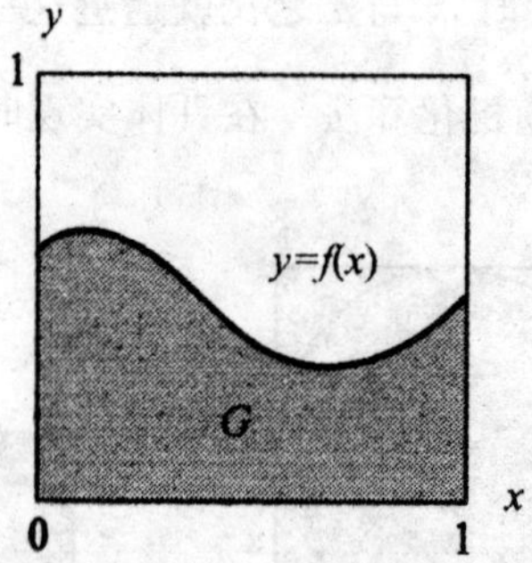

图 6-3　计算定积分的随机投点法

由此可设计出用随机投点法计算定积分 I 的数值随机化算法如下：

```
double Darts(int n)
{//用随机投点法计算定积分
  static RandomNumber dart;
  int k=0;
  for(int i=1;i<=n;i++){
    double x=dart.fRandom();
    double y=dart.fRandom();
    if(y<=f(x))k++;
  }
  return k/double.(n);
}
```

若所遇到的积分形式为 $I=\int_a^b f(x)\mathrm{d}x$，其中，$a$ 和 b 为有限值；被积函数 $f(x)$ 在区间 $[a,b]$ 中有界，并用 M,L 分别表示其最大值和最小值。此时可作变量代换 $x=a+(b-a)z$，将所求积分变为 $I=cI^*+d$。式中

$$c=(M-L)(b-a),d=L(b-a),I^*=\int_0^1 f^*(z)\mathrm{d}z$$

$$f^*(z)=\frac{1}{M-L}[f(a+(b-a)z)-L](0\leqslant f^*(z)\leqslant 1)$$

因此，I^* 可用随机投点法计算。

2.用平均值法计算定积分

任取一组相互独立、同分布的随机变量 $\{\xi_i\}$，ξ_i 在 $[a,b]$ 中服从分布律 $f(x)$，令 $g^*(x)=\frac{g(x)}{f(x)}$，则 $\{g^*(\xi_i)\}$ 也是一组互相独立、同分布的随机变量，而且

$$E(g^*(\xi_i))=\int_a^b g^*(x)f(x)\mathrm{d}x=\int_a^b g(x)\mathrm{d}x=I$$

由强大数定理

$$P_r\left(\lim_{x\to\infty}\frac{1}{n}\sum_{i=1}^{n}g^*(\xi_i)=I\right)=1$$

若选 $\bar{I}=\frac{1}{n}\sum_{i=1}^{n}g^*(\xi_i)$，则 $\bar{I}$ 依概率 1 收敛于 I。平均值法就是用 $\bar{I}$ 作为 I 的近似值。

假设要计算的积分形式为 $I=\int_a^b g(x)\mathrm{d}x$，其中，被积函数 $g(x)$ 在区间 $[a,b]$ 内可积。

任意选择一个有简便方法可以进行抽样的概率密度函数 $f(x)$，使其满足下列条件：

① $f(x)\neq 0$，当 $g(x)\neq 0$ 时 $(a\leqslant x\leqslant b)$；

② $\int_a^b f(x)\mathrm{d}x=1$。

若记

$$g^*(x)=\begin{cases}\dfrac{g(x)}{f(x)}, f(x)\neq 0\\ 0, f(x)=0\end{cases}$$

则所求积分可以写为

$$I=\int_a^b g^*(x)f(x)\mathrm{d}x$$

由于 a 和 b 为有限值，可取 $f(x)$ 为均匀分布

$$f(x)=\begin{cases}\dfrac{1}{b-a}, a\leqslant x\leqslant b\\ 0, x<a, x>b\end{cases}$$

这时所求积分变为

$$I=(b-a)\int_a^b g(x)\frac{1}{b-a}\mathrm{d}x$$

在 $[a,b]$ 区间上随机抽取一个点 $x_i(i=1,2,\cdots,n)$，则均值 $\bar{I}=\frac{b-a}{n}\sum_{i=1}^{n}g(x_i)$ 可作为所求积分 I 的近似值。

由此可设计出用平均值法计算定积分 I 的数值随机化算法如下：

```
double Integration(double a,double b,int n)
{//用平均值法计算定积分
  static RandomNumber rnd;
  double y=0;
  for(int i=1;i<=n;i++){
    double x=(b-a)*rnd.fRandom()+a;
      y+=g(x);
  }
  return(b-a)*y/double(n);
}
```

6.2.4 解非线性方程组

假设要求解下面的非线性方程组

$$\begin{cases} f_1(x_1,x_2,\cdots,x_n)=0 \\ f_2(x_1,x_2,\cdots,x_n)=0 \\ \cdots \\ f_n(x_1,x_2,\cdots,x_n)=0 \end{cases}$$

其中，$x_1,x_2,\cdots,x_n$ 是实变量；$f_i(i=1,2,\cdots,n)$ 是未知量 $x_1,x_2,\cdots,x_n$ 的非线性实函数。要求上述方程组在指定求根范围内的一组解 $x_1^*,x_2^*,\cdots,x_n^*$。

解决这类问题有许多种数值方法。最常用的有线性化方法和求函数极小值方法。在使用某种具体算法求解的过程中,有时会遇到一些麻烦,甚至于使方法失效而不能获得近似解。此时,可以求助于随机化算法。一般而言,随机化算法需耗费较多时间,但其设计思想简单,易于实现,因此在实际使用中还是比较有效的。对于精度要求较高的问题,随机化算法常常可以提供一个较好的初值。下面讨论求解非线性方程组的随机化算法的基本思想。

为了求解所给的非线性方程组,构造一目标函数

$$\Phi(x)=\sum f_i^2(x)$$

其中，$x=(x_1,x_2,\cdots,x_n)$。易知,该函数 $\Phi(x)$ 的极小值点即是所求非线性方程组的一组解。在求函数 $\Phi(x)$ 的解时可采用简单随机模拟算法。在指定求根区域内,选定一个 x_0 作为根的初值。按照预先选定的分布,逐个选取随机点 x,计算目标函数 $\Phi(x)$,并把满足精度要求的随机点 x 作为所求非线性方程组的近解。这种方法直观、简单,但工作量较大。下面介绍的随机搜索算法可以克服这一缺点。

在指定的求根区域 D 内,选定一个随机点 x_0 作为随机搜索的出发点。在搜索过程中,假设第 j 步随机搜索得到的随机搜索点为 x_j。在第 $j+1$ 步,首先计算出下一步的随机搜索方向,然后计算搜索步长现。由此得到第 $j+1$ 步的随机搜索增量 Δx_j。从当前点 x_j 依随机搜索增量 Δx_j 得到第 $j+1$ 步的随机搜索点 $x_{j+1}=x_j+\Delta x_j$。当 $\Phi(x_{j+1})<\varepsilon$ 时,取 x_{j+1} 为所求非线性程组的近似解。否则进行下一步新的随机搜索过程。

具体算法可描述如下：

```
bool NonLinear (double * x0,double * dx0,double * x,double a0,
                double epsilon,double k,int n,int Steps,int M)
{//解非线性方程组的随机化算法
  static RandomNumber rnd;
  bool success;              //搜索成功标志
  double * dx, * r;
  dx=new double[n+1];        //步进增量向量
  r=new double[n+1];         //搜索方向向量
  int mm=0;                  //当前搜索失败次数
  int j=0;                   //迭代次数
```

```
double a=a0;        //步长因子
for(int i=1;i<=n;i++){
  x[i]=x0[i];
  dx[i]=dx0[i];
}
double fx=f(x,n);       //计算目标函数值
double min=fx;       //当前最优值
while((min>epsilon)&&(j<Steps)){
//(1)计算随机搜索步长
if(fx<min){//搜索成功
  min=fx;
  a*=k;
success=true;)
else{//搜索失败
mm++;
if(mm>M)a/=k;
  success=false;}
//(2)计算随机搜索方向和增量
for(int i=1;i<=n;i++)r[i]=2.0*rnd.fRandom()-1;
if(success)
  for(int i-1;i<=n;i++)dx[i]=a*r[i];
else
  for(int i-1;i<=n;i++)dx[i]=a*r[i]-dx[i];
//(3)计算随机搜索点
for(int i=1;i<=n;i++)x[i]+=dx[i];
//(4)计算目标函数值
fx=f(x,n);
}
if(fx<=epsilon)return true;
  else return false;
}
```

6.3 蒙特卡罗算法

6.3.1 蒙特卡罗算法的基本思想

设 p 是实数，且 $1/2 < p < 1$。若一个蒙特卡罗算法对于问题的任一实例得到正确解的概

率不小于 p,则称该蒙特卡罗算法是 p 正确的,且称 $p-1/2$ 是该算法的优势。

若对于同一实例,蒙特卡罗算法不会给出两个不同的正确解答,则称该蒙特卡罗算法是一致的。

有些蒙特卡罗算法除了具有描述问题实例的输入参数外,还具有描述错误解可接受概率的参数。这类算法的计算时间复杂性通常由问题的实例规模以及错误解可接受概率的函数来描述。

对于一致的 p 正确蒙特卡罗算法,要提高获得正确解的概率,只要执行该算法若干次,并选择出现频次最高的解即可。

在一般情况下,设 ε 和 δ 是两个正实数,且 $\varepsilon+\delta<1/2$。设 MC(x)是一致的 $(1/2+\varepsilon)$ 正确的蒙特卡罗算法,且 $C_\varepsilon=-2/\log(1-4\varepsilon^2)$。若调用算法 MC($x$)至少 $\left|C_\varepsilon\log(1/\delta)\right|$ 次,并返回各次调用出现频次最高的解,就可以得到解同一问题的一个一致的 $(1-\delta)$ 正确的蒙特卡罗算法。由此可见,不论算法 MC(x)的优势 $\varepsilon>0$ 多小,都可以通过反复调用来放大算法的优势,最终得到的算法具有可接受的错误概率。

要证明上述论断,设 $n>C_\varepsilon\log(1/\delta)$ 是重复调用 $(1/2+\varepsilon)$ 正确的算法 MC(x)的次数,且 $p=(1/2+\varepsilon)$,$q=1-p=(1/2-\varepsilon)$,$m=\lfloor n/2\rfloor+1$。经 n 次反复调用算法 MC(x),找到问题的一个正确解,则该正确解至少应出现 m 次,其出现错误概率最多为

$$
\begin{aligned}
&\sum_{i=0}^{m-1}\text{Prob}\{n\text{ 次调用出现 }i\text{ 次正确解}\}\\
&\leqslant\sum_{i=0}^{m-1}\binom{n}{i}p^iq^{n-i}=(pq)^{n/2}\sum_{i=0}^{m-1}\binom{n}{i}(q/p)^{n/2-i}\\
&\leqslant(pq)^{n/2}\sum_{i=0}^{m-1}\binom{n}{i}\\
&\leqslant(pq)^{n/2}\sum_{i=0}^{n}\binom{n}{i}=(pq)^{n/2}2^n=(4pq)^{n/2}=(1-4\varepsilon^2)^{n/2}\\
&\leqslant(1-4\varepsilon^2)^{(c_\varepsilon/2)}\log(1/\delta)\\
&=2^{-\log(1/\delta)}\\
&=\delta
\end{aligned}
$$

由此可知,重复 n 次调用算法 MC(x)得到正确解的概率至少为 $1-\delta$。

更进一步的分析表明,若重复调用一个一致的 $(1/2+\varepsilon)$ 正确的蒙特卡罗算法 $2m-1$ 次,得到正确解的概率至少为 $1-\delta$,式中,

$$\delta=\frac{1}{2}-\varepsilon\sum_{i=0}^{m-1}\binom{2i}{i}\left(\frac{1}{4}-\varepsilon^2\right)^i\leqslant\frac{(1-4\varepsilon^2)^m}{4\varepsilon\sqrt{\pi m}}$$

在实际使用中,大多数蒙特卡罗算法经重复调用后正确率提高很快。

设 MC(x)是解某个判定问题 D 的蒙特卡罗算法。当 MC(x)返回 true 时解总是正确的,仅当它返回 false 时有可能产生错误的解。称这类蒙特卡罗算法为偏真算法。

显而易见,当多次调用一个偏真蒙特卡罗算法时,只要有一次调用返回 true,就可以断定相应的解为 true。稍后将看到,在这种情况下,只要重复调用偏真蒙特卡罗算法 4 次,就可以将解的正确率从 55%提高到 95%,重复调用算法 6 次,可将解的正确率提高到 99%。而且对

于偏真蒙特卡罗算法而言，原来对 p 正确算法的要求 $p>\frac{1}{2}$ 可以放松为 $p>0$ 即可。

6.3.2　主元素问题

设 T[1:n]是一个含有 n 个元素的数组。当 $|\{i \mid T[i]=x\}|>n/2$ 时，称元素 x 是数组 T 的主元素。对于给定的输入数组 T，考虑下面判定所给数组 T 是否含有主元素的蒙特卡罗算法 Majority。

```
RandomNumber rnd;
Template<class Type>
bool Majority(Type * T,int n)
{//判定主元素的蒙特卡罗算法
  int i=rnd.Random(n)+1;
  Type x=T[i];  //随机选择数组元素
  int k=0;
  for(int j=1;j<=n;j++)
    if(T[j]==x)k++;
  return(k>n/2);  //k>n/2 时 T 含有主元素
}
```

上述算法对随机选择的数组元素 x，测试它是否为数组 T 的主元素。若算法返回的结果为 true，则随机选择的数组元素 x 是数组 T 的主元素，显然数组 T 含有主元素。反之，若算法返回的结果为 false，则数组 T 未必没有主元素。可能数组 T 含有主元素，而随机选择的数组元素 x 不是 T 的主元素。由于数组 T 的非主元素个数小于 x，故上述情况发生的概率小于 1/2。

由此可见，上述判定数组 T 的主元素存在性的算法是一个偏真的 1/2 正确算法。换句话说，若数组 T 含有主元素，则算法以大于 1/2 的概率返回 true；若数组 T 没有主元素，则算法肯定返回 false。

在实际使用时，50%的错误概率是不可容忍的。使用前面讨论过的重复调用技术可将错误概率降低到任何可接受值的范围内。首先来看重复调用 2 次的算法 Majority2 如下：

```
template<class Type>
bool Majority2(Type * T,int n)
{//重复调用 2 次算法 Majority
  if(Majority(T,n))return true;
  else return Majority(T,n);
}
```

若数组 T 不含主元素，则每次调用 Majority(T,n)返回的值肯定是 false，从而 Majority2 返回的值肯定也是 false。若数组 T 含有主元素，则算法 Majority(T,n)返回 true 的概率大于 1/2，而当 Majority(T,n)返回 true 时，Majority2 也返回 true。另一方面，Majority2 的第一次调用 Majority(T,n)返回 false 的概率为 $1-p$,第二次调用 Majority(T,n)仍以概率 p 返回 true。因此当数组 T 含有主元素时,Majority2 返回 true 的概率是 $p+(1-p)p=1-(1-p)^2>3/4$。也就是说,算法 Majority2 是一个偏真 3/4 正确的蒙特卡罗算法。

在算法 Majority2 中,重复调用 Majority(T,n)所得到的结果是相互独立的。当数组 T 含有主元素时,某次调用 Majority(T,n)返回 false 并不会影响下一次调用 Majority(T,n)返回值为 true 的概率。因此,k 次重复调用 Majority(T,n)均返回 false 的概率小于 2^{-k}。另一方面,在 k 次调用中,只要有一次调用返回的值为 true,即可断定数组 T 含有主元素。

对于任何给定的 $\varepsilon>0$,下面的算法 MajorityMC 重复调用 $\lceil \log(1/\varepsilon) \rceil$ 次算法 Majority。它是偏真的蒙特卡罗算法,且其错误概率小于 ε。

```
template<class Type>
bool MajorityMC(Type * T,int n,double e)
{//重复「log(1/ε)」次调用算法 Majority
  int k=ceil(log(1/e)/log(2));
  for(int i=1;i<=k;i++)
    if(Majority(T,n))return true;
  return false;
}
```

算法 MajorityMC 所需的计算时间显然是 $O(n\log(1/\varepsilon))$。

6.3.3 素数测试问题

定理 6.1(Wilson 定理) 对于给定的正整数 n,判定 n 是一个素数的充要条件是 $(n-1)!\equiv-1(\mathrm{mod}\,n)$。

Wilson 定理有很高的理论价值,但实际用于素数测试所需的计算量太大,无法实现对较大素数的测试。到目前为止,尚未找到素数测试的有效的确定性算法或拉斯维加斯型算法。

首先容易想到下面的素数测试随机化算法 Prime。

```
boolPrime(unsigned int n)
{RandomNumber rnd;
  int m=floor(sqrt(double(n)));
  unsigned int a=rnd.Random(m-2)+2;
  return(n%a! =0);
}
```

算法 Prime 返回 false 时,算法幸运地找到 n 的一个非平凡因子,因此可以肯定 n 是一个合数。但是对于上述算法 Prime 来说,即使 n 是一个合数,算法仍以高概率返回 true。例如,当 $n=2623=43\times61$ 时,算法 Prime 在 2~51 范围内随机选择一个整数 n,仅当选择到 $a=43$ 时,算法返回 false,其余情况均返回 true。在 2~51 范围内选到 $a=43$ 的概率约为 2%,因此算法以 98%的概率返回错误的结果 true。当 n 增大时,情况就更糟。当然在上述算法中可以用欧几里得算法判定 n 与 a 是否互素,以提高测试效率,但结果仍不理想。

著名的费尔马小定理为素数判定提供了一个有力的工具。

定理 6.2(费尔马小定理)　若 p 是一个素数,且 $0 < a < p$,则 $a^{p-1} = 1(\bmod p)$。

例如,67 是一个素数,则 $2^{66} \bmod 67 = 1$。

利用费尔马小定理,对于给定的整数 n,可以设计素数判定算法。通过计算 $d = 2^{n-1} \bmod n$ 来判定整数 n 的素性。当 $d \neq 1$ 时,n 肯定不是素数;当 $d = 1$ 时,n 很可能是素数。但也存在合数 n 使得 $2^{n-1} \equiv 1(\bmod n)$。

费尔马小定理毕竟只是素数判定的一个必要条件。满足费尔马小定理条件的整数 n 未必全是素数。有些合数也满足费尔马小定理的条件,这些合数被称为 Carmichael 数,前 3 个 Carmichael 数是 561,1105 和 1729。Carmichael 数是非常少的。在 1～100000000 的整数中,只有 255 个 Carmichael 数。

利用下面的二次探测定理可以对上面的素数判定算法做进一步改进,以避免将 Carmichael 数当作素数。

定理 6.3(二次探测定理)　若 p 是一个素数,$0 < x < p$,则方程 $x^2 \equiv 1(\bmod p)$ 的解为 $x = 1, p-1$。

事实上,$x^2 \equiv 1(\bmod p)$ 等价于 $x^2 - 1 \equiv 0(\bmod p)$。由此可知

$$(x-1)(x+1) \equiv 0(\bmod p)$$

故 p 必须整除 $x-1$ 或 $x+1$。由 p 是素数且 $0 < x < p$,推出 $x = 1$ 或 $x = p-1$。

利用二次探测定理,可以在利用费尔马小定理计算 $a^{n-1} \bmod n$ 的过程中增加对整数 n 的二次探测。一旦发现违背二次探测条件,即可得出 n 不是素数的结论。

下面的算法 power 用于计算 $a^p \bmod n$,并在计算过程中实施对 n 的二次探测。

```
void power ( unsigned int a, unsigned int p, unsigned int n, unsigned int&result,
bool&composite)
{//计算 a^p modn,并实施对 n 的二次探测
  unsigned int x;
  if(p==0)result=1;
  else{
    power(a,p/2,n,x,composite);  //递归计算
    result=(x*x)%n;     //二次探测
    if((result==1)&&(x!=1)&&(x!=n-1))
      composite=true;
    if((p%2)==1)       //p 是奇数
      result=(result*a)%n;
  }
}
```

在算法 power 的基础上,可设计素数测试的蒙特卡罗算法 Prime 如下:

```
bool Prime(unsigned int n)
{//素数测试的蒙特卡罗算法
  RandomNumber rnd;
```

```
    unsigned int a,result;
    bool composite=false;
    a=rnd.Random(n-3)+2;
    power(a,n-1,n,result,composite);
    if(composite || (result!=1))return false;
    else return true;
}
```

算法 Prime 返回 false 时,整数 n 一定是合数。而当算法 Prime 返回值为 true 时,整数 n 在高概率意义下是素数。仍然可能存在合数 n,对于随机选取的基数 a,算法返回 true。但对于上述算法的深入分析表明,当 n 充分大时,这样的基数 a 不超过 $(n-9)/4$ 个,由此可知,上述算法 Prime 是一个偏假 3/4 正确的蒙特卡罗算法。

正如前面讨论过的,上述算法 Prime 的错误概率可通过多次重复调用而迅速降低。重复调用 k 次 Prime 算法的蒙特卡罗算法 PrimeMC 可描述如下:

```
bool PrimeMC(unsigned int n,unsigned int k)
{//重复调用 k 次 Prime 算法的蒙特卡罗算法
    RandomNumber rnd;
    unsigned int a,result;
    bool composite=false;
    for(int i=1;i<=k;i++){
        a=md.Random(n-3)+2;
        power(a,n-1,n,result,composite);
        if(composite || (result!=1))return false;
    }
    return true;
}
```

易知算法 PrimeMC 的错误概率不超过 $(1/4)^k$。这是一个很保守的估计,实际使用的效果要好得多。

6.4 拉斯维加斯算法

6.4.1 拉斯维加斯型算法的基本思想

拉斯维加斯算法对同一个输入实例反复多次运行算法,直到运行成功,获得问题的解,若运行失败,则在相同的输入实例上再次运行算法。拉斯维加斯算法中的随机性选择能引导算法快速地求解问题,显著地改进算法的时间复杂性,甚至对某些迄今为止找不到有效算法的问题,也能得到满意的解。

需要强调的是，拉斯维加斯算法的随机性选择有可能导致算法找不到问题的解，即算法运行一次，或者得到一个正确的解，或者无解。只要出现失败的概率不占多数，当算法运行失败时，在相同的输入实例上再次运行概率算法，就又有成功的可能。

设 $p(x)$ 是对输入实例 x 调用拉斯维加斯算法获得问题的一个解的概率，则一个正确的拉斯维加斯算法应该对于所有的输入实例 x 均有 $p(x)>0$。在更强的意义下，要求存在一个正的常数 δ，使得对于所有的输入实例 x 均有 $p(x)>\delta$。由于 $p(x)>\delta$，所以，只要有足够的时间，对任何输入实例 x，拉斯维加斯算法总能找到问题的一个解。换言之，拉斯维加斯算法找到正确解的概率随着计算次数的增加而提高。对于求解问题的任一实例，用拉斯维加斯算法反复对该实例求解足够多次，可使求解失败的概率任意小。

6.4.2　*n* 皇后问题

n 皇后问题提供了设计高效的拉斯维加斯算法的很好的例子。在用回溯法解 n 皇后问题时，实际上是在系统地搜索整个解空间树的过程中找出满足要求的解。但忽略了一个重要事实：对于 n 皇后问题的任何一个解而言，每一个皇后在棋盘上的位置无任何规律，不具有系统性，而更像是随机放置的。由此容易想到下面的拉斯维加斯算法。在棋盘上相继的各行中随机地放置皇后，并注意使新放置的皇后与已放置的皇后互不攻击，直至 n 个皇后均已相容地放置好，或已没有下一个皇后的可放置位置时为止。

具体算法可描述如下。类 Queen 的私有成员 n 表示皇后个数；数组 x 存储 n 皇后问题的解。

```
class Queen{
friend void nQueen(int);
  private:
    bool Place(int k);          //测试皇后 k 置于第 x[k]列的合法性
    bool QueensLV(void);  //随机放置 n 个皇后拉斯维加斯算法
    int n;                     //皇后个数
    x,y;                        //解向量
};
```

类 Queen 的私有成员函数 Place(k)用于测试将皇后 k 置于第 x[k]列的合法性。

```
bool Queen::Place(int k)
{//测试皇后 k 置于第 x[k]列的合法性
  for(int j=1;j<k;j++)
    if((abs(k-j)==abs(x[j]-x[k]))||(x[j]==x[k]))return false;
  return true;
}
```

类 Queen 的私有成员函数 QueensLV(void)实现在棋盘上随机放置 n 个皇后的拉斯维加斯算法。

```
bool Queen::QueensLV(void)
```

```
{//随机放置 n 个皇后的拉斯维加斯算法
  RandomNumber rnd;          //随机数产生器
  int k=1;                   //下一个放置的皇后编号
  int coun=1;
  while((k<=n)&&(count>0)){
    count=0;
    for(int i=1;i<=n;i++){
      x[k]=i;
        if(Place(k))y[count++]=i;
  }
  if(count>0)x[k++]=y[rnd.Random(count)];//随机位置
  }
  return(count>0);                    //count>0 表示放置成功
  }
```

类似于算法 Obstinate,可以通过反复调用随机放置 n 个皇后的拉斯维加斯算法 QueensLV(),直至找到 n 后问题的解。

```
  void nQueen(int n)
  {//解 n 皇后问题的拉斯维加斯算法
  Queen x;
  //初始化 x
  X.n=n;
  int * p=new int[n+1];
  for(int i=0;i<=n;i++)p[i]=0;
  X.x=p;
  //反复调用随机放置 n 个皇后的拉斯维加斯算法,直至放置成功
  while(! X.QueensLV());
    for(int i=1;i<=n;i++)cout<<p[i]<<" ";
  cout<<endl;
  delete[]p;
  }
```

上述算法一旦发现无法再放置下一个皇后时,就要全部重新开始。若将上述随机放策略与回溯法相结合,则可能会获得更好的效果。可以先在棋盘的若干行中随机地放置皇后,然后在后继行中用回溯法继续放置,直至找到一个解或宣告失败。随机放置的皇后越多,后继回溯搜索所需的时间就越少,但失败的概率也就越大。

与回溯法相结合的解 n 皇后问题的拉斯维加斯算法描述如下:

```
  class Queen{
    friend void nQueen(int);
    private:
```

```
  bool Place(int k);              //测试皇后 k 置于第 x[k]列的合法性
  void Backtrack(int t);          //解 n 皇后问题的回溯法
  bool QueensLV(int stopVegas);//随机放置 n 个皇后拉斯维加斯算法
  int n, * x, * y;
};
```

类 Queen 的私有成员函数 Place(k)用于测试将皇后 k 置于第 $x[k]$ 列的合法性。

类 Queen 的私有成员函数 Backtrack (t) 是解 n 皇后问题的回溯法。

```
bool Queen::Place(int k)
{//测试皇后 k 置于第 x[k]列的合法性
  for(int j=1;j<k;j++)
    if((abs(k-j)==abs(x[j] -x[k])) || (x[j]==x[k]))return false;
  return true;
}
bool Queen::Backtrack(int t)
{//解 n 皇后问题的回溯法
  if(t>n){
    for(int i=1;i<=n;i++)y[i]=x[i];
  return;
}
else
  for(int i=1;i<=n;i++){
    x[t]=i;
  if(Place(t)&&Backtrack(t+1)return true;
}
return false;
}
```

类 Queen 的私有成员函数 QueensLV(stopVegas)实现在棋盘上随机放置若干皇后的拉斯维加斯算法。其中,1≤stopVegas≤n 表示随机放置的皇后数。

```
bool Queen::QueensLV(int stopVegas)
{//随机放置 n 个皇后拉斯维加斯算法
  RandomNumber rnd;
  int k=1;  //随机数产生器
  int count=1;
  //1≤stopVegas≤n 表示允许随机放置的皇后数
  while((k<=stopVegas)&&(count>0)){
  count=0;
  for(int i=1;i< n;i++){
    x[k]=i;
```

```
        if(Place(k))y[count++]=i;
    }
    if(count>0)x[k++]=y[rnd.Random(count)];//随机位置
}
return(count>0);                          //count>0 表示放置成功
}
```

算法的回溯搜索部分与解 n 皇后问题的回溯法类似,所不同的是这里只要找到一个解就可以了。

```
void nQueen(int n)
{//与回溯法相结合的解 n 皇后问题的拉斯维加斯算法
  Queen X;
  //初始化 X
  X.n=n;
  int * p=new int[n+1];
  int * q=new int[n+1];
  for(int i=0;i<=n;i++){p[i]=0;q[i]=0;}
  X.y=p;
  X.x=q;
  int stop=5;
  if(n>15)stop=n-15;
  bool found=false;
  while(! X.QueensLV(stop));
  //算法的回溯搜索部分
  if(X.Backtrack(stop+1)){
    for(int i=1;i<=n;i++)cout<<p[i]<<" ";
    found=true;
  }
  cout<<endl;
  delete[]p;
  delete[]q;
  return found;
}
```

表 6-1 所示给出了用上述算法解 8 皇后问题时,对于不同的 stopVegas 值,算法成功的概率 p,一次成功搜索访问的结点数平均值 s,一次不成功搜索访问的结点数平均值 e,以及反复调用算法使得最终找到一个解所访问的结点数的平均值 $t=s+(1-p)e/p$。

表 6-1 解 8 皇后问题的拉斯维加斯算法中不同 stopVegas 值所相应的算法效率

stopVegas	p	s	e	t
0	1.0000	114.00		114.00
1	1.0000	39.63		39.63
2	0.8750	22.53	39.67	28.20
3	0.4931	13.48	15.10	29.01
4	0.2618	10.31	8.79	35.10
5	0.1624	9.33	7.29	46.92
6	0.1375	9.05	6.98	53.50
7	0.1293	9.00	6.97	55.93
8	0.1293	9.00	6.97	55.93

stopVegas＝0 相应于完全使用回溯法的情形。

6.4.3 整数因子分解问题

设 $n>1$ 是一个整数。关于整数 n 的因子分解问题是找出 n 的如下形式的唯一分解式：

$$n = p_1^{m_1} p_2^{m_2} \cdots p_k^{m_k}$$

其中，$p_1 < p_2 < \cdots < p_k$ 是 k 个素数；$m_1 < m_2 < \cdots < m_k$ 是 k 个正整数。

若 n 是一个合数，则 n 必有一个非平凡因子 x，$1<x<n$，使得 x 可以整除 n。

给定一个合数 n，求 n 的一个非平凡因子的问题称为整数 n 的因子分割问题。

有了测试素数的算法后，整数的因子分解问题就转化为整数的因子分割问题。

下面的算法 Split(72)可实现对整数的因子分割。

```
int spht(int n)
{int m=floor(sqrt(double(n)));
  for(int i=2;i<=m;i++)
    if(n%i==0)return i;
  return 1;
}
```

在最坏情况下，算法 Split(n)所需的计算时间为 $\Omega(\sqrt{n})$。当 n 较大时，上述算法无法在可接受的时间内完成因子分割任务。对于给定的正整数 n，设其位数为 $m=\lceil \log_{10}(1+n) \rceil$。由 $\sqrt{n}=\Theta(10^{m/2})$ 知，算法 Split(n)是关于 m 的指数时间算法。

到目前为止，还没有找到解因子分割问题的多项式时间算法。事实上，算法 Split(n)是对范围在 $1\sim x$ 的所有整数进行了试除而得到范围在 $1\sim x^2$ 的任一整数的因子分割。下面要讨

论的求整数 n 的因子分割的拉斯维加斯算法是由 Pollard 提出的，该算法的效率比算法 Split(n)有较大的提高。Pollard 算法用与算法 Split(n)相同的工作量就可以得到在 $1\sim x^4$ 范围内整数的因子分割。

Pollard 算法在开始时选取 $0\sim(n-1)$ 范围内的随机数 x_1，然后递归地由

$$x_i=(x_{i-1}^2-1)\bmod n$$

产生无穷序列 $x_1,x_2,\cdots,x_k,\cdots$。

对于 $i=2^k,k=0,1,\cdots$，以及 $k=0,1,\cdots$，算法计算出 x_j-x_i 与 n 的最大公因子

$$d=\gcd(x_j-x_i,n)$$

若 d 是 n 的非平凡因子，则实现对 n 的一次分割，算法输出 n 的因子 d。

求整数 n 因子分割的拉斯维加斯算法 Pollard(n)可描述如下。其中，gcd (a,b) 是求 2 个整数最大公因数的欧几里得算法。

```
int gcd(int a,int b)
{//求整数 a 和 b 最大公因数的欧几里得算法
  if(b==0)return a;
  else return gcd(b,a%b);
}
void Pollard(int n)
{//求整数 n 因子分割的拉斯维加斯算法
  RandomNumber rnd;
  int i=1;
  int x=rnd.Random(n);  //随机整数
  int y=x;
  int k=2;
  while(true){
    i++;
    x=(x*x-1)%n;       //xi=(x²i-1 -1)modn
    int d=gcd(y-x,n);  //求 n 的非平凡因子
    if((d>1)&&(d<n))cout<<d<<endl;
    if(i==k){
      y=x;
      k*=2;}
  }
}
```

对 Pollard 算法更深入的分析可知，执行算法的 while 循环约 $\sqrt{p}$ 次后，Pollard 算法会输出 n 的一个因子 p。由于 n 的最小素因子 $p\leqslant\sqrt{n}$，故 Pollard 算法可在 $O(n^{1/4})$ 时间内找到 n 的一个素因子。

在上述 Pollard 算法中还可将产生序列 x_i 的递归式改为

$$x_i = (x_{i-1}^2 - c) \bmod n$$

其中,c 为一个不等于 0 和 2 的整数。

6.5 舍伍德算法

6.5.1 舍伍德算法的基本思想

分析算法在平均情况下的计算复杂性时,通常假定算法的输入数据服从某一特定的概率分布。例如,在输入数据是均匀分布时,快速排序算法所需的平均时间是 $O(n\log n)$。而当其输入已"几乎"排好序时,这个时间界就不再成立。此时,可采用舍伍德算法消除算法所需计算时间与输入实例间的这种联系。

设 A 是一个确定性算法,当它的输入实例为 x 时所需的计算时间记为 $t_A(x)$。设 X_n 是算法 A 的输入规模为 n 的实例的全体,则当问题的输入规模为 n 时,算法 A 所需的平均时间为

$$\bar{t}_A(n) = \sum_{x \in X_n} t_A(x) / \mid X_n \mid$$

这显然不能排除存在 $x \in X_n$ 使得 $t_A(x) \gg \bar{t}_A(n)$ 的可能性。我们希望获得一个随机化算法B,使得对问题的输入规模为 n 的每一个实例 $x \in X_n$ 均有 $t_B(x) = \bar{t}_A(n) + s(n)$。对于某一具体实例 $x \in X_n$,算法 B 偶尔需要较 $\bar{t}_A(n) + s(n)$ 多的计算时间。但这仅仅是由于算法所做的概率选择引起的,与具体实例 x 无关。定义算法 B 关于规模为 n 的随机实例的平均时间为

$$\bar{t}_B(n) = \sum_{x \in X_n} t_B(x) / (X_n)$$

易知 $\bar{t}_B(n) = \bar{t}_A(n) + s(n)$。这就是舍伍德算法设计的基本思想。当 $s(n)$ 与 $\bar{t}_A(n)$ 相比可忽略时,舍伍德算法可获得很好的平均性能。

6.5.2 线性时间选择算法

快速排序算法和线性时间选择算法,这两个算法的随机化版本就是舍伍德算法。这两个算法的核心都在于选择合适的划分基准。对于选择问题而言,用拟中位数作为划分基准可以保证在最坏情况下用线性时间完成选择。若只简单地用待划分数组的第一个元素作为划分基准,则算法的平均性能较好,而在最坏情况下需要 $O(n^2)$ 计算时间。舍伍德算法则随机地选择一个数组元素作为划分基准。这样既能保证算法的线性时间平均性能,又避免了计算拟中位数的麻烦。

非递归的舍伍德算法可描述如下:

```
template<class Type>
Type select(Type a[],int l,int r,int k)
{//计算 a[l:r]中第 k 小元素
  static RandomNumber rnd;
```

```
    while(true){
      if(l>=r)return a[l];
      int i=l,
        j=l+rnd.Random(r-l+1);  //随机选择的划分基准
      Swap(a[i],a[j]);
      j=r+1;
      Type pivot=a[l];
      //以划分基准为轴作元素交换
      while(true){
        while(a[++i]<pivot);
        while(a[--j]>pivot);
      if(i>=j)break;
      Swap(a[i],a[j]);
    }
    if(j-l+1==k)return pivot;
    a[l]=a[j];
    a[j]=pivot;
    //对子数组重复划分过程
    if(j-l+1<k){
      k=k-j+l-1;
      l=j+1;)
    else r=j-1;
    }
  }
  template<class Type>
  Type Select(Type a[],int n,int k)
  {//计算 a[0:n-1]中第 k 小元素
    //假设 a[n]是一个键值无穷大的元素
    if(k<1 || k>n)throw OutOfBounds();
    return select(a,0,n-1,k);
  }
```

由于算法 Select 使用随机数产生器随机地产生 l 和 r 之间的一个随机整数，因此，算法 Select 所产生的划分基准是随机的。可以证明，当用算法 Select 对含有 n 个元素的数组进行划分时，划分出的低区子数组中含有一个元素的概率为 $2/n$；含有 i 个元素的概率为 $1/n$，$i=2,3,\cdots,n-1$。令设 $T(n)$是算法 Select 作用于一个含有 n 个元素的输入数组上所需的期望时间的上界，且 $T(n)$是单调递增的。在最坏情况下，第 k 小元素总是被划分在较大的子数组中。由此，可以得到关于 $T(n)$的递归式

$$T(n) \leqslant \frac{1}{n}(T(\max(1,n-1)) + \sum_{i=1}^{n-1} T(\max(i,n-i)) + O(n)$$

$$\leqslant \frac{1}{n}(T(n-1) + 2\sum_{i=n/2}^{n-1} T(i)) + O(n) = \frac{2}{n}\sum_{i=n/2}^{n-1} T(i)) + O(n)$$

在上面的推导中，从第 1 行到第 2 行是因为 $\max(1,n-1) = n-1$，而

$$\max(i,n-i) = \begin{cases} i, i \geqslant \frac{n}{2} \\ n-i, i < \frac{n}{2} \end{cases}$$

且 n 是奇数时，$T(n/2)$，$T(n/2+1)$，…，$T(n-1)$ 在和式中均出现 2 次；n 是偶数时，$T(n/2+1)$，$T(n/2+2)$，…，$T(n-1)$ 均出现 2 次，$T(n/2)$ 只出现 1 次。因此，第 2 行中的和式是第 1 行中和。从第 2 行到第 3 行是因为在最坏情况下 $T(n-1) = O(n^2)$，故可将 $T(n-1)/n$ 包含在 $O(n)$ 项中。

解上面的递归式可得 $T(n) = O(n)$。换句话说，非递归的舍伍德型选择算法 Select 可以在 $O(n)$ 平均时间内找出 n 个输入元素中的第 k 小元素。

综上所述，开始时所考虑的是一个有很好平均性能的选择算法，但在最坏情况下对某些实例算法效率较低。此时采用概率方法，将上述算法改造成一个舍伍德型算法，使得该算法以高概率对任何实例均有效。对于舍伍德型快速排序算法，分析是类似的。

上述舍伍德型选择算法对确定性选择算法所做的修改非常简单且容易实现。但有时所给的确定性算法无法直接改造成舍伍德型算法。此时可借助于随机预处理技术，不改变原有的确定性算法，仅对其输入进行随机洗牌，同样可收到舍伍德算法的效果。例如，对于确定性选择算法，可以用下面的洗牌算法 Shuffle 将数组 a 中元素随机排列，然后用确定性选择算法求解。这样做的效果与舍伍德型算法是一样的。

```
template<class Type>
void Shuffle(Type a[],int n)
{//随机洗牌算法
  static RandomNumber rnd;
  for(int i=0;i<n;i++){
  int j=rnd.Random(n-i)+i;
  Swap(a[i],a[j]);
  }
}
```

6.5.3 搜索有序表

有序字典是表示有序集很有用的抽象数据类型。它支持对有序集的搜索、插入、删除、前驱、后继等运算。有许多基本数据结构可用于实现有序字典。下面讨论其中的一种基本数据结构。

用两个数组来表示所给的含有 n 个元素的有序集 S。用 value $[0:n]$ 存储有序集中的元

素，link [0:n] 存储有序集中元素在数组 value 中位置的指针。link[0]指向有序集中第 1 个元素，即 value[link[0]]是集合中的最小元素。一般地，若 value[i]是所给有序集 S 中的第 k 个元素，则 value[link[i]]是 S 中的第 $k+1$ 个元素。S 中元素的有序性表现为：对于任意 $1 \leqslant i \leqslant n$ 有 value[i]≤value[link[i]]。对集合 S 中的最大元素 value[k]有，link[k]＝0 且 value[0]是一个大数。

例如，有序集 $S=\{1,2,3,5,8,13,21\}$的一种表示方式，如图 6-4 所示。

i	0	1	2	3	4	5	6	7
value[i]	∞	2	3	13	1	5	21	8
link[i]	4	2	5	6	1	7	0	3

图 6-4　用数组表示有序集

在此例中，link[0]＝4 指向 S 中最小元素 value[4]＝1。显而易见，这种表示有序集的方法实际上是用数组来模拟有序链表。对于有序链表，可采用顺序搜索的方式在所给的有序集 S 中搜索链值为 x 的元素。若有序集 S 中含有 n 个元素，则在最坏情况下，顺序搜索算法所需的计算时间为 $O(n)$。

利用数组下标的索引性质，可以设计一个随机化搜索算法，以改进算法的搜索时间复杂性。算法的基本思想是，随机抽取数组元素若干次，从较接近搜索元素 $O(n)$ 的位置开始做顺序搜索。可以证明，若随机抽取数组元素 k 次，则其后顺序搜索所需的平均比较次数为 $O(n/(k+1))$。所以若取 $k=\lfloor\sqrt{n}\rfloor$，则算法所需的平均计算时间为 $O(\sqrt{n})$。

下面讨论上述算法的实现细节。用数组来表示的有序链表由类 OrderedList 定义如下：

```
template<class Type>
class OrderedList{
  public:
    OrderedList(Type small,Type Large,int MaxL);
    ~OrderedList();
    bool Search(Type x,int& index);   //搜索指定元素
    int SearchLast(void);              //搜索最大元素
    void Insert(Type k);              //插入指定元素
    void Delete(Type k);            //删除指定元素
    void Output();                    //输出集合中元素
  private:
    int n;                          //当前集合中元素个数
    int MaxLength;                //集合中最大元素个数
    Type *value;   //存储集合中元素的数组
    int *link;           //指针数组
    RandomNumber rnd;          //随机数产生器
    Type Small;            //集合中元素的下界
```

```
    Type TailKey;                //集合中元素的上界
};
template<class Type>
OrderedList<Type>::OrderedList(Type small,Type Large,int MaxL)
{//构造函数
  MaxLength=MaxL;
  value=new Type[MaxLength+1];
  link=new int[MaxLength+1];
  TailKey=Large;
  n=0;
  link[0]=0;
  value[0]=TailKey;
  Small=small;
}
template<class Type>
OrderedList<Type>::~OrderedList( )
{//析构函数
  delete value;
  delete link;
}
```

其中,MaxLength 是集合中元素个数的上限;Small 和 TailKey 分别是全集合中元素的下界和上界;OrderedList 的构造函数初始化其私有成员数组 value 和 link,它的析构函数则释放 value 和 link 占用的所有空间。

OrderedList 类的共享成员函数 Search 用来搜索当前集合中的元素 x。当搜索到元素 x 时将该元素在数组 value 中的位置返回到 index 中,并返回 true,否则返回 false。

```
template<class Type>
bool OrderedList<Type>::Search(Type x,int& index)
{//搜索集合中指定元素 k
  index=0;
  Type max=Small;
  int m=floor(sqrt(double(n)));  //随机抽取数组元素次数
  for(int i=1;i<=m;i++){
  int j=rnd.Random(n)+1;      //随机产生数组元素位置
  Type y=value[j];
  if((max<y)&&(y<x)){
    max=y;
    index=j;}
  }
```

```
    //顺序搜索
    while(value[link[index]]<x)index=link[index];
    return(value[link[index]]==x);
}
```

有了函数 Search，就容易设计支持集合的插入和删除运算的算法 Insert 和 Delete 如下。插入运算首先用函数 Search 确认待插入元素 k 不在当前集合中，然后将新插入的元素存储在 value[$n+1$]中，并修改相应的指针。Insert 所需的平均计算时间显然为 $O(\sqrt{n})$。

```
template<class Type>
void OrderedList<Type>::Insert(Type k)
{//插入指定元素
    if((n==MaxLength) || (k>=TailKey))return;
    int index;
    if(! Search(k,index)){
    value[++n]=k;
    link[n]=link[index];
    link[index]=n;}
}
```

删除运算首先用函数 Search 找到待删除元素 k 在当前集合中的位置，然后修改待删除元素 k 的前驱元素的 link 指针，使其指向待删除元素 k 的后继元素。被删除元素 k 在有序表中产生的空洞，由当前集合中的最大元素来填补。搜索当前集合中的最大元素的任务由 SearchLast 来完成。与函数 Search 类似，函数 SearchLast 所需的平均计算时间也是 $O(\sqrt{n})$。所以，实现删除运算的算法 Delete 所需的平均计算时间为 $O(\sqrt{n})$。

```
template<class Type>
int OrderedList<Type>::SearchLast(void)
{//搜索集合中最大元素
    int index=0;
    Type x=value[n];
    Type max=Small;
    int m=floor(sqrt(double(n)));  //随机抽取数组元素次数
    for(int i=1;i<=m;i++){
      int j=rnd.Random(n)+1;  //随机产生数组元素位置
      Type y=value[j];
    if((max<y)&&(y<x)){
      max=y;
      index=j;}
    }
    //顺序搜索
```

```
while(link[index]! =n)index=link[index];
return index;
}
template<class Type>
void OrderedList<Type>::Delete(Type k)
{//删除集合中指定元素 k
  if((n==0) || (k>=TailKey))return;
  int index;
  if(Search(k,index)){
    int p=link[index];
    if(p==n)link[index]=link[p];
    else{
    if(link[p]! =n){
      int q=SearchLast();
      link[q]=p;
      link[index]=link[p];}
    value[p]=value[n];
    link[p]=link[n];
  }
  n--;
}
}
```

6.5.4　跳跃表

舍伍德算法的设计思想还可用于设计高效的数据结构，跳跃表就是一例。若用有序链表表示含有 n 个元素的有序集 S，则在最坏情况下，搜索 S 中一个元素需要 S 计算时间。提高有序链表效率的一个技巧是在有序链表的部分结点处增设附加指针以提高其搜索性能。在增设附加指针的有序链表中搜索一个元素时，可借助于附加指针跳过链表中若干结点，加快搜索速度。这种增加了向前附加指针的有序链表称为跳跃表。应在跳跃表的哪些结点增加附加指针，以及在该结点处应增加多少指针完全采用随机化方法确定。这使得跳跃表可在 $O(\log n)$ 平均时间内支持有序集的搜索、插入和删除等运算。

例如，图 6-5(a)所示是一个没有附加指针的有序链表，而图 6-5(b)在图 6-5(a)的基础上增加了跳跃一个结点的附加指针，图 6-5(c)在图 6-5(b)的基础上又增加了跳跃 3 个结点的附加指针。

在跳跃表中，若一个结点有 $k+1$ 个指针，则称此结点为一个 k 级结点。

以图 6-5(c)中跳跃表为例，看如何在该跳跃表中搜索元素 8。从该跳跃表的最高级，即第 2 级开始搜索。利用 2 级指针发现元素 8 位于结点 7 和 19 之间。此时在结点 7 处降至 1 级指针继续搜索，发现元素 8 位于结点 7 和 13 之间。最后，在结点 7 处降至 0 级指针进行搜索，发现元素 8 位于结点 7 和 11 之间，从而知道元素 8 不在所搜索的集合 S 中。

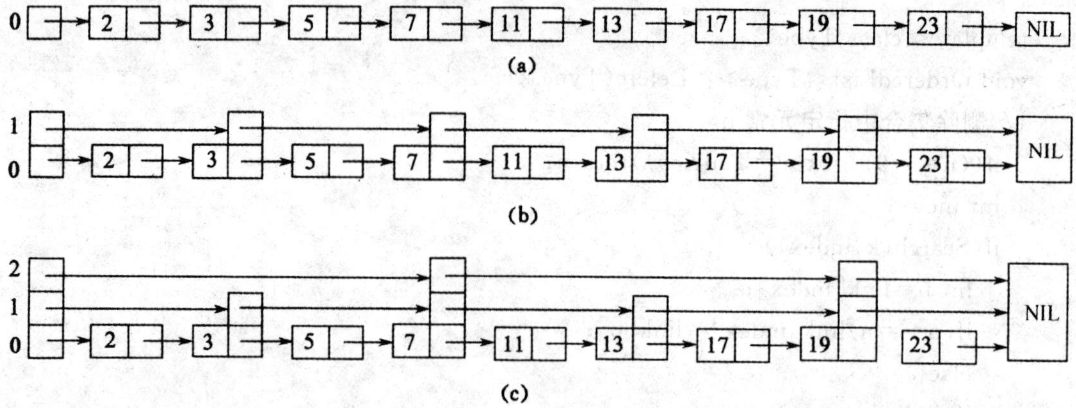

图 6-5 完全跳跃表

通常情况下，给定一个含有 n 个元素的有序链表，可以将它改造成一个完全跳跃表，使得每一个 k 级结点含有 $k+1$ 个指针，分别跳过 $2^k-1, 2^{k-1}-1, \cdots, 2^0-1$ 个中间结点。第 i 个 k 级结点安排在跳跃表的位置 $i2^k$ 处，$i \geqslant 0$。这样就可以在 $O(\log n)$ 时间内完成集合成员的搜索运算。在一个完全跳跃表中，最高级的结点 $\lceil \log n \rceil$ 结点。

完全跳跃表与完全二叉搜索树的情形非常类似。它虽然可以有效地支持成员搜索运算，但不适用于集合动态变化的情况。集合元素的插入和删除运算会破坏完全跳跃表原有的平衡状态，影响后继元素搜索的效率。

为了在动态变化中维持跳跃表中附加指针的平衡性，必须使跳跃表中 k 级结点数维持在总结点数的一定比例范围内。注意到在一个完全跳跃表中，50％的指针是 0 级指针；25％的指针是 1 级指针；…；$(100/2^{k+1})$ ％的指针是 k 级指针。因此，在插入一个元素时，以概率 1/2 引入一个 0 级结点，以概率 1/4 引入一个 1 级结点，…，以概率 $1/2^{k+1}$ 引入一个 k 级结点。另一方面，一个 i 级结点指向下一个同级或更高级的结点，它所跳过的结点数不再准确地维持在 2^i-1。经过这样的修改，就可以在插入或删除一个元素时，通过对跳跃表的局部修改来维持其平衡性。跳跃表中结点的级别在插入时确定，一旦确定便不再更改。图 6-6 所示是遵循上述原则的跳跃表的例子。对其进行搜索与对完全跳跃表所做的搜索是一样的。

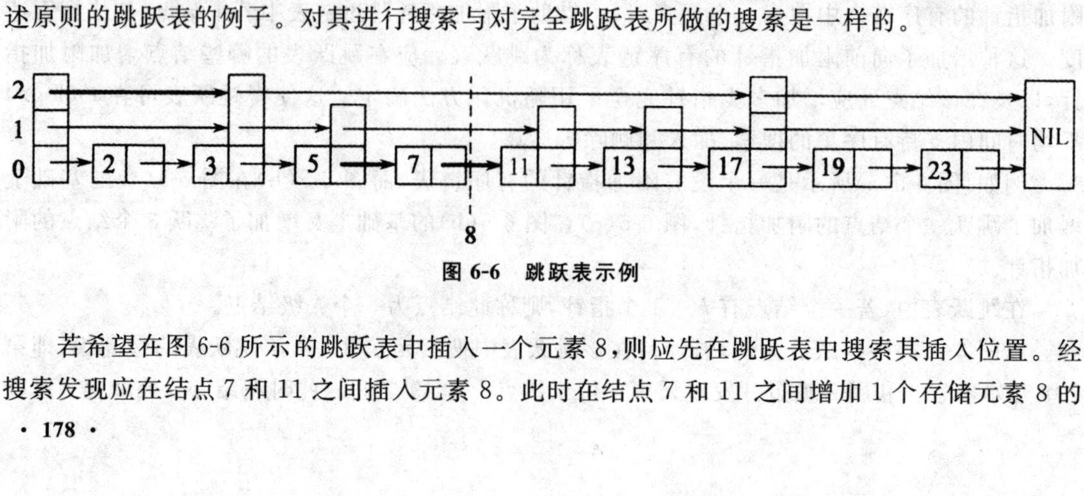

图 6-6 跳跃表示例

若希望在图 6-6 所示的跳跃表中插入一个元素 8，则应先在跳跃表中搜索其插入位置。经搜索发现应在结点 7 和 11 之间插入元素 8。此时在结点 7 和 11 之间增加 1 个存储元素 8 的新结点，并以随机的方式确定新结点的级别。例如，若元素 8 是作为一个 2 级结点插入，则应对图 6-6 中与虚线相交的指针进行调整如图 6-7(a)所示。若新插入的结点是一个 1 级结点，则只要修改 2 个指针，如图 6-7(b)所示。图 6-6 中与虚线相交的指针是在插入新结点后有可能被修改的指针，这些指针可在搜索元素插入位置时动态地保存起来，以供实施插入时使用。

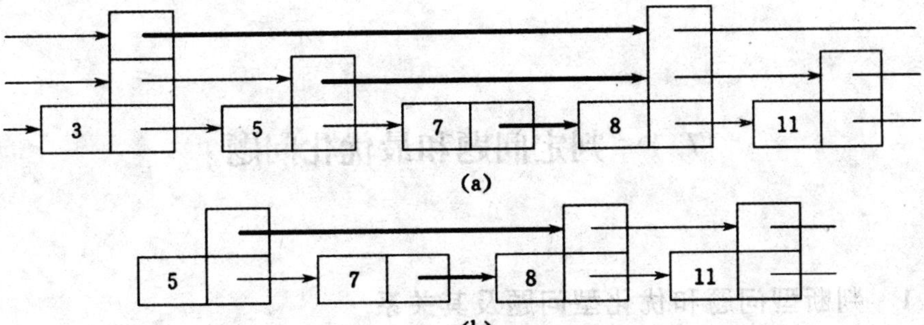

图 6-7　在跳跃表中插入新结点

在上述算法中，关键的问题是如何随机地生成新插入结点的级别。注意到在一个完全跳跃表中，具有 i 级指针的结点中有一半同时具有 $i+1$ 级指针。为了维持跳跃表的平衡性，可以事先确定一个实数 p，$0<p<1$，并要求在跳跃表中维持在具有主级指针的结点中同时具有 $i+1$ 级指针的结点所占比例约为 p。为此，在插入一个新结点时，先将其结点级别初始化为 0，然后用随机数生成器反复地产生一个[0,1)间的随机实数 q。若 $q<p$，则使新结点级别增加 1，直至 $q\geqslant p$。由此过程可知，所产生的新结点的级别为 0 的概率为 $1-p$，级别为 1 的概率为 $p(1-p)$，…，级别为 i 的概率为 $p^i(1-p)$。如此产生的新结点的级别有可能是一个很大的数，甚至远远超过表中元素的个数。为了避免这种情况，用 $\log_{1/p}n$ 作为新结点级别的上界。其中，n 是当前跳跃表中结点个数。当前跳跃表中任一结点的级别不超过 $\log_{1/p}n$。在具体实现时，可用一预先确定的常数 MaxLevel 作为跳跃表结点级别的上界。

第7章 NP完全性理论

7.1 判定问题和最优化问题

7.1.1 判断型问题和优化型问题及其关系

由于技术上的原因,在定义复杂性类时通常限制在判定问题上。所谓的判断型问题就是该问题的答案只有两种,"是"和"否",或者(Yes)和不是(no)。形式上,判定问题 π 可定义为有序对 $\langle D_\pi, Y_\pi \rangle$,其中,$D_\pi$ 是实例集合,有 π 的所有可能的实例组成:$Y_\pi \subseteq D_\pi$ 由所有答案为"Yes"的实例组成。例如,判断一个图是否有一条哈密尔顿回路就是一个判断型问题。给定一个图G,它要么有一条哈密尔顿回路,要么没有。一个问题被称为优化型问题,若这个问题的解对应于一个最佳的数值,例如,在图中找一个简单回路并使它含有的边最多。在另外的优化型问题中,也许会要求找到的解必须是最长、最短、最大、最小、最高、最低、最重或最轻等。在讨论P类、NP类以及NPC问题时,限定所有被分类的问题都是判断型问题。

简化对NPC问题理论的讨论时应注意:因为不同的优化型问题有着不同的优化目标和量纲,有的要最大,有的却要最轻,有的是要一条路径,有的是要一个集合等,这不便于讨论问题之间的关系,但是对判断型问题而言,只要两个问题的解都是yes,则可认为它们有同解。其次,只讨论判断型问题不会影响NPC理论的应用价值,因为一个优化型问题往往可对应于一个判断型问题,若对应的判断型问题有多项式算法,则相应的,其对应的优化型问题也往往有多项式算法。

例7.1 一个优化型问题定义如下:给定一个有向图 $G(V,E)$ 以及 V 中两顶点 s 和 t,找出一条从 s 到 t 的简单路径使得它含有的边最多。

①为上述优化问题定义一个对应的判断型问题;

②假设①中的判断型问题有多项式算法 A,请用算法 A 为子程序设计一个多项式算法,来解决对应的优化问题。

解:①引入一个变量 k 后,这个判断型问题可定义如下:

给定一个正整数 k、有向图 $G(V,E)$ 以及 V 中两顶点 s 和 t,一条含有至少七条边的从 s 到 t 的简单路径是否存在呢?

②这个算法分两步,第一步确定最长的路径含有的边的个数 k,第二步把这条最长路径找出来。做法是,对图中每一条边进行测试。若把这条边删去后,图中仍有一条长为 k 的路径,则将它删去,否则保留。当每条边都测试后,剩下的边必定形成一条长为 k 的路径。假设①中

的判断型问题有多项式算法 $A(G,s,t,k)$，对应的优化问题的算法如下：

```
Longest-path(G(V,E),s,r)
  k←n－1
  while A(G,s,t,k)＝no
    k←k－1
  endwhile
  G′(V′,E′)←G(V,E)
  for each e∈E′
    E′←E′－{e}
    if A{G′,s,t,k}＝no
      then E′←E′∪{e}
    endif
  endfor
return G′
End
```

这个算法调用判断型问题算法 $A(G,s,t,k)$，不超过 $n+m$ 次，非常明显，这就是一个多项式时间的算法。对这个例子进行分析发现，当一个判断型问题可有多项式算法时，其对应的优化问题也往往有多项式算法。反之，当一个判断型问题没有多项式算法时，其对应的优化问题肯定不会有多项式算法。因此，当一个判断型问题是 NP 完全问题时，其对应的优化问题就可以认为是 NP 完全问题。严格说来，应当是指对应的判断型问题。

7.1.2 判断型问题的形式语言表示

计算机所识别和运算任何一个问题的前提条件是要对其进行编码，而不同的字符集不影响复杂度，所以，可以认为任何一个问题的实例对应一个只含 0 和 1 的字符串。这里的“问题”指的是一个抽象的定义，它由许许多多的实例所组成。比如，“图的哈密尔顿回路问题”包含了所有图的哈密尔顿回路问题，而对一个给定的具体图来讲，它是否有哈密尔顿回路的问题只是“图的哈密尔顿回路问题”的一个实例。一个问题的实例才可以被编码为一个 0 和 1 的字符串。

给定一个字符集 $\sum$，它的所有字符串的集合(包括空串 λ 在内)称为 $\sum$ 的全语言，记为 $\sum^*$。

例如，$\sum=\{0,1\}$，$\sum^*=\{\lambda,0,1,00,01,10,\cdots\}$。

给定一个字符集 $\sum$，它的全语言的一个子集上 $L\subseteq\sum^*$ 称为定义在 $\sum$ 上的一个语言。换句话说，任何一个 $\sum$ 上的字符串的集合称为一个语言。显然，它只对有一定意义的语言才会有意义，例如，$L=\{10,11,101,111,1011,\cdots\}$代表所有质数的集合。当然，用枚举法表示集合或语言不是很方便，通常要加以注释才能让人理解。另一个表示语言的方法是用语法来定义，但对 NPC 的讨论不需要做这方面介绍。

一个判断型问题 π 的实例可以用一字符串 x 表示。反之，给定一个字符串 x，不外乎以下 3 种情况：x 代表问题 π 的一个实例并且有答案 yes；x 代表问题 π 的一个实例并且有答案 no；x 不代表问题 π 的一个实例，只是一个杂乱的字符串而已。对第一种情况，可以用 $\pi(x)=1$ 表示，而用 $\pi(x)=0$ 表示另两种情况。

现在为一个(抽象)问题 π 定义一个对应的语言。

给定一个判断型问题 π，它对应的语言 $L(\pi)$ 是所有它的实例中有 yes 答案的实例的字符串编码的集合，即 $L(\pi)=\{x \mid x \in \sum^{*}$ 且 $\pi(x)=1\}$。

例如，哈密尔顿回路问题对应的语言可表示为

Hamilton-Cycle＝{⟨G⟩| G 含有哈密尔顿回路}

这里，Hamilton-Cycle 是这个语言的名字，而⟨G⟩表示对一个实例图 G 的编码字符串。至于如何为 G 编码不是关心的重点，可能先用邻接表或矩阵表示，再对表和邻接矩阵编码，总之，可以编为一个 0 和 1 的字符串。串的长度会随着顶点和边的个数的增长而增长，但往往是线性的或低阶多项式的。

这样一来，解一个判断型问题 π 的算法就和一个识别语言 $L(\pi)$ 的算法成等价关系。假定解一个判断型问题 π 的算法 A 所做的事就是对任何一个输入字符串 $x \in \sum^{*}$ 进行扫描和运算，然后输出答案 $A(x)$。答案的形式有 $A(x)=1$、$A(x)=0$ 和不回答 3 种，分别称为接收 x、拒绝 x 和不能判定 x。相应的，把这样的算法称为判断型算法。为简便起见，除非特别说明，本章讨论的问题和算法都是指判断型问题和算法。

给定一个算法 A，所有被 A 所接收的字符串的集合 $L=\{x \mid A(x)=1\}$，称为被 A 所接收的语言。更近一步来说，若 A 对其他的字符串都拒绝，即 $\forall y \notin L, A(y)=0$，则称语言 L 被 A 所判定。

给定一个问题 π，若它对应的语言 $L(\pi)$ 和被算法 A 所接收的语言刚好相等，则称问题 π 或语言 $L(\pi)$ 被 A 所接收。若问题 π 对应的语言 $L(\pi)$ 正好等于被算法 A 所判定的语言，则称问题 π 或语言 $L(\pi)$ 被 A 所判定。

显然，给定一个问题 π，若能找到一个算法 A 使得 $L(\pi)$ 被算法 A 所判定，则这个问题(注意“判断型”和“判定”的区别)就被有效解决。但是，重要的问题是算法 A 的复杂度，即多长时间可完成对一个字符串的判定。给定一个问题 π，总是希望找到一个复杂度小的算法来判定，至少是有多项式的复杂度，但往往不容易。

7.2 P 类与 NP 类问题

NP 完全问题(NP-C 问题)，是世界七大数学难题之一。NP 的英文全称是 Non-deterministic Polynomial 的问题，即多项式复杂程度的非确定性问题。简单的写法是 NP＝P?，问题就在这个问号上，到底是 NP 等于 P，还是 NP 不等于 P。P 类问题可以用多项式时间的确定性算法来进行判定或求解，NP 类问题可以用多项式时间的确定性算法去检查和验证它的解。

7.2.1 P 类问题

所有多项式时间可解的判定问题组成的问题类称作 P 类。

例如，最长公共子序列∈P。根据前面的叙述，一个判定问题是易解的当且仅当它属于 P 类。现在的问题是，前面所说的包括哈密顿回路问题、货郎问题、背包问题等在内既没有找到多项式时间算法、又没能证明是难解的一大类问题所对应的判定问题有什么样的难度。对于这些判定问题虽然既没能证明它们属于 P，也没能证明它们不属于 P，但是却发现多项式时间可验证的是它们的一个共同点。例如，对于哈密顿回路，任给一个无向图 G，若有人声称 G 是哈密顿图，并且提供了一条回路 L，说这是 G 中的一条哈密顿回路，从而证明他说的是对的。则很容易在多项式时间内检查 L 是不是 G 中的哈密顿回路，从而验证他说的是否是对的。而且当 G 是哈密顿图时，他应该能够提供一条这样的回路 L(不管他是怎么找到的)。

定义 7.1 A 是求解问题 Π 的一个算法，若在处理问题 Π 的实例时，在算法的整个执行过程中，每一步只有一个确定的选择，就称算法 A 是确定性算法。

确定性算法执行的每一个步骤，都有一个确定的选择，若重新用同一输入实例运行该算法，所得的结果严格一致。

定义 7.2 若对于某个判定问题 Π，存在一个非负整数 k，对于输入规模为 n 的实例，能够以 $O(n^k)$ 的时间运行一个确定性算法，得到 yes 或 no 的答案，则该判定问题 Π 是一个 P 类问题。

从定义 7.1 可以看到，P 类问题是由具有多项式时间的确定性算法来求解的判定问题组成的。因此用 P 来表征这类问题。例如，下面的一些判定问题就属于 P 类问题。

可排序的判定问题：给定 n 个元素的数组，是否可以按非降序排序？

不相交集判定问题：给出两个整数集合，它们的交集是否为空？

最短路径判定问题：给定有向赋权图 $G=(V,E)$，正整数 k 及两个顶点 $s,t\in V$（权为正整数），是否存在着一条由 s 到 t 的长度至多为 k 的路径？

若把判定问题的提法改变一下，例如，把可排序的判定问题的提法改为：给定 n 个元素的数组，是否不可以按非降序排序。把这个问题称为不可排序的判定问题，则称不可排序的判定问题是可排序的判定问题的补。同样，最短路径判定问题的补是：给定有向赋权图 $G=(V,E)$，正整数 k 及两个顶点 $s,t\in V$，是否不存在一条由 s 到 t 的长度至多为 k 的路径。

定义 7.3 令 C 是一类问题，若对 C 中的任何问题 Π∈C，Π 的补也在 C 中，则称 C 类问题在补集下封闭。

定理 7.1 P 类问题在补集下是封闭的。

证明：在 P 类判定问题中，每一个问题 Π 都存在着一个确定性算法 A，这些算法都能够在一个多项式时间内返回 yes 或 no 的答案。现在，为了解对应问题 Π 的补 $\overline{\Pi}$，只要在对应的算法 A 中，把返回 yes 的代码，修改为返回 no，把返回 no 的代码，修改为返回 yes，即把原算法 A 修改为算法 $\overline{A}$。很显然，算法 $\overline{A}$ 是问题 $\overline{\Pi}$ 的一个确定性算法，它也能够在一个多项式时间内返回 yes 或 no 的答案。因此 P 类问题 Π 的补 $\overline{\Pi}$ 也属于 P 类问题。所以，P 类问题在补集下是封闭的。

定义 7.4 设Π和Π′是两个判定问题。若存在一个确定性算法 A,它的行为如下:当给 A 展示问题Π′的一个实例 I' 时,算法 A 可以把它变换为问题Π的实例 I,当且仅当 I 的答案是 yes,使得 I' 的答案也为 yes,而且,这个变换必须在多项式时间内完成。则说Π′以多项式时间规约于Π,用符号 $\Pi' \propto_p \Pi$ 表示。

定理 7.2 Π和Π′是两个判定问题,若 $\Pi \in P$,并且 $\Pi' \propto_p \Pi$,则 $\Pi' \in P$。

证明:因为 $\Pi' \propto_p \Pi$,所以,存在一个确定性算法 A,它可以用多项式 $p(n)$ 的时间把问题Π′的实例 I' 转换为问题Π的实例 I,当且仅当 I 的答案是 yes,使得 I' 的答案也为 yes。若对某个正整数 $c > 0$,算法 A 在每一步的输出,最多可以输出 c 个符号,则算法 A 的输出规模最多不会超过 $cp(n)$ 个符号。因为 $\Pi \in P$,所以存在一个多项式时间的确定性算法 B,对输入规模为 $cp(n)$ 的问题Π进行求解,所得结果也是问题Π′的结果。算法 C 是把算法 A 和算法 B 合并起来的算法,则算法 C 也是一个确定性算法,并且以多项式时间 $r(n) = q(cp(n))$ 得到问题Π′的结果,所以 $\Pi' \in P$。

7.2.2 NP类问题

一般来说,一个问题的验证过程比求解过程更容易进行,为了界定一个比 P 类问题更大的,人们考虑验证过程为多项式时间的问题类,为此,引入非确定性算法的概念。

定义 7.5 设 A 是求解问题Π的一个算法,若算法 A 以推测并验证的方式工作,就称算法 A 是非确定性算法,非确定性算法是由两个阶段组成的。

若某些问题存在着以多项式时间运行的非确定性算法,则这类问题就属于 NP 类问题,它要求在多项式步数内得到结果,即在 $O(n^i)$ 时间内,其中,i 为非负整数。

例 7.2 货郎担的判定问题:给定 n 个城市、正常数 k 及城市之间的代价矩阵 C,判定是否存在一条经过所有城市一次且仅一次,最后返回出发城市且代价小于常数 k 的回路。假定 A 是求解货郎担判定问题的算法。首先,A 用非确定性的算法,在多项式时间内推测存在这样的一条回路。然后,用确定性的算法,在多项式时间内检查这条回路是否正好经过每个城市一次,并返回到出发城市。若答案为 yes,则继续检查这条回路的费用是否小于常数 k。若答案仍为 yes,则算法 A 输出 yes,否则输出 no。因此,A 是求解货郎担判定问题的非确定性算法。当然,若算法 A 输出 no,并不意味着不存在一条所要求的回路,因为算法的推测可能是不正确的。但反过来,若对问题Π的实例 I,算法 A 输出 yes,则说明至少存在一条所要求的回路,

非确定性算法的运行时间,是推测阶段和验证阶段的运行时间的和。若推测阶段的运行时间为 $O(n^i)$,验证阶段的运行时间为 $O(n^i)$,则对某个非负整数 k,非确定性算法的运行时间为 $O(n^i) + O(n^j) = O(n^k)$ 这样,可以对 NP 类问题作如下定义。

定义 7.6 若对某个判定问题Π,存在着一个非负整数 k,对输入规模为 n 的实例,能够以 $O(n^i)$ 的时间运行一个非确定性算法,得到 yes 或 no 的答案,则该判定问题Π是一个 NP 类判定问题。

上述货郎担判定问题的算法的验证部分,显然可以设计出一个具有多项式时间的确定算法来对推测阶段所做出的推测进行检查和验证,因此,货郎担判定问题是 NP 类判定问题。

例 7.3 0−1 背包问题:任给 n 件物品和一个背包,物品 i 的重量为 w_i,价值为 v_i,$1 \leqslant$

$i \leqslant n$，以及背包的重量限制 B 和价值目标 K，其中，w_i，v_i，B，K 均为正整数，问能在背包中装入总价值不少于 K 且总重量不超过 B 的物品吗？即，存在子集 $T \subseteq \{1,2,\cdots,n\}$ 使得

$$\sum_{i \in T} w_i \leqslant B \text{ 且} \sum_{i \in T} v_i \geqslant K$$

这个问题的优化形式的算法也介绍过。显然能够在多项式时间内任意猜想 $\{1,2,\cdots,n\}$ 的一个子集并检查这个子集对于上述两个不等式是否满足，从而正确地回答“yes”或“no”。这是 0－1 背包的非确定型多项式时间算法，故 0－1 背包 $\in$ NP。

问题 $\pi = \langle D,Y \rangle \in$ NP 的关键点体现在，当实例 $I \in Y$ 时有便于检查的简短证据。

哈密顿回路、0－1 背包属于 NP，最长公共子序列也属于 NP。事实上，P 和 NP 有下述父系：P $\in$ NP。

证明：设 $\pi = \langle D,Y \rangle \in$ P，A 是 π 的多项式时间算法。实际上 A 也是 π 的多项式时间验证算法，这只需要把 A 看成两个输入变量的算法，而实际上不管第二个输入变量的值。更形式化地，如下构造算法 B：对每一个 $I \in D$ 和任意的 t，B 对 I、t 的计算与 A 对 I 的计算完全一样，而不管 t。显然，B 是多项式时间的。当 $I \in Y$ 时，取某个固定的 t_0 作为第二个输入，如取 $t_0 = 1$，由于 A 对 I 的输出是“yes”，B 对 I、t_0 的输出也是“yes”；当 $I \notin Y$ 时，对任意的 t，由于 A 对 I 的输出是“no”，B 对 I、t 的的输出也是“no”。因此，B 是 π 的多项式时间验证算法，得证 $\pi \in$ NP。

7.3　多项式变换技术与 NP 完全性

7.3.1　多项式关联和多项式规约

两个计算模型 T_1 和 T_2 称为多项式关联，若下面的条件被满足：对任一个输入规模为 n 的问题 π，若在 T_1 上存在一个复杂度为 $f(n)$ 的判定算法，则一定在 T_2 上存在一个复杂度为 $g(n) < [f(n)]^c$ 的判定算法；反之，若在 T_2 上存在一个复杂度为 $g(n)$ 的判定算法，则一定在 T_1 上存在一个复杂度为 $f(n) < [g(n)]^d$ 的判定算法；此处，可以看出，c 和 d 是两个正常数。

显然，若计算模型 T_1 和 T_2 是多项式关联，则在讨论一个问题是否有多项式算法时，这个问题的结论跟采用哪一个计算模型没有直接关系。因为图灵机和其他现代计算机的抽象模型被证明都是多项式关联的，所以可随意用其中的一个模型来讨论。下面讨论问题之间的关系，介绍从一个问题 π_1 转换到另一个问题 π_2 的多项式归约。因为一个问题对应于一个语言，所以先定义从一个语言 L_1 到另一个语言 L_2 的多项式归约。

给定两个语言 L_1 和 L_2，若存在一个算法 f，它把 $\sum^*$ 中每一个字符串 x 转换为另一个字符串 $f(x)$，且能够满足以下两个条件：

① $x \in L_1$ 当且仅当 $f(x) \in L_2$。

② f 是个多项式算法，即转换在 $|x|^c$ 的时间内完成，这里 c 是一个正常数。

则可以说 L_1 可多项式归约到 L_2，记为 $L_1 \propto_P L_2$，并称 f 为多项式转换函数或算法。

如图 7-1 所示，转换函数 f 把 $\sum^*$ 中每一个字符串映射到另一个字符串。注意，这个映射不要求单射，也不要求满射，但一定要把 L_1 内的一个字符串映射到 L_2 内的一个字符串，把 L_1 外的一个字符串映射到 L_2 外的一个字符串。

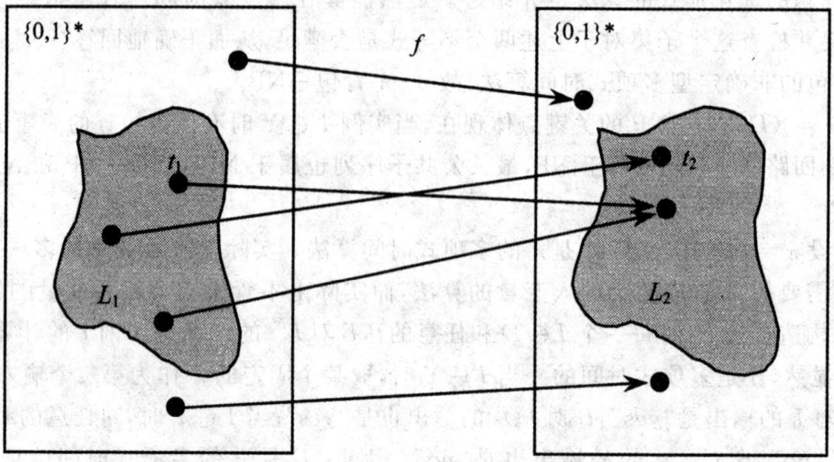

图 7-1　多项式转换函数 f 必须把 L_1 内和 L_1 外的字符串分别映射到 L_2 内和 L_2 外

假设问题 π_1 和 π_2 对应的语言是 $L(\pi_1)$ 和 $L(\pi_2)$。若语言上 $L(\pi_1)$ 可多项式归约到语言 $L(\pi_1)$，则称 π_1 问题可多项式归约到问题 π_2，记为 $\pi_1 \propto_P \pi_2$。

从问题的角度看，$\pi_1 \propto_P \pi_2$ 意味着 π_1 的任何实例 x 被一多项式转换算法 f 变为 π_2 的一个实例 $f(x)$，并且 $\pi_1(x) =$ yes 当且仅当 $\pi_2(f(x)) =$ yes。

若语言 L_1 可多项式归约到语言 L_2，而语言 L_2 可被一多项式算法 A_2 所判定，则一个多项式算法 A_1 使语言上 L_1 被 A_1 所判定是一定存在的。

如图 7-2 所示，若语言 L_1 可多项式归约到语言 L_2，而语言 L_2 可被一多项式算法 A_2 所判定，则 A_1 可以这样设计：

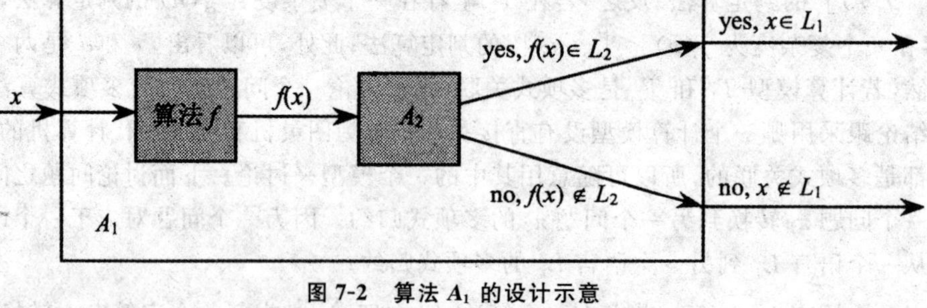

图 7-2　算法 A_1 的设计示意

对任一个字符串 x，A_1 先用多项式转换函数 f 把 x 转换为 $f(x)$，然后让算法 A_2 去判定。若 $A_2(f(x)) = 1$，则输出 $A_1(x) = 1$，否则有 $A_2(f(x)) = 0$，则输出 $A_1(x) = 0$。由于 $f(x) \in L_2$ 当且仅当 $x \in L_1$，所以算法 A_1 可正确地判定语言 L_1。算法 A_1 所用的时间由两部分组成，第一部分是 x 转换为 $f(x)$ 的时间 t_1，第二部分是算法 A_1 判定 $f(x)$ 的时间 t_2。设 $|x| =$

n，因为 f 是多项式转换函数，$t_1 < n^c$，这里 c 是一个大于 0 的常数，并且有 $|f(x)| \leqslant n^c$，这是因为在 n^c 步时间内，多于 n^c 的字符在该算法中是无法产生的。又因为算法 A_2 是个多项式算法，所以 $t_2 < |f(x)|k \leqslant (c^n)^k = n^{ck}$，这里 c 和 k 都是一个正的常数。因此算法 A_1 是个多项式算法。

由上面讨论可知，若问题 π_1 可多项式规约到 π_2，则从多项式可解的角度看，问题 π_2 可认为比 π_1 更难，因为找到 π_2 的多项式算法就可以有 π_1 的多项式算法。若问题 π_2 也可以多向规约到问题 π_1，则两者在多项式可解上可以认为是等价的。

7.3.2 多项式时间变换

设 $L_1 \in \sum_1^*$，$L_2 \in \sum_2^*$ 是 2 个语言。所谓语言 L_1 能在多项式时间内变换为语言 L_2（简记为 $L_1 \propto_p L_2$）是指存在映射 $f: \sum_1^* \to \sum_2^*$，且 f 满足：

①有一个计算 f 的多项式时间确定性图灵机。

②对于所有 $x \in \sum_1^*$，$x \in L_1$，当且仅当 $f(x) \in L_2$。

定义：语言 L 是 NP 完全的当且仅当：

① $L \in$ NP。

②对于所有 $L' \in$ NP 有 $L' \propto_p L$。

若有一个语言 L 满足上述性质②，但不一定满足性质①，则称该语言是 NP 难的。所有 NP 完全语言构成的语言类称为 NP 完全语言类，记为 NPC。

由 NPC 类语言的定义可以看出它们是 NP 类中最难的问题，也是研究 P 类与 NP 类的关系的核心所在。

定理 7.3 设 L 是 NP 完全的，则

① $L \in$ P 当且仅当 P＝NP。

②若 $L \propto_p L_1$，且 $L_1 \in$ NP，则 L_1 是 NP 完全的。

证明：①若 P＝NP，则显然 $L \in$ P。反之，设 $L \in$ P，而 $L_1 \in$ NP。则 L 可在多项式时间 p_1 内被确定性图灵机 M 所接受。又由 L 的 NP 完全性知 $L_1 \propto_p L$，即存在映射 f，使 $L = f(L_1)$。

设 N 是在多项式时间 p_2 内计算 f 的确定性图灵机。用图灵机 M 和 N 构造识别语言 L_1 的算法 A 如下：

a. 对于输入 x，用 N 在 $p_2(|x|)$ 时间内计算出 $f(x)$。

b. 在时间 $|f(x)|$ 内将读写头移到 $f(x)$ 的第一个符号处。

c. 用 M 在时间 $p_1(f|x|)$ 内判定 $f(x) \in L$。若 $f(x) \in L$，则接受 x，否则拒绝 x。

上述算法显然可接受语言 L_1，其计算时间为 $p_2(|x|) + |f(x)| + p_1(f|x|)$。由于图灵机一次只能在一个方格中写入一个符号，故 $|f(x)| \leqslant |x| + p_2(|x|)$。因此，存在多项式 r 使得 $p_2(|x|) + |f(x)| + p_1(f|x|) \leqslant r(x)$。因此，$L_1 \in$ P。由 L_1 的任意性即知 P＝NP。

②只要证明对任意的 $L' \in$ NP，有 $L' \propto_p L_1$。由于 L 是 NP 完全的，故存在多项式时间变换 f 使 $L = f(L')$。又由于 $L \propto_p L_1$，故存在一多项式时间变换 g 使 $L_1 = h(L')$。因此，若取

f 和 g 的复合函数 $h=g(f)$，则 $L=f(L')$。易知 h 为一多项式。因此，$L'\propto_p L_1$。由 L' 的任意性即知，$L_1\in \mathrm{NPC}$。

NP 类、NP 完全、NP 难问题之间的关系如图 7-3 所示。P 类问题、NP 类问题、NP 完全问题之间的关系如图 7-4 所示。

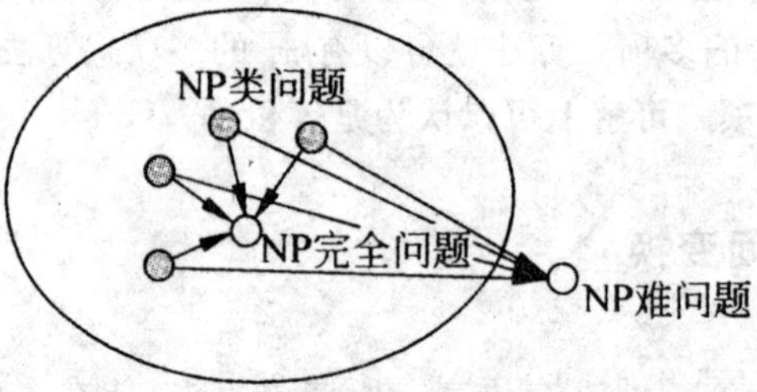

图 7-3 NP 类、NP 完全、NP 难问题之间的关系示意图

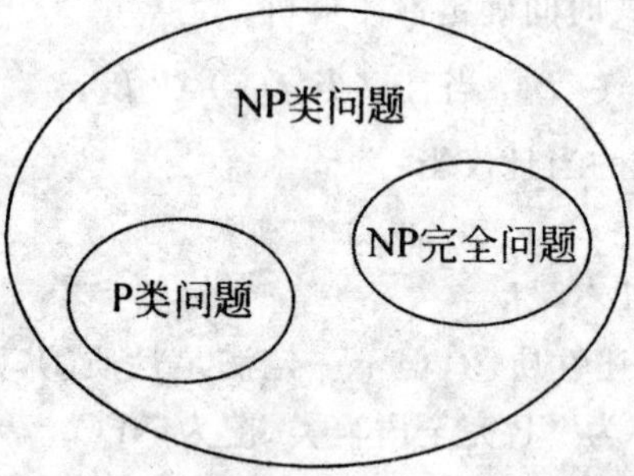

图 7-4 P 类问题、NP 类问题和 NP 完全问题之间的关系

7.3.3 NP 完全性

若对所有的 $\pi'\in \mathrm{NP}$，$\pi'\leqslant_p\pi$，则称 π 是 NP 难的。若 π 是 NP 难的且 $\pi\in \mathrm{NP}$，则称 π 是 NP 完全的。

通过前面的介绍不难获知，NP 难的问题不会比 NP 中的任何问题容易，因此 NP 完全问题是 NP 中最难的问题。下述定理都很容易证明，对其的证明过程在此不再一一介绍。

若存在 NP 难的问题 $\pi\in \mathrm{P}$，则 P＝NP。

假设 P≠NP，那么，若 π 是 NP 难的，则 $\pi\notin \mathrm{P}$。

虽然“P＝NP?”至今还没有解决，但研究人员普遍相信 P≠NP，因而 NP 完全性成为表明一个问题很可能是难解的(不属于 P)有力证据。

若存在 NP 难的问题 π'，使得 $\pi'\leqslant_p\pi$，则 π 是 NP 难的。

若 $\pi\in \mathrm{NP}$ 并且存在 NP 完全问题 π' 使得 $\pi'\leqslant_p\pi$，则 π 是 NP 完全的。

提供了证明 π 是 NP 难的一条“捷径”，把 NP 中所有的问题多项式时间变换到 π 也就不再需要了，而只需要把一个已知的 NP 难问题多项式时间变换到 π。根据前面的介绍，为了证明 π 是 NP 完全的，只需做下述两件事：

①证明 $\pi \in NP$。

②找到一个已知的 NP 完全问题 π'，并证明 $\pi' \leqslant_p \pi$。

但是，直到现在为止还并不知道哪个问题是 NP 完全的，甚至不知道是否真的有 NP 完全问题。

7.3.4 Cook 定理

定理 7.4(Cook 定理) 布尔表达式的可满足性问题 SAT 是 NP 完全的。

证明：SAT 的一个实例是 k 个布尔变量 $x_1, x_2, \cdots, x_k$ 的 m 个布尔表达式 $A_1, A_2, \cdots, A_m$。若存在各布尔变量 $x_i(1 \leqslant i \leqslant k)$ 的 0,1 赋值，使每个布尔表达式 $A_i(1 \leqslant i \leqslant m)$ 都取值 1，则称布尔表达式 $A_1A_2\cdots A_m$ 是可满足的。

SAT∈NP 是很明显的。对于任给的布尔变量 $x_1, x_2, \cdots, x_k$ 的 0,1 赋值，容易在多项式时间内验证相应的 $A_1A_2\cdots A_m$ 的取值是否为 1。因此，SAT∈NP。

现在只要证明对任意的 $L \in NP$ 有 $L \in_p SAT$ 即可。设 M 是一台能在多项式时间内识别 L 的非确定性图灵机，而 W 是对 M 的一个输入。由 M 和 W 能在多项式时间内构造一个布尔表达式 W_0，使得 W_0 是可满足的当且仅当 M 接受 W。

不难证明，属于 NP 的任何语言能由一台单带的非确定性图灵机在多项式时间内识别。因此，不妨假定 M 是一台单带图灵机。设 M 有 s 个状态 $q_0, \cdots, q_{s-1}$ 和 m 个带符号 $X_1, \cdots, X_m$。$P(n)$ 是 M 的时间复杂性。

设 W 是 M 的一个长度为 72 的输入。若 M 接受 W，只需要不多于 $P(n)$ 次移动。也就是说，存在 M 的一个瞬象序列 $Q_0, Q_1, \cdots, Q_r$，使 $Q_{i-1} \mid\!- Q_i(1 \leqslant i \leqslant r)$。其中，$Q_0$ 是初始瞬象，Q_r 是接受瞬象，$r \leqslant P(n)$。由于读写头每次最多移动一格，因此任一接受 W 的瞬象序列不会使用多于 $P(n)$ 个方格。不失一般性可假定 M 到达接受状态后将继续运行下去，但以后的“计算”将不移动读写头，也不改变已进入的接受状态，直到 $P(n)$ 个动作为止。也就是说，用一些空动作填补计算路径，使它的长为 $P(n)$，即恒有 $r = P(n)$。

判断 $Q_0, Q_1, \cdots, Q_{P(n)}$ 为一条接受 W 的计算路径等价于判断下述 7 条事实：

①在每一瞬象中读写头恰只扫描一个方格。

②在每一瞬象中，每个方格中的带符号是唯一确定的。

③在每一瞬象中恰有一个状态。

④在该计算路径中，从一个瞬象到下一个瞬象每次最多有一个方格(被读写头扫描着的那个方格)的符号被修改。

⑤相继的瞬象之间是根据移动函数 δ 来改变状态，读写头位置和方格中符号的。

⑥ Q_0 是 M 在输入 W 时的初始瞬象。

⑦最后一个瞬象 $Q_{P(n)}$ 中的状态是接受状态。

证明的思路是构造一个布尔表达式 W_0，用它“模拟”由 M 所能接受的瞬象序列，使得对 W_0 中各变量的一组 0,1 赋值最多表示 M 中的一个瞬象序列(也可能有的不表示 M 的一个合法的瞬象序列)。布尔表达式 W_0 取值 1 当且仅当赋予变量值后，对应着一个导向可接受的瞬象序列 $Q_0, Q_1, \cdots, Q_{P(n)}$。因此，$W_0$ 可满足当且仅当 M 接受 W。

为了确切地表达上述 7 条事实，需要引进和使用以下几种命题变量：

① $C\langle i,j,t\rangle=1$，当且仅当在时刻 t，M 的输入带的第 i 个方格中的带符号为 X_j，其中，$1\leqslant i\leqslant P(n)$，$1\leqslant j\leqslant m$，$0\leqslant t\leqslant P(n)$。

② $S\langle k,t\rangle=1$，当且仅当在时刻 t，M 的状态为 q_k，其中，$1\leqslant k\leqslant s$，$0\leqslant t\leqslant P(n)$。

③ $H\langle i,t\rangle=1$，当且仅当在时刻 t，读写头扫描第 i 个方格，其中，$1\leqslant i\leqslant P(n)$，$0\leqslant t\leqslant P(n)$。

这里总共最多有 $O(P^2(n))$ 个变量，它们可以由长不超过 $c\log n$ 的二进制数表示，其中，c 是依赖于 P 的一个常数。为了叙述方便，假定每个变量仍表示为单个符号而不是 $c\log n$ 个符号。这样做将少了一个因子 $c\log n$，但这并不影响对问题的讨论。

现在可以用上面定义的这些变量，通过模拟瞬象序列 $Q_0,Q_1,\cdots,Q_{P(n)}$，构造布尔表达式 W_0。在构造时还要用到一个谓词 $U(x_1,\cdots,x_r)$。当且仅当各变量 $x_1,\cdots,x_r$ 中只有一个变量取值 1 时，谓词 $U(x_1,\cdots,x_r)$ 才取值 1。因此，U 的布尔表达式可以写成如下形式：

$$U(x_1,\cdots,x_r)=(x+\cdots+x_r)\prod_{i\neq j}(\overline{x_i}+\overline{x_j})$$

上式的第一个因子断言至少有一个 x_i 取值 1，而后面的 $\frac{r(r-1)}{2}$ 个因子断言没有 2 个变量同时取值 1。注意，U 的长度是 $O(r^2)$（严格地说，一个变量至多用 $c\log n$ 个二进制位表示，故 U 的长度至多为 $O(r^2\log n)$。

现在构造与判断①到②相应的布尔表达式 A,B,C,D,E,F,G。

①A 断言在 M 的每一个时间单位中，读写头恰好扫描着一个方格。设 A_t 表示在时刻 t 时 M 的读写头恰好扫描着一个方格，则

$$A=A_0A_1\cdots A_{P(n)}$$

其中，

$$A(t)=U(H\langle 1,t\rangle,H\langle 2,t\rangle,\cdots,H\langle P(n),t\rangle),0\leqslant t\leqslant P(n)$$

注意，由于用一个符号表示一个命题变量 $H\langle i,t\rangle$，故 A 的长为 $O(P^3(n))$，而且可以用一台确定性图灵机在 $O(P^3(n))$ 时间内写出这个表达式。

②B 断言在每一个单位时间内，每一个带方格中只有一个带符号。设 B_{it} 表示在时刻 t 第 i 个方格中只含有一个带符号，则

$$B=\prod_{0\leqslant i,t\leqslant P(n)}B_{it}$$

其中，

$$B_{it}=U(C\langle i,1,t\rangle,C\langle i,2,t\rangle,\cdots,C\langle i,m,t\rangle),0\leqslant i,t\leqslant P(n)$$

由于 m 是 M 的带符号集中带符号数，故 B_{it} 的长度与 n 无关。因而 B 的长度是 $O(P^2(n))$。

③C 断言在每个时刻 t，M 只有一个确定的状态，则

$$C=\prod_{0\leqslant t\leqslant P(n)}U(S\langle 0,t\rangle,S\langle 1,t\rangle,\cdots,S\langle s-1,t\rangle)$$

因为 s 是 M 的状态数，它是一个常数，所以 C 的长度为 $O(P(n))$。

④ D 断言在时刻 t 最多只有一个方格的内容被修改，则

$$D=\prod_{i,j,t}(C\langle i,j,t\rangle\equiv C\langle i,j,t+1\rangle+H\langle i,t\rangle)$$

表达式 $C\langle i,j,t\rangle \equiv C\langle i,j,t+1\rangle + H\langle i,t\rangle$ 断言下面的二者之一：

a. 在时刻 t 读写头扫描着第 i 个方格。

b. 在时刻 $t+1$，第 i 个方格中的符号仍是时刻 t 的符号 X_j。

因为 A 和 B 断言在时刻 t 读写头只能扫描着一个带方格和方格 i 上仅有一个符号，所以在时刻 t，或者读写头扫描着方格 i（这里的符号可能被修改），或者方格 i 的符号不变。即使不使用缩写"$\equiv$"，表达式 D 的长度也是 $O(P^2(n))$。

⑤ E 断言根据 M 的移动函数 δ，可以从一个瞬象转向下一个瞬象。设 E_{ijkt} 表示下列 4 种情形之一：

a. 在时刻 t 第 j 个方格中的符号不是 X_j。

b. 在时刻 t 读写头没有扫描着方格 i。

c. 在时刻 t，M 的状态不是 q_k。

d. M 的下一瞬象是根据移动函数从上一瞬象得到的。

由此可得 $E = \prod_{i,j,k,t} E_{ijkt}$。其中，

$$E_{ijkt} = \mapsto C\langle i,j,t\rangle + \mapsto H\langle i,t\rangle + \mapsto S\langle k,t\rangle + \sum_{l}(C\langle i,j_l,t+1\rangle S(k_l,t+1)H\langle i_l,t+1\rangle)$$

式中，l 遍取当 M 处于状态 q_k 且扫描 X_j 时所有可能的移动，即 l 取遍使得 $(q_{kl},X_{jl},d_{il})\in\delta(q_k,X_j)$ 的一切值。

因为 M 是非确定性图灵机，(q,X,d) 的个数可能不止一个。但在任何情况下，都只能有有限个，且不超过某一常数。故 E_{ijkt} 的长度与 n 无关。所以，E 的长度是 $O(P^2(n))$。

⑥ F 断言满足初始条件，即

$$F = S\langle 1,0\rangle H\langle 1,0\rangle \prod_{1\leqslant i\leqslant n} C\langle i,j_i,0\rangle \prod_{n\leqslant i\leqslant P(n)} C\langle i,1,0\rangle$$

其中，$S\langle 1,0\rangle$ 断言在时刻 $t=0$，M 处于初始状态 q_0。$H\langle 1,0\rangle$ 断言在时刻 $t=0$，M 的读写头扫描着最左边的带方格。$\prod_{1\leqslant i\leqslant n} C\langle i,j_i,0\rangle$ 断言在时刻 $t=0$，带上最前面的 n 个方格中放有串 W 的 n 个符号，而 $\prod_{n\leqslant i\leqslant P(n)} C\langle i,1,0\rangle$ 断言带上其余方格中开始都是空白符，这里不妨假定 X_1 就是空白符。显然，F 的长度是 $O(P(n))$。

⑦G 断言 M 最终将进入接受状态。因为已对 M 做了修改，一旦 M 在某个时刻 t 进入接受状态 $(1\leqslant t\leqslant P(n))$，它将始终停在这个状态，所以有 $G = S\langle s-1,P(n)\rangle$。不妨取 q_{s-1} 为 M 的接受状态。

最后，令 $W_0 = ABCDEFG$。它就是所要构造的布尔表达式。给定可接受的瞬象序列 Q_0，Q_1，…，Q_r，显然可找到变量 $C\langle i,j,t\rangle$，$S\langle k,t\rangle$ 和 $H\langle i,t\rangle$ 的某个 0、1 赋值，使 W_0 取值 1。反之，若有一个使 W_0 被满足的赋值，则可根据其变量赋值相应地找到可接受计算路径 Q_0，Q_1，…，Q_r。因此，W_0 是可满足的当且仅当 M 接受 W。

因为 W_0 的每一个因子最多需要 $O(P^3(n))$ 个符号，它一共有 7 个因子，从而 W_0 的符号长度是 $O(P^3(n))$。即使用长度为 $O(\log n)$ 的符号串取代描述各个变量的简单符号，W_0 的长度也不过是 $O(P^3(n)\log n)$。也就是说，存在一个常数 c，W_0 的长度不超过 $cnP^3(n)$，这仍是一

个多项式。

上述构造中并没有对语言 L 加任何限制。也就是说，对属于 NP 的任何语言，都能在多项式时间内将其变换为布尔表达式的可满足性问题 SAT。因此，SAT 是 NP 完全的，即 SAT $\in$ NPC。

7.4 几个典型的 NP 完全问题

Cook 定理具有非常重要的意义，它给出了第一个 NP 完全问题，使得对于任何问题 Q，只要能证明 Q$\in$NP 且 SAT$\propto_p$Q，便有 Q$\in$NPC。所以，许多其他问题的 NP 完全性也得以有效证明。这些 NP 完全问题都是直接或间接地以 SAT 的 NP 完全性为基础而得到证明的。由此逐渐生长出一棵以 SAT 为树根的 NP 完全问题树。图 7-5 所示是这棵树的一小部分。其中，每个结点代表一个 NP 完全问题，该问题可在多项式时间内变换为它的任一儿子结点表示的问题。实际上，由树的连通性及多项式在复合变换下的封闭性可知，NP 完全问题树中任一结点表示的问题可以在多项式时间内变换为它的任一后裔结点表示的问题。目前这棵 NP 完全问题树上已有几千个结点，并且还在继续生长。

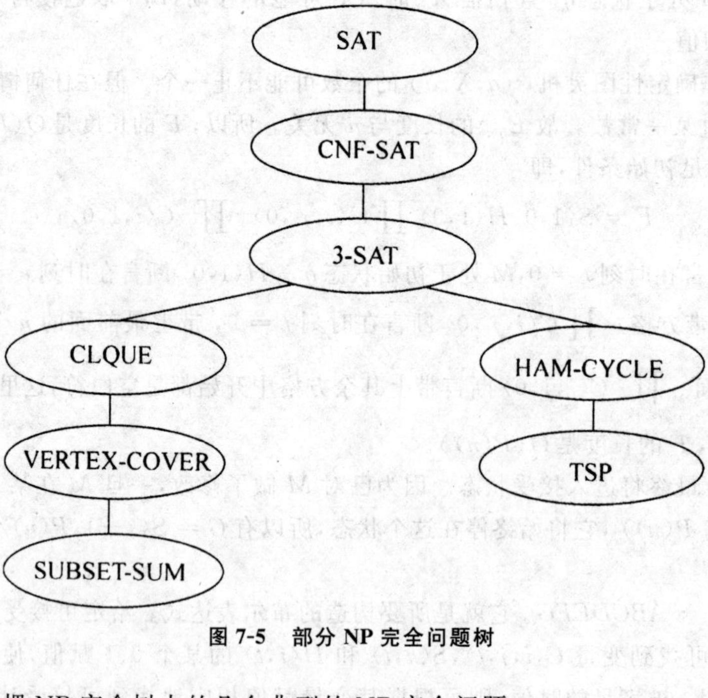

图 7-5　部分 NP 完全问题树

下面介绍这棵 NP 完全树中的几个典型的 NP 完全问题。

7.4.1 合取范式的可满足性问题

给定一个合取范式 a，判定它是否可满足。

若一个布尔表达式是一些因子和之积，则称之为合取范式，简称 CNF(Conjunctive Normal Form)。这里的因子是变量 x 或 $\bar{x}$。例如，$(x_1+x_2)(x_2+x_3)(\bar{x}_1+\bar{x}_2+x_3)$，就是一个合取范式，而 $x_1x_2+x_3$ 就不是合取范式。

要证明 CNF-SAT∈NPC，只要证明在 Cook 定理中定义的布尔表达式 $A,\cdots,G$ 或者已是合取范式，或者有的虽然不是合取范式，但可以用布尔代数中的变换方法将它们化成合取范式，而且合取范式的长度与原表达式的长度只差一个常数因子。注意到在 Cook 定理的证明中引入的谓词 $U(x_1,\cdots,x_r)$ 已经是一个合取范式，从而 A,B,C 都是合取范式。F 和 G 都是简单因子的积，故它们也都是合取范式。

D 是形如 $(x\equiv y)+z$ 的表达式的积。若以 $xy+\overline{xy}$ 替换 $x\equiv y$，可将 $(x\equiv y)+z$ 改写为 $xy+\overline{xy}+z$，这等价于 $(x+\bar{y}+z)(\bar{x}+y+z)$。因此，$D$ 可变换为与之等价的合取范式，且其表达式的长最多是原式长度的 2 倍。

最后，由于表达式 E 是 E_{ijkt} 的积，每个 E_{ijkt} 的长度与 n 没有直接关系，将 E_{ijkt} 变换成合取范式后长度也与 n 无关。因此，将 E 变换成合取范式后，其长度与原长最多差一个常数因子。

由此可见，将布尔表达式 W_0 变换成与之等价的合取范式后，其长度只相差一个常数因子。因此，CNF SAT∈NPC。

若一个布尔合取范式的每个乘积项最多是 k 个因子的析取式，就称之为 k 元合取范式，简记为是 k-CNF。判定一个 k-CNF 是否可满足就是一个 k-SAT 问题。特别地，当 $k=3$ 时，s-SAT 问题在 NP 完全问题树中具有重要地位。

7.4.2 三元合取范式的可满足性问题

三元合取范式的可满足性问题(2-SAT)是合取范式的可满足性问题(SAT)的一个子问题。3-SAT 只考虑特殊的一类布尔表达式，即 3-CNF 的可满足性问题。CNF 称为合取范式，指的是一个表达式由一系列子句用与(AND)运算连接而成，而每个子句由若干个文字用或(OR)运算连接而成。这里，一个文字是指一个布尔变量或者变量的非。若每个子句中正好是 3 个文字，则称为 3-CNF。例如，$\Phi=(x_1\vee\neg x_1\vee\neg x_2)\wedge(x_3\vee x_2\vee x_4)\wedge(\neg x_1\vee\neg x_3\vee\neg x_4)$ 就是一个 3-CNF。3-SAT 问题是判断 3-CNF 的表达式是否可满足的问题。这个问题是个 NPC 问题并常被用来证明其他问题是 NPC 问题。

如何将一个 SAT 问题的实例多项式转换为一个 3-SAT 的实例可通过一个例子来有效说明。假设有一个布尔表达式 $\Phi=((x_1\vee x_2)\rightarrow((\neg x_1\wedge x_3)\leftrightarrow x_4))\wedge(\neg x_2\rightarrow x_3)$。步骤如下：

①图 7-6 中的 Φ 可以用一棵二叉树来表示，其中，每个内结点代表一个逻辑运算。并且用一个新变量代表每个内结点运算后的输出变量。显然，这一步的构造可在多项式时间内完成。

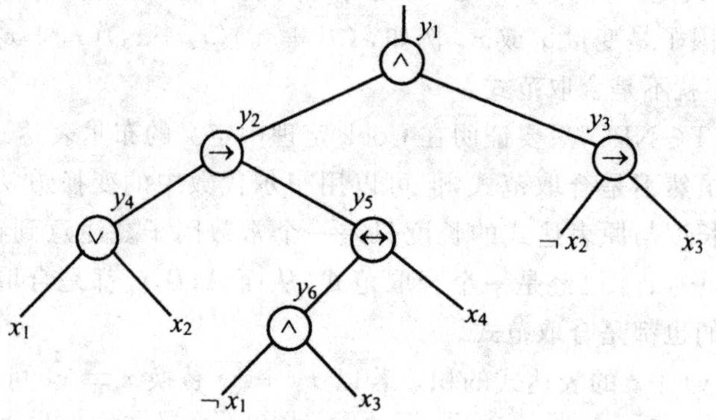

图 7-6　用一棵二叉树表示一个表达式的例子

②为每个内结点构造一个短小布尔表达式来表示该结点的输出变量和它的两个输入变量之间的关系。这一步类似于在把 circuit-SAT 归约为 SAT 问题时为每个逻辑门构造的表达式。若把每个结点的运算看成是一个实现该运算的门,则这两个做法就相同了。在完成这一步之后,把所有这些小表达式以及根结点的输出变量用与运算串起来得到表达式 Φ'。以图 7-6 中表达式为例,不难得出:

显然,这一步的构造也可在多项式时间内完成,并且容易看出,表达式 Φ' 可被满足当且仅当表达式 Φ' 可被满足。

$$
\begin{aligned}
\Phi' = y_1 &\wedge (y_1 \leftrightarrow (y_2 \wedge y_3)) \\
&\wedge (y_2 \leftrightarrow (y_4 \rightarrow y_5)) \\
&\wedge (y_3 \leftrightarrow (\neg x_2 \rightarrow x_3)) \\
&\wedge (y_4 \leftrightarrow (x_1 \vee x_2)) \\
&\wedge (y_5 \leftrightarrow (y_6 \leftrightarrow x_4)) \\
&\wedge (y_6 \leftrightarrow (\neg x_1 \leftrightarrow x_3))
\end{aligned}
$$

③将表达式 Φ' 中每个小表达式变换为等价的一个小 3-CNF 表达式。实现步骤是,为每个小表达式构造一个真值表,然后找出一个 3-CNF 表达式来实现这个真值表。以本例中表达式 $y_1 \leftrightarrow (y_2 \wedge y_3)$ 为例。图 7-7 所示是它的真值表。由这个真值表,可得到一个使该表达式等于 0 的析取范式(Disjunctive Normal Form,DNF):

y_1	y_2	y_3	$y_1 \leftrightarrow (y_2 \wedge y_3)$
0	0	0	1
0	0	1	1
0	1	0	1
0	1	1	0
1	0	0	0
1	0	1	0
1	1	0	0
1	1	1	1

图 7-7　对应于根结点的表达式 $y_1 \leftrightarrow (y_2 \wedge y_3)$ 的真值表

$$(y_1 \wedge \neg y_2 \wedge \neg y_3) \vee (y_1 \wedge \neg y_2 \wedge y_3) \vee (\neg y_1 \wedge y_2 \wedge y_3) \vee (y_1 \wedge y_2 \wedge \neg y_3)$$

再用德摩根(De Morgan)定理把这个析取范式变为等于 1 的 3-CNF：

$$(\neg y_1 \vee y_2 \vee y_3) \wedge (\neg y_1 \vee y_2 \vee \neg y_3) \wedge (y_1 \vee \neg y_2 \vee \neg y_3) \wedge (\neg y_1 \vee \neg y_2 \vee y_3)$$

因为真值表中等于 0 的行最多是 8 个，所以这个 3-CNF 中的子句最多有 8 个，因此这一步在线性时间内即可完成。

设 Φ'' 是由上一步中得到的 3-CNF 表达式，显然 Φ'' 可被满足当且仅当 Φ 可被满足。

7.4.3 团问题

有两个输入，一个是图 G，一个是正整数 k，并问图 G 中是否存在 k 团：一个大小为 k 的团。例如，下面的图上包含一个大小为 4 的团，团上的顶点以加重的阴影色表示，且不存在另外的大小为 4 的团或者比 4 大的团。

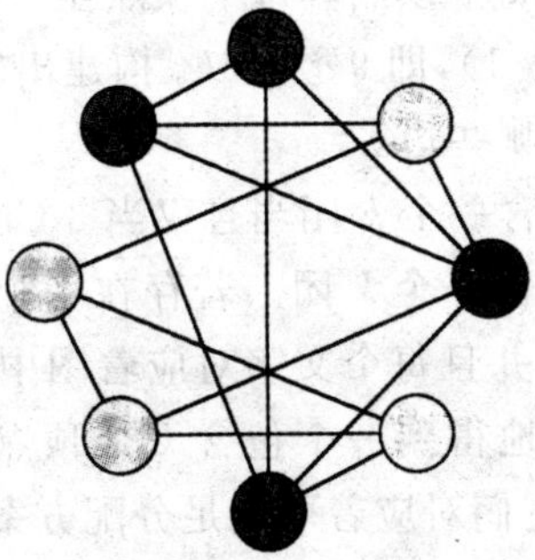

验证一个证书很简单。证书是声称构成一个团的 k 个顶点，这里仅仅需要检查 k 个顶点中的每个顶点是否与其他的 $k-1$ 个顶点均存在边相连。这个检查操作很容易在关于图的大小的多项式时间内完成。现在了解到团问题是 NP 问题。

如何能将一个满足布尔表达式的问题归约到一个图问题呢？以一个满足 3-CNF 的布尔表达式开始着手。假定该表达式为 C_1 AND C_2 AND C_3 AND…AND C_k，其中，每个 C_r 是 k 个子句之一。以这一表达式为例，能在多项式时间内构建一个图，且该图将包含 k-团当且仅当 3-CNF 表达式是可满足的，需要完成 3 件事：①构建；②关于构建所花费的时间为关于 3-CNF 表达式的规模的多项式时间的一个证明；③和该图包含一个 k-团当且仅当能采用某种方式来对 3-CNF 表达式的变量分配相应的值使得该表达式为 1 的证明。

为了从一个 3-CNF 表达式构建一个图，这里集中研究一下第 r 个子句，即 C_r 它包含三个文字，分别将它们称为 l_1^r、l_2^r 和 l_3^r，因此 C_r 为 l_1^r OR l_2^r OR l_3^r。每个文字或者是一个变量或者是一个变量的非。对每个文字创建一个顶点，因此对于子句 C_r，会创建一个包含三个顶点的组合：v_1^r、v_2^r 和 v_3^r。若满足如下两个条件，会在 v_i^r 和 v_j^s 这两个顶点之间添加一条边。v_i^r 和 v_j^s 属于不同的三顶点组合。也就是说，r 和 s 代表不同的子句编号，且它们相对应的文字互相之间不是非的关系。

例如，下图对应如下的 3-CNF 表达式：

(x OR(NOT y)OR(NOT z))AND((NOT z)OR y OR z)AND(x OR y OR z)

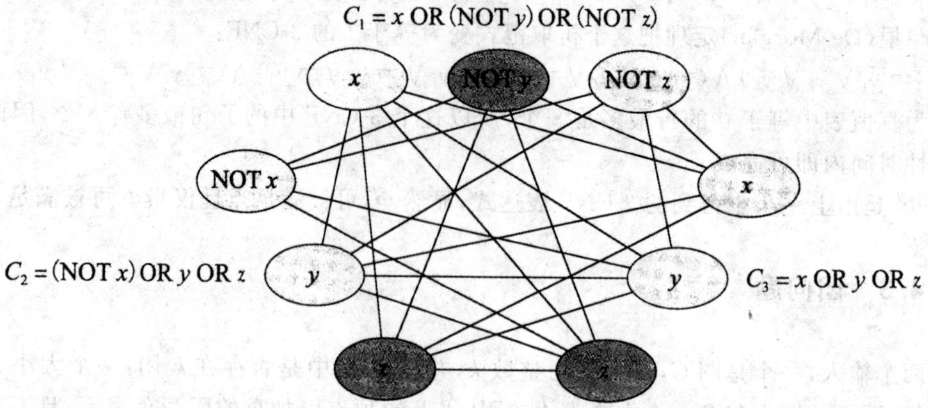

很容易看出，这个归约能在多项式时间内执行完成。若 3-CNF 公式有 k 个子句，则它就会有 $3k$ 个文字，该图中就会包含 $3k$ 个顶点。每个顶点至多与其他的 $3k-1$ 个顶点均存在一条边，因此边的数目最多为 $3k(3k-1)$，即 $9k^2-3k$。构建出的图的规模是关于 3-CNF 输入的多项式，并且很容易判定图中存在哪些边。

最后，需要证明构建的图中包含一个 k-团当且仅当 3-CNF 公式是可满足的。首先假定该表达式是可满足的，将证明图中包含一个 k-团。若存在一个可满足的分配方案，每个子句 C_r 中至少包含一个 l_i^r 等于 1 的文字，并且每个文字对应着图中的一个顶点 v_i^r。若将 k 个子句中每个这样的文字选出来，就会相应地得到一个包含 k 个顶点的集合 S，称该集合 S 为一个 k-团。考虑 S 中的任意两个顶点。它们对应着可满足分配方案中的不同子句中等于 1 的相应文字。这些文字彼此不可能互反，因为若它们存在非的关系，则必定其中，一个等于 1 而另外一个会等于 0。由于这些文字之间均不是非的关系，当创建图时，能在两个顶点间创建一条边。因为在 S 中任意挑选两个顶点作为一对，会得出 S 中的所有顶点对之间均存在边。因此，S 是一个包含 k 个顶点的集合，是一个 k-团。

现在必须反向证明：若图中包含一个 k-团 S，则 3-CNF 公式是可满足的。图中属于同一组合的点之间不存在互连的边，因此 S 对每个三顶点组合恰好会仅仅包含一个顶点。对于 S 中的每个顶点 v_i^r，将它在 3-CNF 公式中所对应的文字 l_i^r 赋值为 1。不用担心会将一个文字和它的非均分配为 1，因为 k-团中不可能包含一个文字和它的非所对应的顶点。由于每个子句均有一个等于 1 的文字，因此每个子句均是可满足的，这样整个 3-CNF 公式也是可满足的。对于任意不对应团中任何顶点的变量，可对这些变量赋予任意值；它们对该公式的可满足性不会产生任何影响。

在上述例子中，一个可满足的分配方案是 $y=0, z=1$；x 取什么值无所谓。对应的 3-团包括颜色较重的顶点，即 C_1 子句中的 NOT y，C_2 和 C_3 子句中的 z。

因此，这里已经证明了，存在一个从 3-CNF 可满足性的 NP-完全问题到寻找 k-团的多项式-时间的归约。若给定一个包含 k 个子句的 3-CNF 布尔公式，且必须为该公式找出一个可满足分配方案，此时可以使用刚刚看到的将一个公式在多项式时间内转化为一个无向图的构建过程，并确定图中是否包含一个 k-团。若能够在多项式时间内确定图中是否包含一个 k-团，则也能够在多项式时间内确定 3-CNF 公式是否包含一个可满足分配方案。由于 3-CNF

可满足性问题为 NP-完全问题，因此判定一个图中是否包含一个 k-团也是一个 NP-完全问题。作为奖励，若不仅能够确定出一个图中是否包含一个 k-团，且能够得出这个 k-团是由哪些顶点组成的，那么就能够使用这些信息找到一个满足 3-CNF 公式的可满足分配方案中的相应变量值。

7.4.4　子集和问题

给定整数集合 S 和一个整数 t，判定是否存在 S 的一个子集 $S' \subseteq S$，使得 S' 中整数的和为 t。

例如，若 $S=\{1,4,16,64,256,1040,1041,1093,1284,1344\}$ 且 $t=3754$，则子集 $S'=\{1,16,64,256,1040,1093,1284\}$ 是一个解。

对于子集和问题的一个实例 $\langle S,t\rangle$，给定一个"证书" S'，要验证 $t=\sum_{i\in S'} i$ 是否成立，显然可在多项式时间内完成。因此，SUBSET-SUM$\in$NP。

下面证明 VERTEX-COVER$\propto_p$SUBSET-SUM。

给定顶点覆盖问题的一个实例 $\langle G,k\rangle$，要在多项式时间内将其变换为子集和问题的一个实例 $\langle S,t\rangle$，使得 G 有一个 k-团当且仅当 S 有一个子集 S'，其元素和为 t。

变换要用到图 G 的关联矩阵。设 $G=(V,E)$ 是一个无向图，且 $V=\{v_0,v_1,\cdots,v_{|V|-1}\}$，$E=\{e_0,e_1,\cdots,e_{|E|-1}\}$。$G$ 的关联矩阵 B 是一个 $|V|\times|E|$ 矩阵 $B=(b_{ij})$，其中，

$$b_{ij}=\begin{cases}1,\text{顶点 } v_i \text{ 与边 } e_j \text{ 相关联}\\0,\text{其他情况}\end{cases}$$

图 7-8(b)是图 7-8(a)的关联矩阵。为了便于构造 S，该关联矩阵中将下标较小的边放在右边。

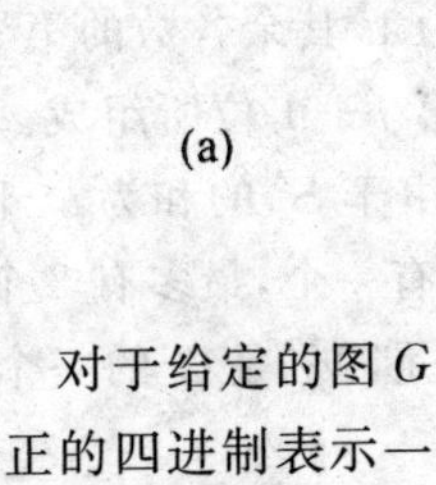

(a)

	e_4	e_3	e_2	e_1	e_0
v_0	0	0	1	0	1
v_1	1	0	0	1	0
v_2	1	1	0	0	1
v_3	0	0	1	0	0
v_4	0	1	0	1	1

(b)

		e_4	e_3	e_2	e_1	e_0		
x_0 =	1	0	0	1	0	1	=	1041
x_1 =	1	1	0	0	1	0	=	1284
x_2 =	1	1	1	0	0	1	=	1344
x_3 =	1	0	0	1	0	0	=	1040
x_4 =	1	0	1	0	1	1	=	1093
y_0 =	0	0	0	0	0	1	=	1
y_1 =	0	0	0	0	1	0	=	4
y_2 =	0	0	0	1	0	0	=	16
y_3 =	0	0	1	0	0	0	=	64
y_4 =	0	1	0	0	0	0	=	256
t =	3	2	2	2	2	2	=	3754

(c)

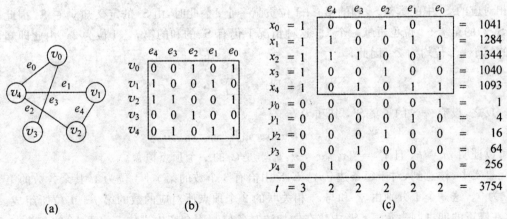

图 7-8　由 $\langle G,k\rangle$ 构造 $\langle S,t\rangle$

对于给定的图 G 和整数 k，构造集合 S 和整数 t 的过程如下：首先，在讨论范围内用一个修正的四进制表示一个数。在这种数的表示法下，前 $|E|$ 位数字是通常的四进制数字，而第 $|E|$ 位允许超过 3，最大可到 k。用这种方式表示要构造的整数集 S 和整数 t，可以使 S 中的

数在做加法时各位数字都不产生进位。集合 S 中有两类数字，它们分别相应于图 G 的顶点和边。

对于每个顶点 $v_i \in V, i = 0,1,\cdots,|V|-1$，构造与之相应的数 x_i 为

$$x_i = 4^{|E|} + \sum_{j=0}^{|E|-1} b_{ij}4^i$$

其中，b_{ij} 是 G 的关联矩阵第 j 行的元素，$j = 0,1,\cdots,|E|-1$。在修正的四进制表示下，x_i 的第 $j+1$ 位 $(0 \leqslant j \leqslant |E|-1)$ 就是 b_{ij}。x_i 的第 $|E|+1$ 位是 1。对于每条边 $e_j \in E, j = 0, 1,\cdots,|E|-1$，构造一个与之相应的数 y_j 为 $y_j = 4^j$。在修正的四进制表示下，y_j 的 $j+1$ 位为 1，其余各位为 0，$j = 0,1,\cdots,|E|-1$。

令 $S = \{x_0, x_1, \cdots, x_{|V|-1}, y_0, y_1, \cdots, y_{|E|-1}\}$，$t = k4^{|E|} + \sum_{j=0}^{|E|-1} 2 \cdot 4^j$。

在修正的四进制表示下，t 的第 $|E|+1$ 位为 k，其余各位均为 2。

从图 7-8(a)的图 G 构造出的数 x_i，x_j 和 t，及其修正的四进制表示如图 7-8(c)所示。这些数的构造显然可在多项式时间内完成。

现在要证明的是图 G 有一个大小为是的顶点覆盖，当且仅当 S 有一子集 S'，其和为 t。

首先，设 G 有一大小为 k 的顶点覆盖 $V' = \{v_{i1}, v_{i2}, \cdots, v_{ik}\} \subseteq V$。由此，定义 S' 为 $S' = \{x_{i1}, x_{i2}, \cdots, x_{ik}\} \cup \{y_j \mid e_j$ 恰与 V' 中一个顶点相关联，$0 \leqslant j \leqslant |E|-1\}$，则 $\sum_{i \in S'} i = t$。事实上，注意到，在 S 中各数的修正的四进制表示中，第 $|E|+1$ 位恰有 k 个 1，分别由 $x_{i1}, x_{i2}, \cdots, x_{ik}$ 贡献，将它们加起来后得到 t 的第 $|E|+1$ 位数字 k。其余各位都相应于一条边 e_j。由于 V' 是一个顶点覆盖，每条边 e_j 至少与 V' 中一个顶点相关联。因此，对每条边 e_j，至少有 S' 中一个数 $x \in S$，其第 $j+1$ 位为 1。若 e_j 关联于 V' 中 2 个顶点，则这 2 个顶点所对应的数的第 $j+1$ 位均为 1。而此时，由 S' 的定义知 $y_j \notin S$，从而 y_j 第 $j+1$ 位的 1 对 S' 的和没有贡献。因此，在这种情况下 S' 的和的第 $j+1$ 位为 2。另一种情况是 e_j 只与 V' 中一个顶点相关联，该顶点相对应的 S' 中的数对 S' 和的第 $j+1$ 位贡献一个 1。此时，由 S' 的定义知 $y_j \in S$。因此，S' 对 S' 和的第 $j+1$ 位也贡献一个 1。这种情况下仍有 S' 的和的第 $j+1$ 位为 2。由此即知，S' 和的第 $j+1$ 位均为 2。因此，

$$\sum_{i \in S'} i = k4^{|E|} + \sum_{j=0}^{|E|-1} 2 \cdot 4^j = t$$

反之，设有一 S 的子集 S'，其和为 t。若

$$S' = \{x_{i1}, x_{i2}, \cdots, x_{im}\} \cup \{y_{j1}, y_{j2}, \cdots, y_{jp}\}$$

则可以证明 $m = k$，且 $V' = \{v_{i1}, v_{i2}, \cdots, v_{im}\}$ 是 G 的一个顶点覆盖。

事实上，注意到，对于每条边 $e_j \in E$，S 中恰有 3 个数的第 $j+1$ 位为 1，其余各数的第 $j+1$ 位为 0。这 3 个 1 分别由 y_j 和与 e_j 相关联的 2 个顶点所对应的数的第 $j+1$ 位所组成。因此，在修正的四进制表示下，S' 中数在做加法时各位都不会产生进位。由于 S' 的和为 t，且 t 的第 $j+1$ 位，$j = 0,1,\cdots,|E|-1$ 均为 2，因此，在 t 的第 $j+1$ 位至少有一个，最多有 2 个 S 中的数对其有贡献。这也就是说，e_j 至少与 V' 中一个顶点相关联。因此，V' 是 G 的一个顶点覆盖。

由于只有 $x_{i1}, x_{i2}, \cdots, x_{im}$ 对 t 的第 $|E|+1$ 位有贡献，且在相加时，低位不会产生进位，因

此 S' 和第 $|E|+1$ 位为 m。而 t 的第 $|E|+1$ 位为 k，且 S' 的和为 t，故 $m=k$。由此即知 V' 为 G 的一个大小为 t 的顶点覆盖。

综上即知，VERTEX-COVER$\propto_p$SUBSET-SUM，从而 SUBSET-SUM$\in$NPC。

7.4.5 顶点覆盖问题

一个图 G 以目的顶点集合 S 称为一个顶点覆盖(vertex-cover)，若 E 中每一条边都与 S 中至少一个点关联。例如，图 7-9(b)中顶点集合 $\{c,d,g\}$ 就是所示图的一个顶点覆盖。给定一个图，希望能找到最小的一个顶点覆盖，也就是含顶点个数最少的一个覆盖。该问题就是所谓的最小顶点覆盖问题，显然也是一个优化型问题，它对应的判断型问题是：给定一个图 G 和一个正整数 k，G 是否含有一个 k-覆盖(k-cover)，即由 k 个顶点形成的覆盖？

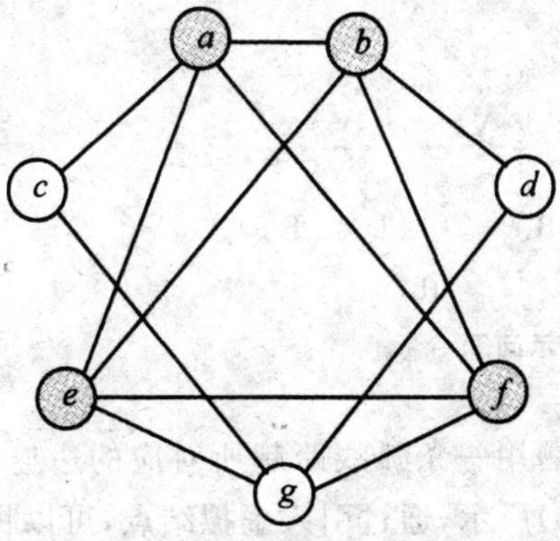

(a) 顶点$\{a, b, e, f\}$是图 G 的一个团

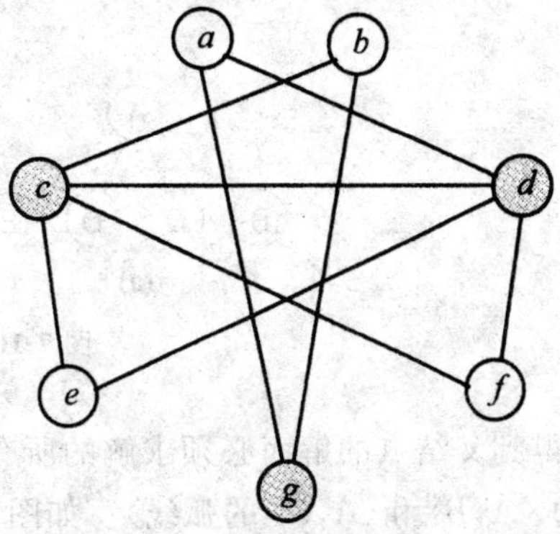

(b) 顶点$\{c, d, g\}$是图 G'的一个覆盖

图 7-9 从 CLIQUE 问题的图转化为 vertex-cover 问题的图示例

现在，假设图 $G(V,E)$ 和整数 k 是 CLIQUE 问题的一个特例，一个 vertex-cover 的实例可通过多项式时间来构造，也就是要构造一个图 G' 和整数 k'，使得图 $G(V,E)$ 有一个 k-CLIQUE 当且仅当图 G' 有一个 k'-CLIQUE，即有 k' 个顶点的覆盖。这个构造很简单，构造 $G(V,E)$ 补图 $\overline{G}(V',E')$ 作为 vertex-cover 问题中的图 G'，并置 $k'=n-k$，这里 $n=|V|$。补图 $\overline{G}$ 的定义是，它有着与 G 相同的顶点集合，即 $V'=V$，但它的边的集合 E' 与 E 没有相同之处，即 $E'=\{(u,v)\mid u,v\in V',u\neq v,u,v\notin E\}$。$G$ 和$\overline{G}$ 的边合在一起构成一个完全图，故称为互补。上述构造显然可以在多项式时间内完成。

下面证明图 $G(V,E)$ 有一个 k-CLIQUE 当且仅当 $\overline{G}$ 有一个 k'-cover，这里 $k'=n-k$。

①假设 $G(V,E)$ 有一个 k 个顶点的 CLIQUE 为 C，$|C|=k$，则 $V-C$ 一定是 $\overline{G}$ 的一个顶点覆盖。这是因为在补图 $\overline{G}$ 中，在 C 的顶点之间一定不能有边，所以 E' 中任何一条边至少有一个端点不在 C 中，也就是说，E' 中任何一条边至少与 $V-C$ 中一个点关联。同此，$V-C$ 是 $\overline{G}$ 的一个顶点覆盖。因为 $|V-C|=n-k$，所以 $\overline{G}$ 有一个 k'-cover。例如，图 7-9(a)中，顶点 $\{a,b,e,f\}$ 是图 G 的一个 4-CLIQUE，那么 $\{c,d,g\}$ 则是 $\overline{G}$ 的一个 3-cover。

②假设 $\overline{G}$ 的一个 $n-k$ 个顶点的 cover 为 S，$|S|=n-k$。那么 E' 中任何一条边至少与 S 中一个点关联。也就是说，在集合 $V-S$ 中的顶点之间不能有 E' 中的边。这样一来，因为 G

和$\overline{G}$互补，集合 $C=V-S$ 中任何两点间在 G 中则一定有边，所以 C 是 G 的一个 CLIQUE。又因为 $|C|=|V-S|=n-(n-k)=k$，所以 C 是一个 k-CLIQUE。

7.4.6　AND/OR 图判定问题（AOG）

很多复杂的问题都可以拆解成一系列的子问题，再由子问题的解得到原始问题的解。这些子问题可以进一步拆分成子问题，直到拆分得到的子问题成为有显而易见解的简单问题为止。将复杂问题拆分成子问题的过程可以表示为有向图的结构，其中，每个结点表示一个问题，一个结点的子孙结点表示它所含的子问题。

例 7.4　图 7-10(a)给出问题 A，它可以通过子问题 B 和 C 的解得到解决，或者通过子问题 D 的解，或者通过子问题 E 的解。

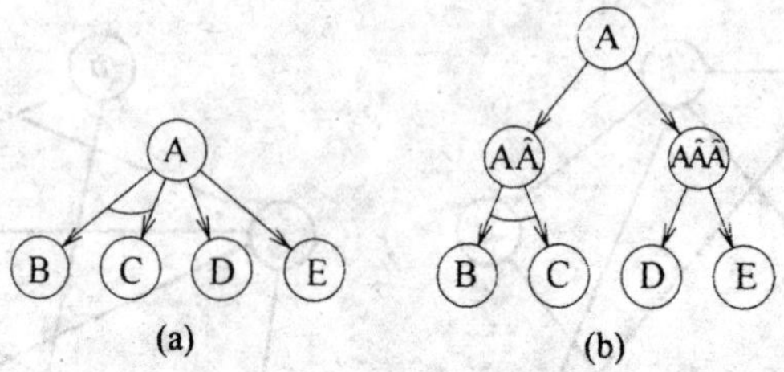

图 7-10　图表示问题

为了得到父结点的解而必须求解的所有子问题用一条弧线跨越所对应的边连到一起(例如，跨过边 $\langle A,B\rangle$ 和 $\langle A,C\rangle$ 的弧线)。如图 7-10(b)所示，通过引入虚拟结点，可以将图转化为所有结点的解决或者要求它的所有子问题都解决，或者只要求其中一个子问题得到解决。前一种类型的结点称为 AND 结点，后一种类型的结点称为 OR 结点。图 7-10(b)中的 A 和 A'' 结点是 OR 结点，A' 结点是 AND 结点。从 AND 结点向下的边都被一条弧线穿过。没有孩子结点的结点称为终止。终止结点表示简单问题，这些问题或者可解或者不可解。可解得终止结点由长方形表示。一个 AND/OR 图不一定总是一棵树。

将一个问题拆分成一些子问题被称为是问题简化。问题简化被用于定理证明，符号集成以及分析工业进度。当使用问题简化时，两个不同的问题可能产生同样的子问题。这种情况下，我们希望只用一个结点来表示这个子问题(这意味着该问题只需要求解一次)。图 7-11 给出了出现这种情况的两个 AND/OR 图。

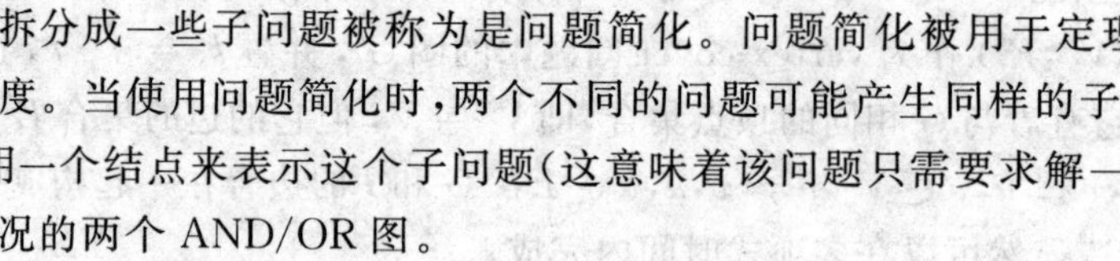

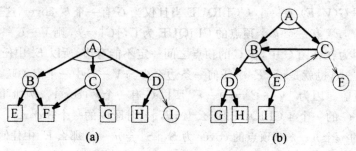

图 7-11　两个非树的 AND/OR 图

注意这种情况下的图已经不是一棵树。这些图甚至有可能出现有向回路，如图 7-11(b)所示。出现有向回路并不意味着问题是不可解的。事实上，图 7-11(b)中的问题 A 可以通过求解简单问题 G、H 和 I 来解决。由 G、H 和 I 的解可以得到问题 D 和 E 的解，再得到 B 和 C 的解。一个解图是指包含那些可以得到问题已求解的子问题的子图。图 7-11 中的图的可能解图由粗边表示。

假设 AND/OR 图中的每一条边都代价。一个 AND/OR 图 G 的解图 H 的代价是 H 中所有边上代价之和。AND/OR 图判定问题(AOG)就是要判定图 G 是否有代价最多为 k 的解图，其中，k 是一个输入。

例 7.5　如图 7-12 中的有向图。要解决的问题是 P_1。为了求解它，需要求解结点 P_2，或者 P_3，或者 P_7，因为 P_1 是一个 OR 结点。需要的代价是 2，或者 2，或者 8(即解决 P_2、P_3 或者 P_7 之外的代价)。要解 P_2，需要解决 P_4 和 P_5，因为 P_2 是一个 AND 结点。所需要的总代价是 2。要解决 P_3，需要解决 P_5 或者 P_6。所需要的最小代价是 1。P_7 没有额外的代价。在这个例子中，解决 P_1 的最优选择是先解 P_6，然后 P_3，最后 P_1。这个解法的总代价是 3。

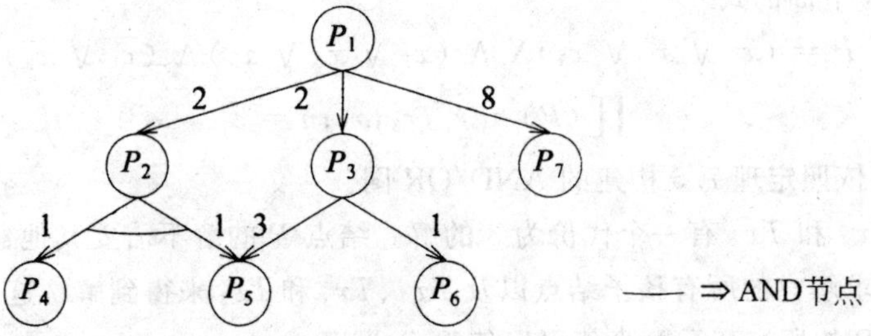

图 7-12　AND/OR 图

定理 7.5　CNF 可满足性问题∝AND/OR 图判定问题。

证明：令 P 是 CNF 的命题式。下面来构造 AND/OR 图 G，使得这样得到的 AND/OR 图 G 有一定最小代价的解当且仅当 F 是可满足的。令

$$P = \prod_{i=1}^{k} C_i, C_i = \coprod l_j$$

其中，l_j 是文字。P 的变元是 $x_1, x_2, \cdots, x_n$。AND/OR 图的结点如下：

①有一个点 S 没有入边，它表示待解的问题。

②S 是一个 AND 结点，它的孩子结点是 $P, x_1, x_2, \cdots, x_n$。

③每个结点 x_i 对应式 P 中的变元 x_i。每个 x_i 是一个 OR 结点，有两个孩子结点 Tx_i 和 Fx_i。若 Tx_i 有解，则表示给变元 x_i 赋一个真值。若 Fx_i 有解，则表示给变元 x_i 赋一个假值。

④结点 P 是一个 AND 结点。它有 k 个孩子结点分别是 $C_1, C_2, \cdots, C_k$。结点 C_i 对应式 P 中的子句 C_i。结点 C_i 是 OR 结点。

⑤结点 Tx_i 和 Fx_i 都只有一个是终止的孩子结点(即它们没有出边)。这些终止结点记为 $v_1, v_2, \cdots, v_{2n}$。

为了完成 AND/OR 图的创建，这里加入下面的边以及代价：

①从每个结点 C_i，若子句 C_i 中包含 x_j，则加一条边 (C_i, Tx_j)。若子句 C_i 中包含 $\bar{x}_j$，则

加一条边 (C_i, Tx_j)。对 C_i 中出现的所有变元都按这样的规则加边。最后设置子句 C_i 为 OR 结点。

②从结点 Tx_i 或者 Fx_i 到它们终止结点之间加边，并且给一定的代价，或者设代价为 1。

③所有其他边的代价为 0。

为了求解 S，必须先解所有的结点 $P, x_1, x_2, \cdots, x_n$。求解 $x_1, x_2, \cdots, x_n$ 的代价是 n。为了求解 P，必须先解所有的 $C_1, C_2, \cdots, C_k$。结点 C_i 的代价最多为 1。然而若在求解 $x_1, x_2, \cdots, x_n$ 的过程中，C_i 的孩子结点已经有一个得到解了，则求解 C_i 的额外代价就是 0，因为它到自己孩子结点的边的代价为 0，并且它的孩子结点之一已经有解了。也就是说，若一个子句中的一个文字已经被赋了真值，则这个子句的求解代价为 0。由此可知，若存在一个 x_i 的赋值，使得在这个赋值下每个子句都存在至少一个文字为真，即 P 是可满足的，则整个图(即结点 s) 可以在代价为 n 的求解。若 P 是不可满足的，则代价一定是超过 n 的。

若从式 P 构造 AND/OR 图，使得 AND/OR 图有一个代价为 n 的解当且仅当 P 是可满足的。否则代价一定超过 n。构造的过程显然是多项式时间的。由此完成了这个证明。

例 7.6 考虑下面的式

$$P = (x_1 \vee x_2 \vee x_3)X \wedge (\bar{x}_1 \vee \bar{x}_2 \vee x_3) \wedge (\bar{x}_1 \vee x_2)$$

$$\prod(P) = x_1, x_2, x_3; n = 3$$

图 7-13 表示依照定理 7.5 构建的 AND/OR 图。

结点 Tx_1、Tx_2 和 Tx_3 有一个代价为 3 的解。结点 P 的解不需要其他额外的代价。因此结点 S 可以通过求解它的所有孩子结点以及 Tx_1、Tx_2 和 Tx_3 来得到解。这个解的总代价是 3 (即等于 n)。为 P 的所有变元赋真值可以使得 P 为真。

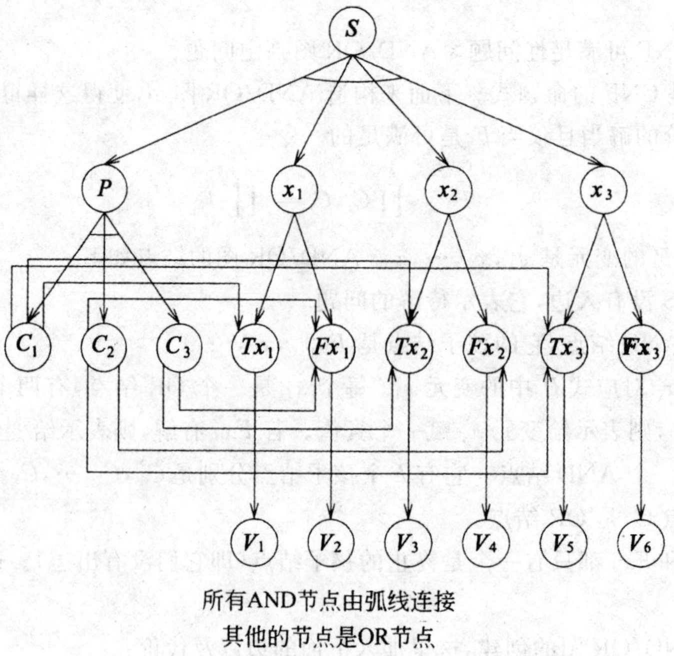

所有AND节点由弧线连接

其他的节点是OR节点

图 7-13 例 7.6 的 AND/OR 图

7.4.7　分割问题

分割问题与子集和问题密切相关。实际上，它是子集和问题的一个特例：若 z 等于集合 S 中所有整数的和，则目标 t 恰好等于 $z/2$。换句话说，分割问题的目标是确定是否存在一个对集合 S 的分割，使得将集合 S 被分割为两个不相交的集合 S' 和 S''，即集合 S 中的每个整数要么在 S' 中，要么在 S'' 中，但不可能既在 S' 中，又在 S'' 中(这就是将集合 S 分割为 S' 和 S'' 的含义)并且在集合 S' 中的整数和等于在集合 S'' 中的整数和。与子集和问题一样，分割问题的证书也是 S 的一个子集。

为了证明分割问题是 NP 难的，可以将子集和问题归约到分割问题。给定一个正整数集合 R 和一个正整数目标 t 作为子集和问题的输入，在多项式时间内可以构建一个集合 S 作为分割问题的输入。首先，计算 z 为 R 中的所有整数和。假定 z 不等于 $2t$，因为若 z 等于 $2t$，则该问题就是一个分割问题。(若 $z=2t$，则 $t=z/2$，尽力寻找 R 的一个子集，使得该子集和恰好等于那些不在该子集中的整数的和。)随后选择一个比 $t+z$ 和 $2z$ 都大的任意一个整数 y。将集合 S 定义为包含 R 中的所有整数和另外的两个额外整数：$y-t$ 和 $y-z+t$。因为 y 比 $t+z$ 和 $2z$ 都大，即推断出 $y-t$ 和 $y-z+t$ 均比 z 大(z 为 R 中所有整数之和)，因此这两个整数都不可能在 R 中。(因为 S 是一个集合，因此它里面的所有元素都必须不同，同时已知 z 不等于 $2t$，则一定能得出 $y-t\neq y-z+t$，因此这两个整数也不相同。)注意 S 中所有整数的和等于 $z+(y-t)+(y-z+t)$，这恰好等于 $2y$。因此，若 S 被分割为两个具有相同累加和的不相交的子集，则每个子集的累加和必定均等于 y。

为了证明归约是如何进行的，还需要证明 R 中存在一个子集 R'，其所有整数的累加和等于 t 当且仅当存在一个对 S 的分割 S' 和 S''，且 S' 中的整数和与 S'' 中的整数和相等。首先，假定 R 中的某个子集 R' 的所有整数和等于 t。那么那些在 R 中的但不在 R' 中的整数和必定等于 $z-t$。将 S' 定义为包含 R' 中的所有整数以及 $y-t$ (因此 S'' 中包含所有不在 R' 中的整数以及 $y-z+t$。这里仅仅需要证明 S' 中的所有整数和为 y。这个证明相当简单：R' 中的所有整数和等于 t，再加上 $y-t$，就能得出总和为 y。

反之，假定存在一个对 S 的分割 S' 和 S''，这两个集合的和均为 y。假定在构成 S 时，向 R 中添加的两个整数($y-t$ 和 $y-z+t$) 不可能同时在 S' 中，也不可能同时在 S'' 中。为什么呢?若它们在同一个集合中，则这个集合的和至少为$(y-t)+(y-z+t)$，这等于 $2y-z$。但是已知 y 大于 z (事实上，y 比 $2z$ 还要大)，因此 $2y-z$ 大于 y。因此，若 $y-t$ 和 $y-z+t$ 在同一个集合中，则集合中的元素和必定比 y 还要大。因此可以得出 $y-t$ 和 $y-z+t$ 中，其中一个在 S' 中，而另一个在 S'' 中。$y-t$ 在 S' 和 S'' 这两个集合中的哪个都没有关系，现假定 $y-t$ 在集合 S' 中。已知 S' 中的整数和等于 y，它意味着 S' 中除去 $y-t$ 之外的剩余整数和为 $y-(y-t)$，即 t。由于 $y-z+t$ 不可能同时也在 S' 中，已知 S' 中剩下的其他元素均来自于 R。因此，R 中存在一个整数和为 t 的子集。

7.4.8　哈密顿回路问题

给定无向图 $G(V,E)$，对其是否含有一个哈密顿回路进行判定。

已知哈密顿回路问题是一个 NP 类问题。现在证明 3-SAT $\propto_p$ HAM-CYCLE。

给定关于变量 $x_1, x_2, \cdots, x_n$ 的 3 元合取范式 $\Theta = C_1C_2\cdots C_k$，其中，每个 C_i 恰有 3 个因子。根据 Θ 在多项式时间内构造与之相应的图 $G(V,E)$，使得 Θ 是可满足的当且仅当 G 有哈密顿回路。

构造用到两个专用子图，一些有用的特殊性质是它们所具备的。在许多有趣的 NP 完全性的证明中常用到这两个子图。

第一个专用子图 A 如图 7-14(a)所示。图 A 作为另一个图 G 的子图时，只能通过顶点 a，a'，b，b' 和图 G 的其他部分相连。注意到若包含子图 A 的图 G 有一哈密顿回路，则该哈密顿回路为了通过顶点 z_1, z_2, z_3 和 z_4，只能以图 7-14(b)和(c)的两种方式通过子图 A 中各顶点。因此，可以将子图 A 看作由边 a, a', b, b' 组成的，且图 G 的哈密顿回路必须包含这两条边中恰好一条边。为简便起见，用 7-14(d)所示的图来表示子图 A。

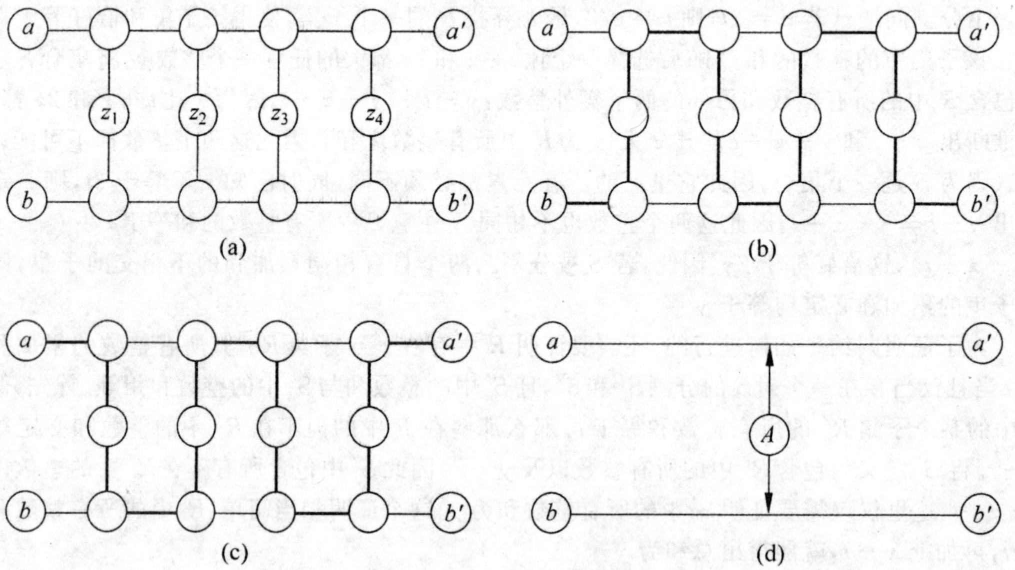

图 7-14　子图 A 的结构

图 7-15 中的图是要用到的第二个专用子图 B。图 B 作为另一个图 G 的子图时，只能通过顶点 b_1, b_2, b_3, b_4 和图 G 中其他部分相连。

图 G 的一条哈密顿回路中 3 条边 (b_1, b_2)，(b_2, b_3) 和 (b_3, b_4) 是不会全部通过的。否则它就不可能再通过子图 B 的其他顶点。然而，这 3 条边中任何一条或任何两条边都可能成为图 G 的哈密回路中的边。图 7-15 的(a)～(e)说明了 5 种这样的情形。还有 3 种情形可以通过对(b)、(c)和(e)中图形做上下对称顶点的交换得到。为简便起见，用图 7-15(f)中图形表示子图 B，其中的 3 个箭头表示图 G 的任一哈密顿回路必须至少包含箭头所指的 3 条路径之一。

要构造的图 G 由许多这样的子图 A 和子图 B 所构成。图 G 的结构如图 7-16 所示。Θ 中每一个合取式 C_i，$1 \leqslant r \leqslant k$，对应于一个子图 B，并且将这 k 个子图 B 串连在一起。也就是说，若用 $b_{i,j}$ 表示 C_i 所对应的子图 B 中的顶点 b_j，则将 $b_{i,4}$ 和 $b_{i+1,i}$ 连接起来，$i = 1, 2, \cdots, k-1$。这就构成图 G 的左半部。

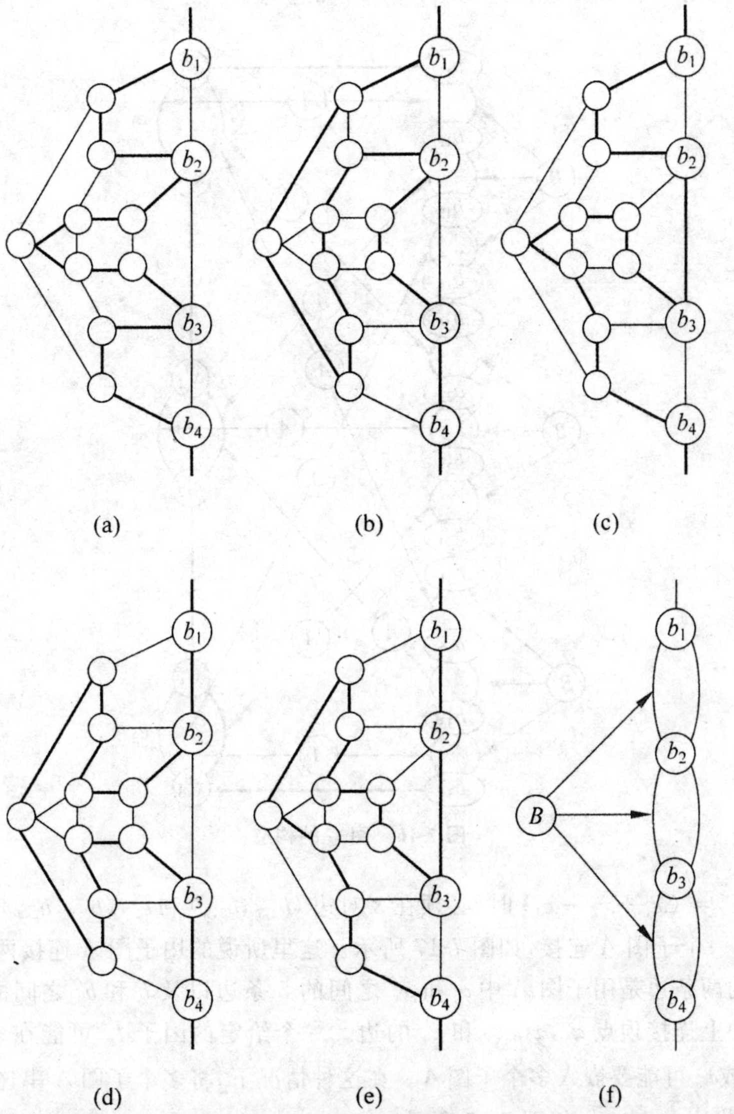

图 7-15　子图 B 的结构

对于 Θ 中每个变量 x_m，在图 G 中两个与之对应的顶点 x'_m 和 x''_m 是要建立的。这两个顶点之间有两条边相连，一条边记为 e_m，另一条边记为 $\bar{e}_m$。这两条边用于表示变量 x_m 的两种赋值情况。当 G 的哈密顿回路经过边 e_m 时，对应于 x_m 赋值为 1，而当哈密顿回路经过边 $\bar{e}_m$ 时，对应于 x_m 赋值为 0。每对这样的边构成了图 G 中的一个 2 边环。通过在图 G 中加入边 (x'_m, x''_{m+1})，$m = 1, 2, \cdots, n-1$，将这些小环串连在一起，图 G 的右半部就构成了。

将图 G 的左半部(合取项)和右半部(变量)，用上、下两条边 $(b_{1,1}, x'_1)$ 和 $(b_{k,4}, x''_n)$ 连接起来，如图 7-16 所示。

到此，还没有完成图 G 的构造，因为变量与各合取项之间的联系还没有有效建立。若合取项 C_i 的第 j 个因子是 x_m，则用一个子图 A 连接边 $(b_{i,j}, b_{i,j+1})$ 和边 e_m；若合取项 C_i 的第 j

个因子是 $\bar{x}_m$，则用一子图 A 连接边 $(b_{i,j}, b_{i,j+1})$ 和边 $\bar{e}_m$。

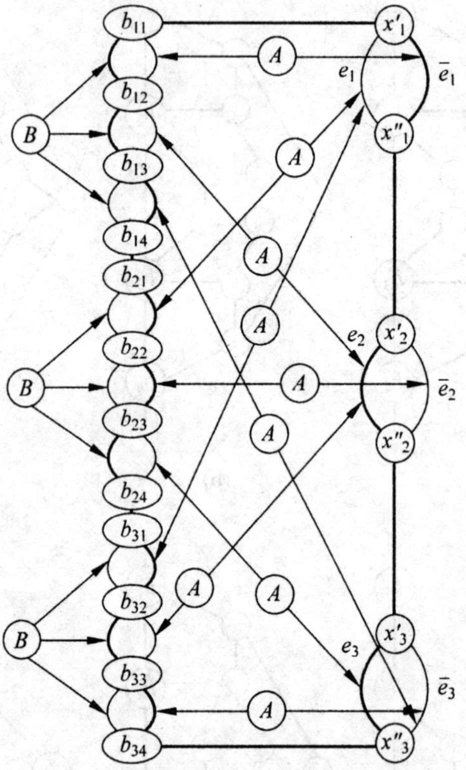

图 7-16　图 G 的构造

例如，当 $C_2=(x_1+\bar{x}_2+x_3)$ 时，必须在 3 对边 $(b_{2,1}, b_{2,2})$ 和 e_1，$(b_{2,2}, b_{2,3})$ 和 $\bar{e}_2$，$(b_{2,3}, b_{2,4})$ 和 e_3 之间各用一个子图 A 连接，如图 7-17 所示。这里所说的用子图 A 连接两条边，从本质上来说，要连接的两条边是用子图 A 中 a 和 a' 之间的 5 条边以及 b 和 b' 之间的 5 条边来取代的，当然还要加上连接顶点 z_1, z_2, z_3 和 z_4 的边。一个给定的因子 l_m 可能在多个合取项中出现，因此边 e_m 或 $\bar{e}_m$ 可能要嵌入多个子图 A。在这种情况下，将多个子图 A 串连在一起，并用串连后的边去取代边 e_m 或 $\bar{e}_m$，如图 7-17 所示。

至此，图 G 的构造也就得以完成。并且可以断言合取范式 Θ 可满足当且仅当图 G 有一哈密顿回路。

事实上，若图 G 有一哈密顿回路 H，则由于图 G 的特殊性，H 一定具备以下特殊形式：

①H 经过边 $(b_{1,1}, x_1')$ 从 G 的顶部左边到达顶部右边。

②H 经边 e_m 或 $\bar{e}_m$ 中一条（不同时经边 e_m 和 $\bar{e}_m$），自顶向下经过所有顶点 x_m' 和 x_m''。

③H 经过边 $(b_{k,4}, x_n'')$ 回到 G 的左边。

④H 经过各子图 B 从底部回到顶部。

H 实际上也经过各子图 A 的内部。H 经过子图 A 内部的两种不同方式取决于 H 经过的是被子图 A 连接的两条边中哪一条。

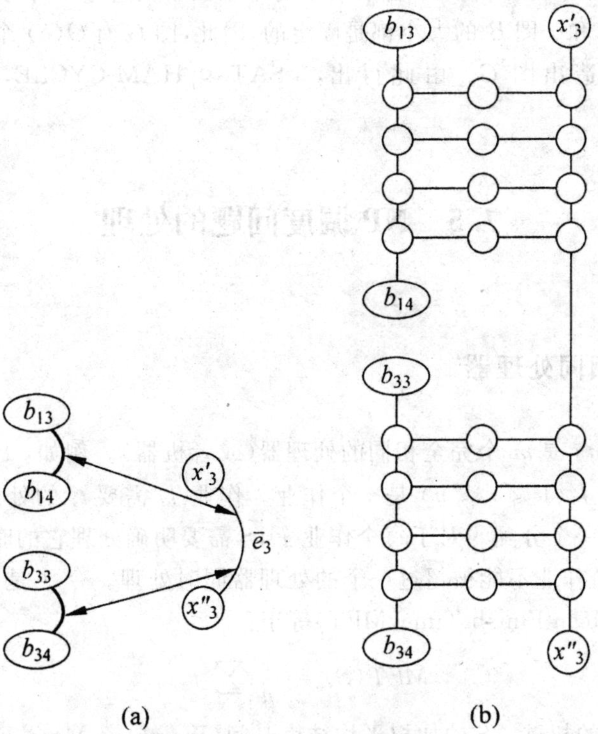

图 7-17　子图 A 的串连

对于图 G 的任意一条哈密顿回路 H，可以定义 Θ 的一个真值赋值如下：当边 e_m 是 H 中一条边时，取 $x_m=1$；否则 $\bar{e}_m$ 是 H 的一条边，取 $x_m=0$。

按这种赋值，可使 $\Theta=1$。事实上，考虑 Θ 的每一合取项 C_i 及其对应的图 G 中的子图 B。根据 C_i 中第 j 个因子是 x_m 或 $\bar{x}_m$，由一个子图 A 与边 e_m 或 $\bar{e}_m$ 实现每条边 $(b_{i,j},b_{i,j+1})$ 的连接。边 $(b_{i,j},b_{i,j+1})$ 是 H 中的边当且仅当 C_i 中相应的因子取值 0。因为 C_i 中 3 个因子相应的 3 条边 $(b_{i,1},b_{i,2})$，$(b_{i,2},b_{i,3})$，$(b_{i,3},b_{i,4})$ 均在子图 B 中，由子图 B 的性质可知，H 不可能包含所有这 3 条边。因此，这 3 条边所相应的 C_i 中 3 个因子至少有一个取值 1，即 C_i 取值 1。由于 C_i 是任意的，所以 $C_i=1$，$i=1,2,\cdots,k$。也就是说，Θ 是可满足的。

反之，若 Θ 是可满足的，则有 $x_1,x_2,\cdots,x_n$ 的一个真值赋值，使得 $\Theta=1$。据此，图 G 的哈密顿回路构造如下：

①从 G 的顶点 $b_{1,1}$ 开始，经过边 $(b_{1,1},x'_1)$ 到达图 G 的右边。

②在从 x'_1 到 x''_n 的路中，若 $x_m=1$ 则经过边 e_m，否则经过边或 $\bar{e}_m$。

③经过边 $(b_{k,4},x''_n)$ 回到图 G 的左边。

④在从 $b_{k,4}$ 到 $b_{1,1}$ 的路中，若 C_i 的第 j 个因子取值 0 则经过边 $(b_{i,j},b_{i,j+1})$，否则不经过该边。由子图 B 的性质及 $C_i=1$ 知，这总是可行的。

如此构造出的图 G 的回路 H，经过 G 的每个顶点恰好一次，故它是图 G 的一条哈密顿回路。

最后，在多项式时间内可完成图 G 的构造。事实上，Θ 的每个合取项对应于图 G 中一个

子图 B，总共有点个子图 B。Θ 中每个合取项中的每个因子对应于一个子图 A，总共有 3 是个子图 A。每个子图 A 和子图 B 的大小都是固定的，因此，图 G 有 $O(k)$ 个顶点和边。因此，可在多项式时间内构造出图 G。由此得出，3-SAT $\propto_p$ HAM-CYCLE，从而 HAM-CYCLE $\in$ NPC。

7.5 NP 调度问题的处理

7.5.1 调度相同处理器

令 $P_i(1 \leqslant i \leqslant m)$ 是 m 个完全相同的处理器（或者机器）。例如，P_i 可以是计算机输出室的一台打印机。令 $J_i(1 \leqslant i \leqslant n)$ 是 n 个作业。作业 J_i 需要 t_i 的处理时间。一个调度 S 是对作业向处理器的一个分配。对于每个作业 J_i，S 需要明确处理它的时间区间以及处理器。在任意给定时刻，一个作业不能被超过一个的处理器同时处理。令 f 是作业 J_i 的结束时间。S 的平均结束时间（Mean Finish Time，MFT）等于：

$$MFT(S) = \frac{1}{n}\sum_{1 \leqslant i \leqslant n} f_i$$

令 w_i 是作业 J_i 的权重。S 的加权平均结束时间（Weighted Mean Finish Time，WMFT）等于：

$$MMFT(S) = \frac{1}{n}\sum_{1 \leqslant i \leqslant n} w_i f_i$$

令 T_i 是处理器 B 结束所有分配给它处理的作业的时间。S 的结束时间（Finish Time，FT）等于：

$$FT(S) = \max_{1 \leqslant i \leqslant m}\{T_i\}$$

调度 S 是非抢占性调度，当且仅当每个作业 J_i 自始至终都在同一个处理器上连续处理。在抢占性调度中，每个作业不一定在一个处理器上连续处理。

定理 7.6 划分问题 $\propto$ 最小结束时间非抢占性调度问题。

证明：当 $m = 2$ 时成立。扩展到 $m > 2$ 的情况是显而易见的。令 $a_i(1 \leqslant i \leqslant n)$ 是划分问题的一个实例。定义 n 个作业，其处理时间 $t_i = a_i, 1 \leqslant i \leqslant n$。存在结束时间最多为 $\sum t_i/2$ 的将这些作业分配到两个处理器的调度，当且仅当存在一个 a_i 的划分。

例 7.7 考虑如下划分问题的一个输入：$a_1 = 2, a_2 = 5, a_3 = 6, a_4 = 7, a_5 = 10$。对应的最小结束时间非抢占性调度问题的输入是 $t_1 = 2, t_2 = 5, t_3 = 6, t_4 = 7, t_5 = 10$。存在一个结束时间为 15 的非抢占性调度：$P_1$ 分配作业 t_2 和 t_5；P_2 分配作业 t_1、t_3 和 t_4。这个解也对应一个划分问题的解：$\{a_2, a_5\}, \{a_1, a_3, a_4\}$。

定理 7.7 划分问题 $\propto$ 最小 WMFT 非抢占性调度问题。

证明：仍然证明当 $m = 2$ 时成立。扩展到 $m > 2$ 的情况是显而易见的。令 $a_i(1 \leqslant i \leqslant n)$ 是划分问题的一个实例。下面来构造一个 n 个作业两个处理器的调度问题，并且 $w_i = t_i =$

$a_i, 1 \leqslant i \leqslant n$。对于这组作业，存在一个 WMFT 最多为 $\frac{1}{2}\sum a_i^2 + \frac{1}{4}\left(\sum a_i\right)^2$ 的非抢占性调度 S，当且仅当存在一个 a_i 的划分。令分配到 P_1 上的作业的权重与时间分别为 $(\bar{w}_1, \bar{t}_1), \cdots, (\bar{w}_k, \bar{t}_k)$，分配到 P_2 上的是 $(\bar{\bar{w}}_1, \bar{\bar{t}}_1), \cdots, (\bar{\bar{w}}_1, \bar{\bar{t}}_1)$。假设作业就是按照这个次序在各自的处理器上被处理的。那么，对于调度 S，有：

$$n * \mathrm{WMFT}(S) = \bar{w}_1\bar{t}_1 + \bar{w}_2(\bar{t}_1 + \bar{t}_2) + \cdots + \bar{w}_k(\bar{t}_1 + \bar{t}_2 + \cdots + \bar{t}_k)$$
$$+ \bar{\bar{w}}_1\bar{\bar{t}}_1 + \bar{\bar{w}}_2(\bar{\bar{t}}_1 + \bar{\bar{t}}_2) + \cdots \bar{\bar{w}}_l(\bar{\bar{t}}_1 + \bar{\bar{t}}_2 + \cdots \bar{\bar{t}}_l)$$
$$= \frac{1}{2}\sum w_i^2 + \frac{1}{2}\left(\sum \bar{w}_i\right)^2 + \frac{1}{2}\left(\sum w_i - \sum \bar{w}_i\right)^2$$

因此，$n * \mathrm{WMFT}(S) \geqslant \frac{1}{2}\sum w_i^2 + \frac{1}{4}\left(\sum w_i\right)^2$。能够达到最小值当且仅当 w_i（也是 a_i）存在一个划分。

例 7.8　考虑如下划分问题的一个输入：$a_1 = 2, a_2 = 5, a_3 = 6, a_4 = 7, a_5 = 10$。这里 $\frac{1}{2}\sum a_i^2 = \frac{1}{2}(2^2 + 5^2 + 6^2 + 7^2 + 10^2) = 107$，$\sum a_i = 30$ 并且 $\frac{1}{4}\left(\sum a_i\right)^2 = 225$。因此 $\frac{1}{2}\sum a_i^2 + \frac{1}{4}\left(\sum a_i\right)^2 = 107 + 225 = 332$。对应的最小 WMFT 非抢占性调度问题的输入是 $w_i = t_i = a_i, 1 \leqslant i \leqslant 5$。若为 P_1 分配作业 t_2 和 t_5；为 P_2 分配剩余的作业，则

$$n * \mathrm{WMFT}(S) = 5 * 5 + 10(5 + 10) + 2 * 2 + 6(2 + 6) + 7(2 + 6 + 7) = 332$$

这个解也对应一个划分问题的解。

7.5.2　流水车间调度

定理 7.8　划分问题∝最小结束时间抢占性流水车间调度问题（$m > 2$）。

证明：只用 $m = 3$ 个处理器。令 $A = \{a_1, a_2, \cdots, a_n\}$ 是划分问题的一个实例。构造如下抢占性的流水车间实例 FS：$n + 2$ 个作业，$m = 3$ 台机器，每个作业最多有两个非零的任务：

$$t_{1,i} = a_i; t_{2,i} = 0; t_{3,i} = a_i, 1 \leqslant i \leqslant n$$
$$t_{1,n+1} = \frac{T}{2}; t_{2,n+1} = T; t_{3,n+1} = 0$$
$$t_{1,n+2} = 0; t_{2,n+2} = T; t_{3,n+2} = \frac{T}{2}$$

其中，$T = \sum_1^n a_i$。

下面证明这个流水车间问题实例，有一个结束时间最多为 $2T$ 的抢占性调度，当且仅当 A 存在一个划分。

①若 A 存在一个划分 u，则存在一个结束时间为 $2T$ 的抢占性调度。

②若 A 不存在划分，则所有 FS 的抢占性调度的结束时间必须大于 $2T$。可以用反证法来证明。假设 FS 存在一个结束时间最多为 $2T$ 的抢占性调度。对于这个调度，有如下的观察：

a. 任务 $t_{1,n+1}$ 必须在时间 T 就完成了，因为只有在 $t_{1,n+1}$ 完成之后，$t_{2,n+1} = T$ 才能开始。

b. 任务 $t_{3,n+2}$ 不能早于 T 时间开始，因为 $t_{2,n+2} = T$。

观察①意味着在处理器 1 上，前 T 个单位时间中的 $T/2$ 个单位时间是自由的。令 V 是处理器 1 上到时间 T 时结束的任务的下标的集合(包括 $t_{1,n+1}$)。那么：

$$\sum_{i\in V} t_{1,i} < \frac{T}{2}$$

因为 A 不存在划分，因此

$$\sum_{\substack{i\notin V\\ 1\leqslant i\leqslant n}} t_{3,i} > \frac{T}{2}$$

V 中不包含的那些任务在处理器 3 上只能等到时间 T 之后才能处理，因为它们在处理器 1 上的处理直到时间 T 才完成。这与观察②一起隐含着在时间 T，留给处理器 3 的处理任务有：

$$t_{3,n+2} + \sum_{\substack{i\notin V\\ 1\leqslant i\leqslant n}} t_{3,i} > T$$

因此调度的长度必然大于 $2T$。

7.5.3 作业车间调度

与流水车间调度一样，作业车间调度同样存在 m 个不同的处理器。n 个需要完成的作业包含几个任务。作业 J_i 的第 j 个任务的时间是 $t_{k,i,j}$。任务 j 需要在处理器 P_k 上完成。任意作业 J_i 的任务需要按照 1,2,3,…的顺序完成。任务 j 需要等到任务 $j-1$(若 $j>1$) 完成之后才能开始。也有可能一个作业有多个任务需要在一台处理器上完成。在非抢占性调度中，一旦一个任务开始了，它就将不受任何打扰地执行完毕。FT(S)和 MFT(S)可以很自然地扩展到这个问题上。即使 $m=2$ 时，无论是抢占性的还是非抢占性的，得到最小结束时间调度都是 NP 难的。非抢占性调度的证明是比较容易的(使用划分)。下面来证明抢占性调度的情况。给出的证明对于非抢占性调度也成立，不过不是证明非抢占性调度问题的最简洁的证明方法。

定理 7.9 划分问题∝最小结束时间抢占性作业车间调度问题 ($m>1$)。

证明：只用两个处理器。令 $A=\{a_1,a_2,\cdots,a_n\}$ 是划分问题的一个实例。构造如下作业车间实例 JS：$n+1$ 个作业，$m=2$ 台机器：

作业 $1,2,\cdots,n$：$t_{1,i,1}=t_{2,i,2}=a_i, 1\leqslant i\leqslant n$

作业 $n+1$ $t_{2,n+1,1}=t_{1,n+1,2}=t_{2,n+1,3}=t_{1,n+1,4}=\dfrac{T}{2}$

其中，$T=\sum_1^n a_i$。

下面证明这个作业车间问题实例有一个结束时间最多为 $2T$ 的抢占性调度，当且仅当 A 存在一个划分。

①若 A 存在一个划分 u，则存在一个结束时间为 $2T$ 的抢占性调度。

②若 A 不存在划分，则所有 JS 的抢占性调度的结束时间必须大于 $2T$。假设 JS 存在一个结束时间最多为 $2T$ 的抢占性调度。那么作业 $n+1$ 必须如图 7-18 所示的那样调度，并且 P_1 或者 P_2 上不能有空闲的时间。令 R 是处理器 P_1 上在时间区间 $\left[0,\dfrac{T}{2}\right]$ 调度的任务集合。令

R' 是 R 中那些第一个任务在 P_1 上进行的任务子集。因为 A 不存在划分，因此 $\sum_{j\in R'} t_{i,j,1} > \frac{T}{2}$。相应地，$\sum_{j\in R'} t_{2,j,2} < \frac{T}{2}$。因为 R' 中的作业只有第二个任务可以在 P_2 上时间区间 $\left[\frac{T}{2}, T\right]$ 内进行，那么在这个时间区域内 P_2 存在空闲时间。因此 S 的结束时间要超过 $2T$。

$\{t_{1,i,1} \mid i \in u\}$	$t_{1,n+1,2}$	$\{t_{1,i,1} \mid i \notin u\}$	$t_{1,n+1,4}$
$t_{2,n+1,1}$	$\{t_{2,i,2} \mid i \in u\}$	$t_{2,n+1,3}$	$\{t_{2,i,2} \mid i \notin u\}$

图 7-18 一个调度

第 8 章　近似算法

8.1　近似算法的性能分析

许多 NP 完全问题从本质上来看就是最优化问题，即要求使某个目标函数达到最大值或最小值的解。对于确定的问题，假设其每一个可行解所对应的目标函数值均不小于一个确定的正数。若一个最优化问题的最优值为 c^*，求解该问题的一个近似算法求得的近似最优解相应的目标函数值为 c，则将该近似算法的性能比定义为

$$\eta = \max\left\{\frac{c}{c^*}, \frac{c^*}{c}\right\}$$

在通常情况下，问题输入规模 n 的一个函数 $\rho(n)$ 就是该性能比，即

$$\max\left\{\frac{c}{c^*}, \frac{c^*}{c}\right\} \leqslant \rho(n)$$

上述定义并不局限于极小化问题，在极大化问题中同样适用。对于一个极大化问题，$0 < c \leqslant c^*$。此时近似算法的性能比，表示最优值 c^* 比近似最优值 c 大多少倍。对于一个极小化问题，$0 < c^* \leqslant c$。此时，近似算法的性能比表示近似最优值 c 比最优值 c^* 大多少倍。由 $c/c^* < 1$ 可以推出 $c^*/c > 1$，故近似算法的性能比不会小于 1。一个能求得精确最优解的算法的性能比为 1。在通常情况下，近似算法的性能比大于 1。近似算法的性能比越大，它求出的近似最优解就越差。

基于便利性的考虑，可以采用相对误差表示一个近似算法的精确程度。若最优化问题的精确最优值为 c^*，而一个近似算法求出的近似最优值为 c，则该近似算法的相对误差定义为 $\lambda = \left|\frac{c - c^*}{c^*}\right|$。近似算法的相对误差总是非负的。若对问题的输入规模 n，有一个函数 $\varepsilon(n)$ 使得 $\left|\frac{c - c^*}{c^*}\right| \leqslant \varepsilon(n)$，则称 $\varepsilon(n)$ 为该近似算法的相对误差界。近似算法的性能比 $\rho(n)$ 与相对误差界 $\varepsilon(n)$ 之间显然有如下关系：$\varepsilon(n) \leqslant \rho(n) - 1$。

有许多问题的近似算法具有固定的性能比或相对误差界，即 $\rho(n)$ 或 $\varepsilon(n)$ 与 n 没有直接关系的。在这种情况下，用 ρ 和 ε 来记性能比和相对误差界，表示它们不依赖于 n。当然，还有许多问题没有固定性能比的多项式时间近似算法，其性能比只能随着输入规模 n 的增长而增大。

对有些 NP 完全问题，这样的近似算法不难找出，可以通过增加计算量来改进其性能比。也就是说，在计算量和解的精确度之间有一个折中。较少的计算量得到较粗糙的近似解，而较多的计算量可以获得较精确的近似解。

带有近似精度 $\varepsilon > 0$ 的一类近似算法就是一个最优化问题的近似格式。对于固定的

$\varepsilon > 0$，该近似格式表示的近似算法的相对误差界为 ε。若对固定的 $\varepsilon > 0$ 和问题的一个输入规模为 n 的实例，用近似格式表示的近似算法是多项式时间算法，则称该近似格式为多项式时间近似格式。

多项式时间近似格式的计算时间不应随 ε 的减少而增长得太快。在理想的情况下，若 ε 减少某一常数倍，近似格式的计算时间增长也不超过某一常数倍。换句话说，希望近似格式的计算时间是 $1/\varepsilon$ 和 n 的多项式。

当一个问题的近似格式的计算时间是关于 $1/\varepsilon$ 和问题实例的输入规模 n 的多项式时，称该近似格式为一完全多项式时间近似格式，其中，ε 是该近似格式的相对误差界。

8.2　集合覆盖问题

若干重要的算法问题可以形式地描述成集合覆盖的特殊情况，因而它的近似算法的应用范围非常广泛。我们将看到：能够设计出贪心算法，它生成的解具有保证的相对最优解的近似因子。

虽然对集合覆盖设计的贪心算法非常简单，但是对它的分析相比于前面介绍的要复杂许多。在那里我们能够对(未知的)最优解非常简单的界限进行分析，而在这里与最优解的比较工作困难得多，需要使用更加精密复杂的界限。就方法而言，可以把它看作定价法的一个例子。

回想一下在讨论 NP 完全性时集合覆盖问题基于 n 个元素的集合 U 和一组 U 的子集 $S_1, \cdots, S_m$，若这些子集中的若干个的并集等于整个 U，则称这若干个子集是一个集合覆盖。

现在考虑的这个问题中，每一个子集 S_i 关联一个权 $w_i \geqslant 0$。我们的目标是找一个集合覆盖 K 使得总的权

$$\sum_{S_i \in C} w_i$$

最小。注意这个问题至少和我们早先见到的集合覆盖的判定形式的难度是保持一致的。若令所有的 $w_i = 1$，则集合覆盖的最小权小于等于 k 是当且仅当存在不超过 k 个子集的集合覆盖 U。

我们要开发并分析这个问题的一个贪心算法。该算法构造这个覆盖，每次一个集合。为了选择下一个集合，一个似乎能够使得向目标取得最大进展的集合是它寻找的目标。在这种背景下定义“进展”的自然方法是什么？想要的集合有两个性质：它们有小的权 w_i 和覆盖许多元素。然而这两个性质中任何单独的一个都不足以设计出好的近似算法。自然地替换成把这两个标准结合成单一的度量 $w_i/|S_i|$，即选择 S_i 用 w_i 费用覆盖 $|S_i|$ 个元素，因而这个比值给出“覆盖每一个元素的费用”，用它作为导向是非常合理的事情。

当然，某些集合一旦已经选定的话，就只关心在还没有被覆盖的元素上如何做。所以我们保存未被覆盖的剩余元素集合 R 并选择集合 S_i，使得 $w_i/|S_i \cap R|$ 最小。

Greedy-Set-Cover：

开始时 $R=U$ 且没有被选择的集合

While $R \neq \Phi$

　　选择 $w_i/|S_i \cap R|$ 最小的集合 S_i

　　从 R 中删去集合 S_i

EndWhile

Return 所有被选择的集合

举一个例子说明这个算法的性能，考虑它对图 8-1 中实例的运行情况。底部包含 4 个结点的集合(因为它有最好的权覆盖比 1/4)是它的首选，然后选择第二行中包含 2 个结点的集合，最后选择顶部 2 个各自只包含 1 个结点的集合。因此它选择总权为 4 的一组集合。由于它每一次近似地选择最佳选项，这个算法没有发现选择每一个覆盖一整列的 2 个集合，能够用权仅为 $2+2\varepsilon$ 覆盖所有的结点。

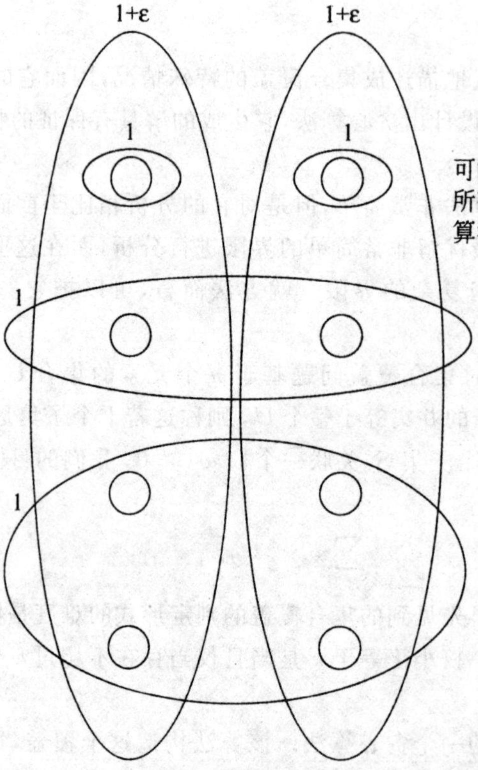

图 8-1　集合覆盖问题的一个实例

图 8-1 中集合的权为 1 或 $1+\varepsilon$，其中，$\varepsilon>0$ 是一个很小的数。贪心算法算选择总权等于 4 的集合，而没有选择权为 $2+2\varepsilon$ 的最优解。

算法选择的集合显然构成一个集合覆盖。要解决的问题是：这个集合覆盖的权比最优集合覆盖的权 w^* 大多少？

类似于和前面介绍的内容，一个好的最优值下界是我们进行分析所必须的。对于负载均衡问题，我们使用从问题陈述自然地显露出的下界：平均负载和最大作业的处理时间。集合覆盖问题原来要敏感得多，“简单的”下界无太大用处，而要换成使用另一个下界，这个下界是贪心算法作为副产品隐含地构造出来的。

回想一下算法使用的比值 $w_i/|S_i \cap R|$ 的直观意义，它是为了覆盖每一个新元素所“支付的费用”。把为元素 s 支付的这个费用记作 c_s，在紧接着选择集合 S_i 的下面添加一行“对所有的 $s \in S_i \cap R$，定义 $c_s = w_i/|S_i \cap R|$”。

算法的运算一点不会受到值 c_s 的影响，把它们看作用来帮助与最优值 w^* 比较时的记录装置。当选择 S_i 时，它的权被分摊为所有新被覆盖的元素的费用 c_s，于是，这些费用完全地计算了这个集合覆盖的权，所以有：

命题 8.1　设 FS 是用 Greedy-Set-Cover 得到的集合覆盖，则 $\sum_{S_i \in F} w_i = \sum_{s \in U} c_s$。

分析的关键是问任何单个集合 S_k 能够计算多少总费用，也就是说，给出 $\sum_{s \in S_k} c_s$，相对于这个集合的权 w_k 的界限，甚至对没有被贪心算法选中的集合也要给出这个界限。给出

$$\frac{\sum_{s \in S_k} c_s}{w_k}$$

对所有集合成立的上界实际上是说“要负担一定的费用，你必须使用一定的权”。我们知道最优解必须通过它选择的所有集合负担全部费用 $\sum_{s \in U} c_s$，因此这个界限表示它必须至少使用一定数量的权。这是最优值的下界，同时也是我们进行分析所需要的。

我们的分析将要用到调和函数

$$H(n) = \sum_{i=1}^{n} \frac{1}{i}$$

为了了解它作为 n 的函数的渐近大小，可以把它解释成近似等于曲线 $y = 1/x$ 下面面积的和。图 8-2 说明它为什么自然地以 $1 + \int_1^n \frac{1}{x} dx = 1 + \ln n$ 为上界，以 $\int_1^{n+1} \frac{1}{x} dx = \ln(n+1)$ 为下界。于是，看到

$$H(n) = O(\ln n)$$

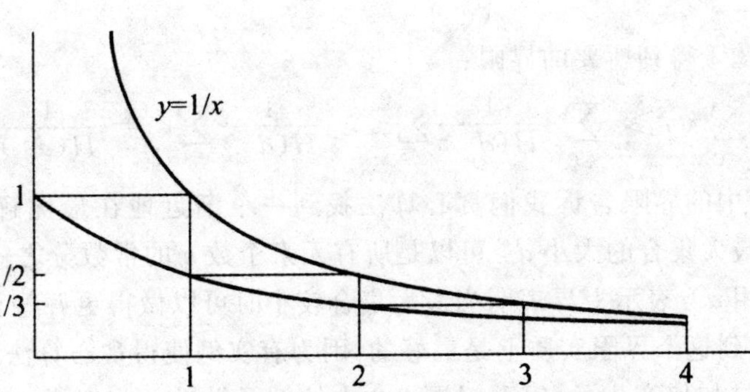

图 8-2　调和函数 $H(n)$ 的上界和下界

下面是确定算法性能界限的关键。

命题 8.2　对每一个集合 S_k，$\sum_{s \in S_k} c_s$，不超过 $H(|S_k|) \cdot w_k$

证明:为了有效简化,假设 S_k 的元素是集合 U 的前 $d=|S_k|$ 个元素,即 $S_k=\{s_1,\cdots,s_d\}$。

进一步假设这些元素下标的顺序就是贪心算法赋给它们费用 c_{s_j} 的顺序(当有若干个元素的值相同时任取一个)。这样做不失一般性,因为它只是给 U 的元素重新命名。

现在对某个 $j\leqslant d$,考虑贪心算法覆盖元素 s_j 的那一次迭代。迭代开始时根据元素的下标,$s_j,s_{j+1},\cdots,s_d\in R$。这蕴涵 $|S_k\cap R|$ 大于等于 $d-j+1$,因而集合 S_k 的平均费用

$$\frac{w_k}{|S_k\cap R|}\leqslant\frac{w_k}{d-j+1}$$

注意,这个式子不是说永远就是等式,因为 s_j 可能与另外某个元素 $s_{j'}(j'<j)$ 在同一次迭代中被覆盖。在这次迭代中,贪心算法选择平均费用最小的集合 S_i,因此 S_i 的平均费用小于等于 S_k 的平均费用。赋给 s_j 的正是 S_i 的平均费用,所以有

$$c_{s_j}=\frac{w_i}{|S_i\cap R|}\leqslant\frac{w_k}{|S_k\cap R|}\leqslant\frac{w_k}{d-j+1}$$

现在对所有的元素 $s\in S_k$ 相加这些不等式,得到

$$\sum_{s\in S_k}c_s=\sum_{j=1}^{d}c_{s_j}\leqslant\sum_{j=1}^{d}\frac{w_k}{d-j+1}=\frac{w_k}{d}+\frac{w_k}{d-1}+\cdots+\frac{w_k}{1}=H(d)\cdot w_k$$

现在来完成我们的计划,用以上命题中的界限比较贪心算法的集合覆盖与最优的集合覆盖。设 $d^*=\max_i|S_i|$ 表示最大的集合的大小,可以得出以下近似结果。

定理 8.1 Greedy-Set-Cover 选择的结合覆盖 C 的权不超过最优权 w^* 的 $H(d^*)$。

证明:设 C^* 表示最优集合覆盖,因此 $w^*=\sum\limits_{S_i\in C^*}w_i$。对 C^* 中的每一个集合,由命题 2 可知,有

$$w_i\leqslant\frac{1}{H(d^*)}\sum_{s\in S_i}c_s$$

因为这些集合构成一个集合覆盖,所以有

$$\sum_{S_i\in C^*}\sum_{s\in S_i}c_s\geqslant\sum_{s\in U}c_s$$

由上述不等式和命题 1 得到所要的界限:

$$w^*=\sum_{S_i\in C^*}w_i\geqslant\sum_{S_i\in C^*}\frac{1}{H(d^*)}\sum_{s\in S_i}c_s\geqslant\frac{1}{H(d^*)}\sum_{s\in U}c_s=\frac{1}{H(d^*)}\sum_{S_i\in C}w_i$$

于是,定理 8.1 中的界限告诉我们贪心算法找到一个渐近地在最优解的因子 $O(\log d^*)$ 范围内的解。由于最大集合的大小 d^* 可以是所有元素个数 n 的常数分之一,$O(\log n)$ 就是最坏的情况了。但是用 d^* 表示上界表明当最大集合较小时可以做得更好些。

有趣的是,注意到这个界限实质上是最好的,因为有实例使得贪心算法计算得这么坏。为了看到这样的实例是如何产生的,需要对图 8-2 中的例子做进一步考虑。推广这个例子的元素基础集 U 由两竖列组成,每列各有 $n/2$ 个元素。对某个小的 $\varepsilon>0$,仍有两个权为 $1+\varepsilon$ 的集合,它们分别包含一列。再构造 $\Theta(\log n)$ 个集合作为图中其他集合的推广:一个包含最底部的,$n/2$ 个结点,另一个包含上面一点的 $n/4$ 个结点,还有一个包含再上面一点的 $n/8$ 个结点,等等。这些集合的权都为 1。

贪心算法依次选择大小为 $n/2, n/4, n/8, \cdots$ 的集合，产生一个权为 $\Omega(\log n)$ 的解。另一方面，选择两个各自包含一列的集合产生权为 $2+2\varepsilon$ 的最优解。这个结果的加强可通过更加复杂的构造来实现，产生使得贪心算法给出的权非常接近最优权的 $H(n)$ 倍的实例。事实上，已经用复杂得多的方法证明没有多项式时间的近似算法能够达到比最优值 $H(n)$ 倍好得多的近似界限，除非 P＝NP。

8.3 子集和问题

给定一个正整数集合 $S=\{s_1, s_2, \cdots, s_n\}$，子集和问题要求在集合 S 中找出其和不超过正整数 C 的最大和数的子集。

考虑蛮力法（该方法在本书中不做介绍，请参考资料）求解子集和问题，为了将集合 $\{s_1, s_2, \cdots, s_n\}$ 的所有子集和求出，先将所有子集和的集合初始化为 $L_0=\{0\}$，然后求得子集和中包含 s_1 的情况，即 L_0 中的每一个元素加上 s_1，用 L_0+s_1 表示对集合 L_0 中的每个元素加上 s_1 后得到的新集合，则所有子集和的集合为 $L_1=L_0+\bigcup(L_0+s_1)=\{0, s_1\}$；再求得子集和中包含 s_2 的情况，即 L_1 中的每一个元素加上 s_2，所有子集和的集合为 $L_2=L_1\bigcup(L_1+s_2)=\{0, s_1, s_2, s_1+s_2\}$；以此类推，一般情况下，为求得子集和中包含 $s_i(1\leqslant i\leqslant n)$ 的情况，即 L_{i-1} 中的每一个元素加上 s_i，所有子集和的集合为 $L_i=L_{i-1}\bigcup(L_{i-1}+s_i)$。因为子集和问题要求不超过正整数 C，所以，每次合并后都要在 L_i 中删除所有大于 C 的元素。例如，若 $S=\{104, 102, 201, 101\}$，$C=308$，通过使用上述算法求解子集和问题的过程如图 8-3 所示，求得的最大和数是 307，相应的子集是 $\{104, 102, 101\}$。

$L_0=\{0\}$

$L_1=L_0\bigcup(L_0+104)=\{0\}\bigcup\{104\}=\{0, 104\}$

$L_2=L_1\bigcup(L_1+102)=\{0, 104\}\bigcup\{102, 206\}=\{0, 102, 104, 206\}$

$L_3=L_2\bigcup(L_2+201)=\{0, 102, 104, 206\}\bigcup\{201, 303, 305, 407\}$

$\quad=\{0, 102, 104, 201, 206, 303, 305\}$

$L_4=L_3\bigcup(L_2+101)=\{0, 102, 104, 201, 206, 303, 305\}\bigcup\{101, 203, 205, 302, 307, 404, 406\}$

$\quad=\{0, 101, 102, 104, 201, 203, 205, 206, 302, 303, 305, 307\}$

图 8-3 蛮力法求解子集和问题示例

蛮力法求解子集和问题，需要将集合 S 中的元素依次加到集合 L_{i-1} 中再执行合并操作 $L_i=L_{i-1}\bigcup(L_{i-1}+s_i)$，最坏情况下，$L_i$ 中的元素互不相同，则 L_i 中有 2^i 个元素，因此，时间复杂性为 $O(2^n)$。

可以修改蛮力法求解子集和问题的算法，子集和问题的近似算法在每次合并结束并且删除所有大于 C 的元素后，在子集和不超过近似误差 ε 的前提下，以 $\delta=\varepsilon/n$ 作为修整参数在合并结果 L_i 中删去满足条件 $(1-\delta)\times y\leqslant z\leqslant y$ 的元素 y，下次参与迭代的元素个数要尽可能的减少，使得算法时间性能得以提高。例如，若 $S=\{104,102,201,101\}$，$C=308$，给定近似参数 $\varepsilon=0.2$，则修整参数为 $\delta=\varepsilon/n=0.05$，利用近似算法求解子集和问题的过程如图 8-4 所示。算法最后返回 302 作为子集和问题的近似解，而最优解为 307，所以，近似解的相对误差不超过预先给定的近似参数 0.2。

$L_0=\{0\}$

$L_1=L_0\cup(L_0+104)=\{0\}\cup\{104\}=\{0,\ 104\}$

对 L_1 进行修整：$L_1=\{0,\ 104\}$

$L_2=L_1\cup(L_1+102)=\{0,\ 104\}\cup\{102,\ 206\}=\{0,\ 102,\ 104,\ 206\}$

对 L_2 进行修整：$L_2=\{0,\ 102,\ 206\}$

$L_3=L_2\cup(L_2+201)=\{0,\ 102,\ 206\}\cup\{201,\ 303,\ 407\}$

$=\{0,\ 102,\ 201,\ 206,\ 303\}$

对 L_3 进行修整：$L_3=\{0,\ 102,\ 201,\ 303\}$

$L_4=L_3\cup(L_2+101)=\{0,\ 102,\ 201,\ 303\}\cup\{101,\ 203,\ 302,\ 404\}$

$=\{0,\ 101,\ 102,\ 201,\ 203,\ 302,\ 303\}$

对 L_4 进行修整：$L_4=\{0,\ 101,\ 201,\ 302\}$

图 8-4 近似算法求解子集和问题示例

给定近似参数 ε，子集和问题的近似算法用伪代码描述如下。

输入：正整数集合 S，正整数 C，近似参数 ε

输出：最大和数

初始化：$L_0=\{0\}$；$\delta=\varepsilon/n$；

循环变量 i 从 $1\sim n$ 依次处理集合 S 中的每一个元素 s_i

计算 $L_{i-1}+s_i$；

执行合并操作：$L_i=L_{i-1}\cup(L_{i-1}+s_i)$

在 L_i 中删去大于 C 的元素；

对 L_i 中的每一个元素 z，删去与 z 相差 δ 的元素；

输出 L_n 的最大值。

在以上算法中，每次对 L_i 进行合并、删除超过 C 的元素和修整操作的计算时间为 $O(|L_i|)$。因此，整个算法的计算时间不会超过 $O(n\times|L_i|)$。

下面考察以上算法的近似比。设子集和问题的最优解为 c^*，以上算法得到的近似最优解为 c，需要注意的是，在对 L_i 进行修整时，被删除元素与其代表元素的相对误差不超过 ε/n。对修整次数 i 用数学归纳法可以证明，对于 L_i 中任一不超过 C 的元素 y，在 L_i 中有一个元素 z，使得

$$(1-\varepsilon/n)^i\leqslant z\leqslant y$$

由于最优解 $c^*\in L_n$，故存在 $z\in L_n$，使得 $(1-\varepsilon/n)^n c^*\leqslant z\leqslant c^*$。又因为算法返回的是 L_n 中的最大元素，所以有 $z\leqslant c\leqslant c^*$。因此

$$(1-\varepsilon/n)^n c^* \leqslant c \leqslant c^*$$

由于 $(1-\varepsilon/n)^n$ 是 n 的递增函数，所以，当 $n>1$ 时，有 $(1-\varepsilon) \leqslant (1-\varepsilon/n)^n$。由此可得：

$$(1-\varepsilon)c^* \leqslant c \leqslant c^*$$

因此，以上算法求得的近似解与最优解的相对误差不超过 ε。

为了方便合并操作的执行，设数组 L1 和 L2 分别存储 L_{i-1} 和 $L_{i-1}+s_i$，且 L_{i-1} 与 $L_{i-1}+s_i$ 的合并结果存储在数组 L3 中，子集和问题的近似算法描述如下：

```
int SubCollAdd(int s[],int n,int C,double e)
{
  int L1[1000],L2[1000],L3[1000];         //将 L1 和 L2 合并到 L3
  double d=e/n;          //计算修整参数
  int i,j,k,m,t,x,z;
  int p,q;
  L1[0]=0;m=1;          //初始化
  for(i=0;i<n;i++)          //依次处理 s 中的每一个元素
  {
    for(t=0,j=0;j<m;j++)          //计算 L(i-1) + s(i)
    {
      x=L1[j]+s[i];
      if(x<c) L2[t++]=x;
    }
    p=0;q=0;k=0;      //以下为合并操作
    while(p<m && q<t)
    {
      if(L1[p]==L2[q])
      {
        L3[k++]=L1[p++];q++;
      }
      else if(L1[p]<L2[q])
        L3[k++]=L1[p++];
      else
        L3[k++]=L2[q++];
    }
    while(p<m)
      L3[k++]=L1[p++];
    while(q<t)
      L3[k++]=L2[q++];
    for(t=0,j=0;j<k;j++)          //对 Li 进行修整
    {
```

```
    L1[t++]=L3[j];          //修整结果存储在 L1 中
    z=L3[j];
    while(j<k-1)
      if(((1-d) * L3[j+1]<=z)&&(z<=L3[j+1]))
        j++;
      else break;
  }
  m=t;         //子集和的个数为 m
 }
 return L1[m-1];      //返回最大的子集和
}
```

8.4 顶点覆盖问题

无向图 $G=(V,E)$ 的顶点覆盖是顶点集 V 的一个子集 $V'\subseteq V$，使得若 (u,v) 是 G 的一条边，则 $v\in V'$ 或 $u\in V'$。顶点覆盖问题是求出图 G 中的最小顶点覆盖，即含有顶点数最少的顶点覆盖。

顶点覆盖问题是一个 NP 难问题，因此，一个多项式时间算法还没有准确找到。虽然要找到图 G 的一个最小顶点覆盖很困难，但要找到图 G 的一个近似最小覆盖却很容易。可以采用如下策略：初始时边集 $E'=E$，顶点集 $V'=\{\}$，每次从边集 E' 中任取一条边 (u,v)，把顶点 u 和 v 加入到顶点集 V' 中，再把与 u 和 v 顶点相邻接的所有边从边集 E' 中删除，重复上述过程，直到边集 E' 为空，最后得到的顶点集 V' 是无向图的一个顶点覆盖。由于每次把尽量多的相邻边从边集 E' 中删除，可以期望 V' 中的顶点数尽量少，但 V' 中的顶点数最少这点是无法保证的。图 8-5 给出了近似算法求解顶点覆盖问题的过程。

假设无向图 G 中 n 个顶点的编号为 $0\sim n-1$，顶点覆盖问题的近似算法用伪代码描述如下：

```
输入：无向图 G=(V,E)
输出：覆盖顶点集合 x[n]
  初始化：x[n]={0}；
  E'=E；
  循环直到 E'为空
    从 E'中任取一条边(u,v)；
    将顶点 u 和 v 加入顶点覆盖中：x[u]=1；x[v]=1；
    从 E'中删去与 u 和 v 相关联的所有边
```

以上算法中可以用邻接表的形式存储无向图，由于算法中对每条边只进行一次删除操作，设图 G 含有 n 个顶点 e 条边，则以上算法的时间复杂性为 $O(n+e)$。

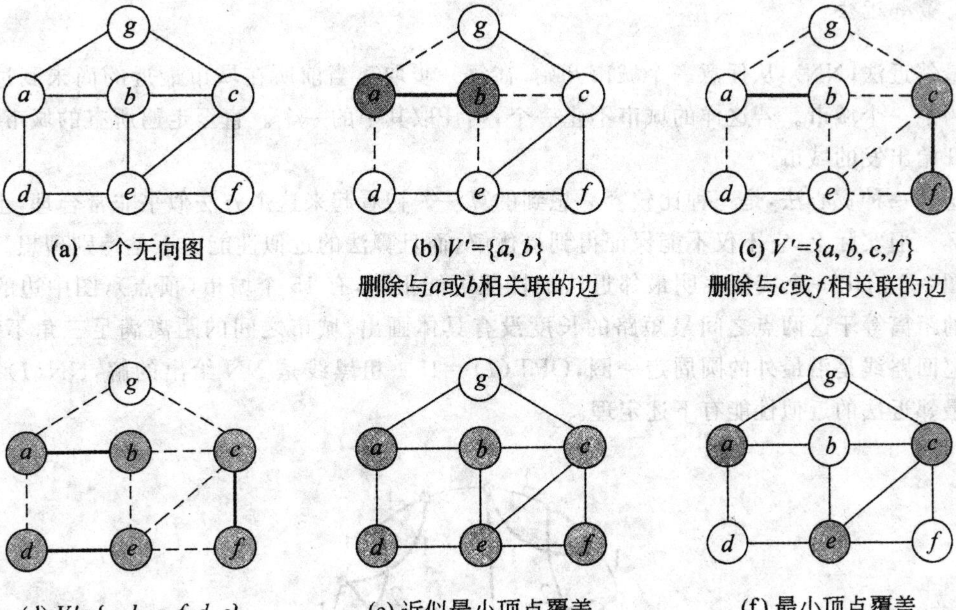

(a) 一个无向图　(b) $V'=\{a, b\}$ 删除与a或b相关联的边　(c) $V'=\{a, b, c, f\}$ 删除与c或f相关联的边

(d) $V'=\{a, b, c, f, d, e\}$ 删除与d或e相关联的边　(e) 近似最小顶点覆盖 $V'=\{a, b, c, f, d, e\}$　(f) 最小顶点覆盖 $V'=\{a, c, e\}$

图 8-5　近似算法求解最小覆盖问题的过程

下面对以上算法的近似比进行重点考察。若用 A 表示算法在"从 E′中任取一条边(u,v)"中选取的边的集合，则 A 中任何两条边没有公共顶点。因为算法选取了一条边，并在将其顶点加入顶点覆盖后，就将 E' 中与该边的两个顶点相关联的所有边从 E' 中删除，因此，下一次再选取的边与该边没有公共顶点。由数学归纳法不难得知，A 中的所有边均没有公共顶点。算法结束时，顶点覆盖中的顶点数 $|V'|=2|V|$。另一方面，图 G 的任一顶点覆盖一定包含 A 中各边的至少，因此，若最小顶点覆盖为 V^*，则

$$|V^*|\geqslant A$$

由此可得

$$|V'|\leqslant 2|V^*|$$

也就是说，以上算法的近似比为 2。

8.5　货郎问题

8.5.1　满足三角不等式的货郎问题

以满足三角不等式的货郎问题为例，即对任意的 3 个城市 i,j,k，它们之间的距离满足三角不等式

$$d(i,j)+d(j,k)\geqslant d(i,k)$$

1. 最邻近法

最邻近法(NN):从任意一个城市开始,在每一步取离当前所在城市最近的尚未到过的城市作为下一个城市。若这样的城市不止一个,则任取其中的一个。直至走遍所有的城市,最后回到开始出发的城市。

这是一种贪心法,是一种比较容易想到的算法。初看起来这个方法似乎非常合理,至少不会太坏。但实际上,它不仅不能保证得到最优解,而且算法的近似性能也不是特别理想。

图 8-6 给出一个实例表明最邻近法的性能可能很坏,有 15 个城市(顶点),图中边的两点之间的距离等于这两点之间最短路的长度没有具体画出,城市之间的距离满足三角不等式。最优巡回路线是沿最外的圆周走一圈,OPT(I)=15。粗黑线是 NN 给出的解,NN(I)=27。关于最邻近法的近似性能有下述定理。

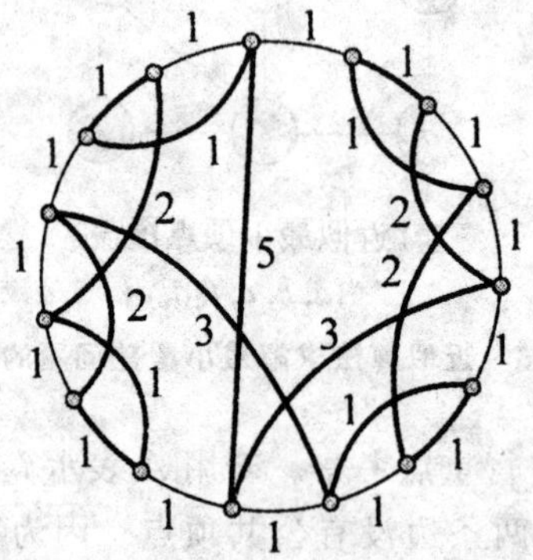

图 8-6 一个表明 NN 性能很坏的实例

定理 8.2 对于货郎问题所有满足三角不等式的 n 个城市的实例 I,总有

$$\mathrm{NN}(I) \leqslant \frac{1}{2}(|\log_2 n|+1)\mathrm{OPT}(I)$$

而且,对于每一个充分大的 n,存在满足三角不等式的 n 个城市的实例 I 使得

$$\mathrm{NN}(I) > \frac{1}{3}\left[\log_2(n+1)+\frac{4}{3}\right]\mathrm{OPT}(I)$$

定理 8.2 表明最邻近法的近似比可以任意大。此处,定理的证明省去。

2. 最小生成树法

把货郎问题的实例看作一个带权的完全图,要找一条最短的哈密顿回路。下面给出两个性能比最邻近法好得多的近似算法。

最小生成树法(MST):首先,求图的一棵最小生成树 T。然后,沿着 T 走两遍得到图的一条欧拉回路。最后,顺着这条欧拉回路,跳过已走过的顶点,抄近路得到一条哈密顿回路。

图 8-7 给出 MST 计算过程的示意图。由于在多项式时间内都可以完成求最小生成树和欧拉回路,故算法是多项式时间的。有关的图论知识可参见相关资料。

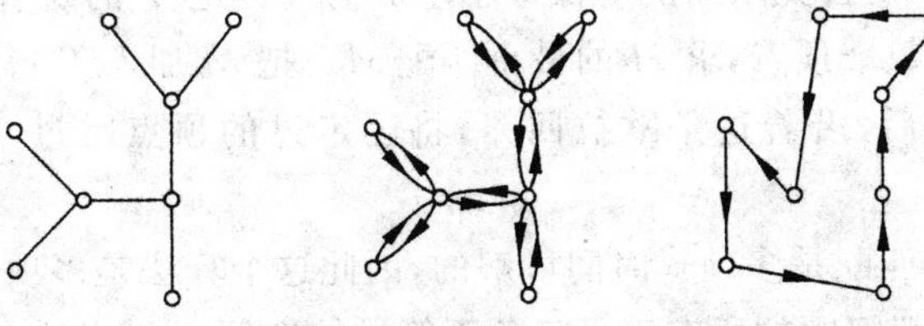

图 8-7　最小生成树

定理 8.3　对货郎问题的所有满足三角不等式的实例 I，有

$$\mathrm{MST}(I)<2\mathrm{OPT}(I)$$

证明：因为从哈密顿回路中删去一条边就得到一棵生成树，故最小生成树 T 的权小于最短哈密顿回路的长度 $\mathrm{OPT}(I)$。于是，沿 T 走两遍得到的欧拉回路的长小于 $2\mathrm{OPT}(I)$。最后，由于图的边长能够满足三角不等式，抄近路的话长度不会有任何增加，故 $\mathrm{MST}(I)<2\mathrm{OPT}(I)$。

定理 8.3 表明 MST 是 2-近似算法。图 8-8 给出一个紧实例 I，有 $2n$ 个城市，$\mathrm{OPT}(I)=2n$，

$$\mathrm{MST}(I)=4n-2=\left(2-\frac{1}{n}\right)\mathrm{OPT}(I)$$

这个实例说明以上定理给出的结果已是最好的，即对任意小的 $\varepsilon>0$，存在货郎问题满足三角不等式的实例 I，使得 $\mathrm{MST}(I)>(2-\varepsilon)\mathrm{OPT}(I)$。

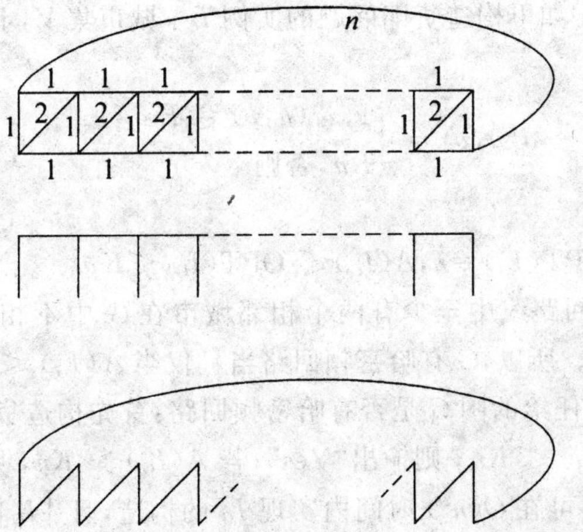

图 8-8　MST 近似比为 2 的近似例

3. 最小权匹配法

最小生成树法通过对最小生成树 T 的每一条边走两遍得到一条欧拉回路，其实只需把 T 中的所有奇度顶点变成偶度顶点即可把 T 改造成欧拉图。为此，只需在每一对奇度顶点（T 的奇度顶点个数一定是偶数）之间加一条边，当然应该使新加的边的权之和尽可能小。这就是最小权匹配法。

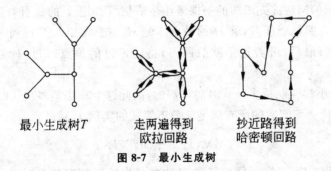

最小权匹配法(MM):首先求图的一棵最小生成树 T。记 T 的所有奇度顶点在原图中的导出子图为 H,H 有偶数个顶点,求 H 的最小匹配 M。把 M 加入 T 得到一个欧拉图,求这个欧拉图的欧拉回路;最后,沿着这条欧拉回路,将已走过的顶点跳过,抄近路得到一条哈密回路。

求任意图的最小权匹配是多项式时间可解的,因此这个算法是多项式时间的。

定理 8.4 对待货郎问题的所有满足三角不等式的实例 I,满足:

$$\mathrm{MM}(I)<\frac{3}{2}\mathrm{OPT}(I)$$

证明:由于满足三角不等式,导出子图 H 中的最短哈密顿回路 C 的长度不超过原图中最短哈密顿回路的长度 OPT(I)。沿着 C 隔一条边取一条边,得到 H 的一个匹配,总可以使这个匹配的权不超过 C 长的一半。因此,H 的最小匹配 M 的权不超过 $\frac{1}{2}\mathrm{OPT}(I)$。即可得出欧拉回路的长小于 $\frac{3}{2}\mathrm{OPT}(I)$。和上面一样,抄近路不会增加长度,得证 $\mathrm{MM}(I)<\frac{3}{2}\mathrm{OPT}(I)$。

以上定理表明 MM 是 $\frac{3}{2}$-近似算法。当不限制货郎问题的实例满足三角不等式时,以上的定理的证明都失效,不难给出使这两个近似算法得到的近似解的值与最优值的比任意大的实例。实际上,关于一般的货郎问题有下述定理。

定理 8.5 货郎问题(不要求满足三角不等式)是不可近似的,除非 P=NP。

证明:假设不然,设 A 是货郎问题的近似算法,其近似比 $r \leqslant K$,其中,K 是一个正整数。

任给一个图 $G=(V,E)$,如下构造货郎问题的实例 I_G:城市集 V,记 $|V|=n$,每一对城市 $u,v \in V$ 的距离为

$$d(u,v)=\begin{cases}1,若(u,v)\in E\\ Kn,否则\end{cases}$$

若 G 有哈密顿回路,则

$$\mathrm{OPT}(I_G)=n, A(I_G)\leqslant r\mathrm{OPT}(I_G)\leqslant Kn$$

否则经过 V 中所有城市的巡回路线中至少有两个相邻城市在 G 中不相邻,从而 $\mathrm{OPT}(I_G)>Kn$,$A(I_G)\geqslant r\mathrm{OPT}(I_G)>Kn$。所以,$G$ 有哈密顿回路当且仅当 $A(I_G)\leqslant Kn$。

于是,下述算法可以判断任给的图 G 是否有哈密顿回路:首先构造货郎问题的实例 I_G,然后对 I_G 运用算法 A。若 $A(I_G)\leqslant Kn$,则输出"Yes";若 $A(I_G)>Kn$,则输出"No"。

注意到 K 是固定的常数,可在 $O(n^2)$ 时间内实现 I_G 的构造,且 $|I_G|=O(n^2)$。由于 A 是多项式时间,n^2 的多项式也是 n 的多项式,A 对 I_G 可在 n 的多项式间内完成计算,所以上述算法是 HC 的多项式时间算法。而 HC 是 NP 完全的,推得 P=NP。

8.5.2 无三角不等式关系的一般货郎担问题

若不要求一个加权的完全图 G 满足三角不等式,则不仅找最佳解是 NP 难题,而且找不到有常数倍近似度的近似解,除非 P=NP。下面对这一点进行证明。

若 P≠NP,则货郎担问题不存在有常数倍近似度的算法。

证明:假设货郎担问题有一个近似度为常数 $\rho \geqslant 1$ 的多项式近似算法。想要用反证法证明是根本行不通的。首先,我们可以说 $\rho \neq 1$,因为 $\rho = 1$ 意味着近似解等于最佳解,这不可能,所以可设 $\rho > 1$。这也不可能,因为若有这样的算法 A,则我们可用 A 设计一个多项式算法来判断任一给定 $G(V,E)$ 是否有一个哈密尔顿回路。其步骤如下。

构造一个加权的完全图 $G'(V',E')$,其中,$V' = V$,边的集合 $E' = \{(u,v) \mid u,v \in V', u \neq v\}$。边 (u,v) 的权值定义为

$$w(u,v) = \begin{cases} 1, 若(u,v) \in E(G) \\ \rho n + 1, 若(u,v) \notin E(G), 这里\ n = |V| \end{cases}$$

用算法 A 找出图 G' 的一条近似的货郎担回路 C。

若 $|\overline{W}(C)| = n$,则 C 是图 G 中的一条哈密尔顿回路,否则原图 G 没有哈密尔顿回路。

End

这个算法的正确性是显而易见的。因为 G' 是完全图而且每条边上权至少为 1,所以当 $|\overline{W}(C)| = n$ 时,C 上每条边权值必须等于 1。因为权值等于 1 的边必定是原图 G 中的边,所以 C 也是 G 里的一条哈密尔顿回路。反之,若 $|\overline{W}(C)| > n$,则 C 必定含有至少一条不在原图 G 中的边,因此它的权值至少是 $|\overline{W}(C)| \geqslant (n-1) + (\rho n + 1) = (\rho + 1)n > \rho n$。这里可断定 G' 中一条总权值是 n 的货郎担回路是根本不存在的。对这个实例的近似度为 $|\overline{W}(C)|/n > \rho$,这与算法 A 的近似度矛盾。也就是说,原图 G 没有哈密顿回路。如果因为 $\mathrm{P} \neq \mathrm{NP}$,哈密顿回路问题没有多项式算法,因此算法 A 不可能存在。

8.6　鸿沟定理和不可近似性

在前面章节对货郎担问题的讨论中发现一个有趣的现象,就是有些 NPC 的优化型问题可以找到有常数倍近似度的多项式算法,例如,满足三角不等式的货郎担问题。但是,有些 NPC 的优化型问题却不存在有常数倍近似度的多项式算法,例如,不满足三角不等式的货郎担问题。集合覆盖问题也没有常数倍近似度的多项式算法。那么有没有规律可循呢?针对这个问题下面重点介绍一下鸿沟定理。

8.6.1　鸿沟定理

我们注意到,NPC 的优化型问题不外乎两类,一类是极小问题,另一类是极大问题。极小问题是希望目标值达到最小,而极大问题是希望目标值达到最大。例如,顶点覆盖问题是极小问题,而图的团的问题是极大问题。对这两类问题,鸿沟(gap)定理的描述存在一定的差异,但是是对称的。为方便起见,以下讨论的问题都假定属于 NP 类问题而不予证明。

极小问题的鸿沟定理:假设问题 A 是已知的判断型 NPC 问题,而问题 B 是极小问题。假设问题 A 的任一个实例 α 可在多项式时间内转化为问题 B 的一个实例 β,并且有:①实例 α 的解是 yes,即 $Q(\alpha) = 1$,当且仅当实例 β 解并且最小目标值 $w \leqslant W$;①实例 α 的解是 no,即 $Q(\alpha) = 0$,当且仅当实例 β 解并且最小目标值 $w \geqslant kW$,这里 $k > 1$ 是一个正的常数。那么,只

要 P≠NP,近似度小于 k 的问题 B 的多项式算法就不会存在。我们称这样的多项式转化为多项式鸿沟归约。

证明:注意到,问题 B 的判断型问题可以这样描述:给定问题 B 的实例 β 和目标值 W,判断 β 是否有目标值 $w \leqslant W$ 的解。若定理中描述的多项式转化存在的话,则这个转化满足的第①条已证明了这个问题 B 的判断型问题也是 NPC 问题。现在,若这个转化还满足第②条,则只要 P≠NP,就不存在有近似度小于后的问题 B 的多项式算法。所以多项式鸿沟归约要比一般 NPC 问题的多项式归约更强。

我们用反证法证明,只要 P≠NP,有近似度小于 k 的问题 B 的多项式算法就不存在。假设有近似度小于 k 的近似算法,它在多项式时间内对实例 β 进行运算后得到一个目标值为 Z 的解。那么,我们可以得到问题 A 的实例 α 的解如下:若 $Z/W < k$,则 $Q(\alpha) = 1$,否则 $Q(\alpha) = 0$。这是因为若 $Z/W < k$,则 $Z < kW$,所以有最小值 $w \leqslant Z < kW$。所以不可能有 $w \geqslant kW$,根据②,必然有 $Q(\alpha) = 1$。反之,若 $Z/W \geqslant k$,又因为算法近似度小于 k,必有 $1 \leqslant Z/W < k$,所以有 $Z/W \geqslant k > Z/w$,因此 $w > W$。根据①,$Q(\alpha) = 0$。这样一来,问题 A 便可以在多项式时间内被判定,与 P≠NP 矛盾。

显然,若在定理中把第①条的 $w \geqslant kW$ 改为 $w > kW$,则只要 P≠NP,就不存在有近似度小于或等于 k 的问题 B 的多项式算法。对于极大化问题,我们可对称地证明下面的定理。

定理 8.6(极大问题的鸿沟定理) 假设问题 A 是已知的判断型 NPC 问题,而问题 B 是极大问题。假设问题 A 的任一个实例 α 可在多项式时间内转化为问题 B 的一个实例 β,并且有:①实例 α 的解是 yes,即 $Q(\alpha) = 1$,当且仅当实例 β 有解并且最大目标值 $w \geqslant W$;②实例 α 的解是 no,即 $Q(\alpha) = 0$,当且仅当实例 β 解并且最大目标值 $w \leqslant W/k$,这里 $k>1$ 是一个正常数。那么,只要 P≠NP,近似度小于 k 的问题 B 的多项式算法的就不会存在。

需要注意的是,鸿沟定理中的 k 可以是一个输入规模 n 的单调递增函数,比如 $k = \ln(n)$,这时定理仍正确。这样的问题存在,但本书只讨论 k 是常数的情形。下面介绍一个例子。

8.6.2 任务均匀分配问题

假设有 n 个任务需要分配给 m 个工人干。为方便起见,这 n 个任务可使用正整数 $t_1,t_2,\cdots,t_n$ 来代表,也代表它们的以小时计的工作量。这 m 个工人中每个人能够干的工作是这 n 个任务的一个子集,分别用 $S_1,S_2,\cdots,S_m$ 代表。假设每个任务至少有一个人会干,而每个人也至少会干一个任务。现在,我们希望把这 n 个任务分配给这 m 个人干并使工作量尽量均匀,使得一个人能分配到的最多工作量越少越好。我们称这个问题为任务均匀分配问题。这个问题对应的判断型问题就是判断是否可以有一种分配使每个人的工作量都不超过给定值 W。

任务均匀分配问题不存在小于 3/2 近似度的多项式算法,除非 P=NP。

证明:我们以 $\Phi = (x \vee \neg y \vee z) \wedge (\neg x \vee y \vee \neg z) \wedge (x \vee \neg y \vee \neg z)$ 为例解释如何把 3-SAT 问题的一个实例多项式鸿沟归约到这个任务均匀分配问题的一个实例。这个实例的证明可以进一步分为以下 3 个步骤。

第 1 步,为每个变量 x 构造一组任务和一组工人如下。假设 x 在 Φ 中出现 k 次而 $\neg x$ 出现 l 次。不失一般性,设 $k \geqslant l$(如 $k < l$,可对称地构造)。

①构造 k 个任务，$x_1, x_2, \cdots, x_k$，每个工作量为 1，分别对应 x 的 k 次出现。

②再构造 k 个任务，$\neg x_1, \neg x_2, \cdots, \neg x_k$，每个工作量为 2，其中，前 l 个任务分别对应 $\neg x$ 的 l 次出现。

③构造 k 个工人，$a_{x1}, a_{x2}, \cdots, a_{xk}$，其中，$a_{xi}$ 可以胜任工作 $\neg x_i$ 和 $\neg x_i (1 \leqslant i \leqslant k)$，可认为它们分别对应 x 的 k 次出现。

④再构造 k 个工人，$b_{x1}, b_{x2}, \cdots, b_{xk}$。其中，$b_{xi}$ 可以胜任工作 $\neg x_i$ 和 $\neg x_{i+1} (1 \leqslant i \leqslant k-1)$，而 b_{xk} 可以胜任工作 $\neg x_k$ 和 x_1。其中，前 l 个工人分别对应 $\neg x$ 的 l 次出现。

图 8-9 用二部图显示了对例子中变量 x, y, z 所分别构造的任务和工人，其中，连接工人 u 和任务 v 的边 (u,v) 表示工人 u 可以承担任务 v。其工作量是由任务 v 的顶点的权值来表示的。

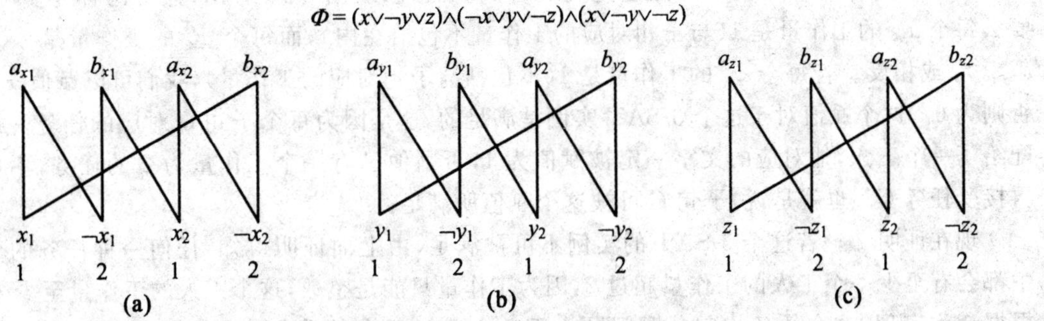

图 8-9　为 Φ 中变量 x, y, z 所分别构造的任务和工人

第 2 步，设 $W=2$，也就是说，希望每人的工作量不超过 2。

第 3 步，为每个子句 C 构造一个任务 C，工作量是 1。另外，能完成任务 C 的工人有 3 个，是对应于子句 C 中 3 个文字的工人。若在上面二部图中再加入顶点 C 以及连接 C 和表示这 3 个工人的顶点的边，则这个二部图就完整地描述了这个任务分配问题。图 8-10 给出了对应于上面例子所构造的二部图。

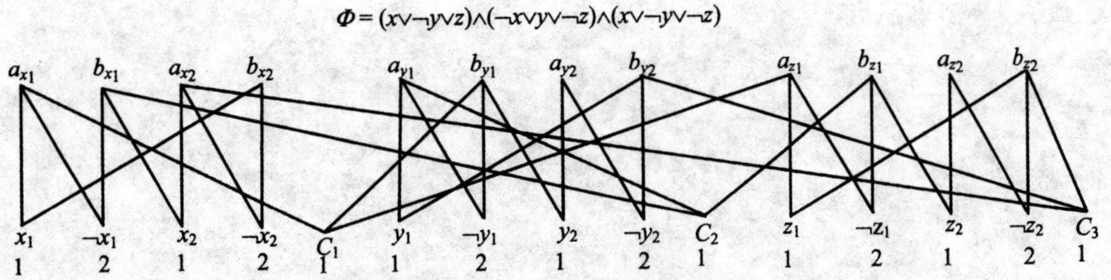

图 8-10　用二部图表示的构造好的任务分配问题

现在我们证明：

①若这个 3-SAT 的实例可被满足，当且仅当所构造的任务可分配给这些工人，使每人工作量不超过 2。

②若这个 3-SAT 的实例不可被满足，则无论怎样分配构造的任务，至少有一人工作量大

于等于 3。

先证明①。假设这个 3-SAT 的实例被满足是可以实现的。我们可以这样分配任务：若变量 $x=1$，则把任务 x_i 分配给 a_{xi}，把任务 $\neg x_i$ 分配给 $b_{xi}(1\leqslant i\leqslant k)$。每个 a_{xi} 的工作量是 1，而每个 b_{xi} 的工作量是 2，$(1\leqslant i\leqslant k)$。反之，若变量 $x=0(\neg x=1)$，则把任务 $\neg x_i$ 分配给 a_{xi}，把任务 x_{i+1} 分配给 b_{xi}，$1\leqslant i\leqslant k-1$，最后把任务 x_1 分配给 b_{xk}。这时，每个 a_{xi} 的工作量是 2，而每个 b_{xi} 的工作量是 1。总之，文字（变量或它的非）赋值为 1 时，它对应的工人工作量为 1。另外，因为每一子句 C 中至少有一文字赋值为 1，可把任务 C 分配给对应这一文字的工人，其总工作量为 2。因此，所有任务可分配完毕使得每人的工作量不超过 2。

现在假设构造的任务可分配完毕使得每人的工作量不超过 2，我们证明原 3-SAT 实例可满足。因为每人的工作量不超过 2，所以在为变量 x 构造的 $2k$ 个工人中，必须每人正好得到一个任务，这和图 8-9 中的二部图是完美契合的。而且，从图 8-10 看出，只有两种完美匹配，要么每个 a_{xi} 的工作量是 1（与子句对应的工作量不包括在内），而每个 a_{xi} 的工作量是 2 $(1\leqslant i\leqslant k)$，或相反。若每个 a_{xi} 的工作量是 1（不包括与子句对应的工作量），我们可以赋值 $x=1$，否则为 0。这个赋值对于这个 3-SAT 实例是满足的，这是因为每个子句 C 对应的任务一定分配给了一个工人，他对应的文字一定被赋值为 1，否则他已有一个工作量为 2 的任务，不可能再接受任务 C。也就是说，子句 C 可被这个赋值所满足。

现在证明②。若这个 3-SAT 的实例不可被满足，由上面证明可知，任何一种任务的分配中都会有至少一个工人的工作量超过 2，因为工作量只能是整数，这个工人的工作量至少为 3。根据鸿沟定理，这个任务均匀分配问题小于 3/2 近似度的多项式算法是根本不存在的，除非 P＝NP。

第9章 现代计算智能算法简介

9.1 人工神经网络

人工神经网络(简称神经网络或者连接模型),是一种通过模拟动物神经网络行为的特征,进行分布式并行信息处理的数学模型。人工神经网络根据系统的复杂程度,通过调整内部大量结点之间相互连接的关系,而达到处理信息的目的。神经网络是由现代神经生物学和认识科学对人类信息处理研究的基础上提出而来,经大量人工神经元广泛连接而形成,除了具有一般非线性系统的共性之外,还具有自身独特的特点,如神经元的互联性、系统的高维性、自适应、自组织等特性。随着神经网络应用研究的不断深入,新的神经网络模型也在不断地推出,现有的神经网络模型已达近百种。

9.1.1 生物神经元和生物神经网络

神经网络由众多简单的神经元相互连接而成。尽管每个神经元结构、功能都不复杂,但网络的整体动态行为却是极为复杂的,它所组成的高度非线性动力学系统,可以表达很多复杂的物理系统。

1. 生物神经元

生物神经元是大脑信息处理的基本单位,生物神经元以细胞体为主体,由许多向周围延伸的不规则树枝状纤维构成神经细胞,其形状类似于一棵枯树的枝干。神经元结构如图 9-1 所示,它由细胞体、树突和轴突构成。细胞体又由细胞核、细胞质和细胞膜组成。从细胞体向外延伸的最长的一条分支称为轴突,也叫神经纤维。远离细胞体一侧的轴突端部的许多分支称为轴突末梢,它上面有许多扣结称作突触(synapse,又称为神经键)扣结。轴突通过轴突末梢向其他神经元传出神经冲动。由细胞体向外伸出的其他许多较短的分支称为树突。树突相当于细胞的输入端,用于接受周围其他神经细胞传入的神经冲动。神经冲动只能由前一级神经元的轴突末梢向下一级神经元的树突或细胞体传递,而无法作反方向的传递。

“突触”一词由英国神经生理学家谢灵顿在研究脊髓反射(1897 年)时提出,后被研究人员推广用于表示神经与效应器细胞间的功能关系部位。“synapse”这一词汇来源于希腊语,它的原意是接触或接点的意思。从神经元各组成部分的功能看,信息的处理与传递主要发生在突触附近。当神经元细胞体通过轴突传到突触前膜的脉冲幅度达到一定强度时,在超过其阈值电位后,突触前膜将向突触间隙释放神经传递的化学物质。神经元具有两种常态工作状态:兴奋与抑制，即所说的“0—1”律。当传入的神经冲动使细胞膜电位升高超过阈值时，细胞进入兴奋状态，产生神经冲动并由轴突输出；当传入的神经冲动使膜电位下降低于阈值时，细胞进入抑制状态，没有神经冲动输出。

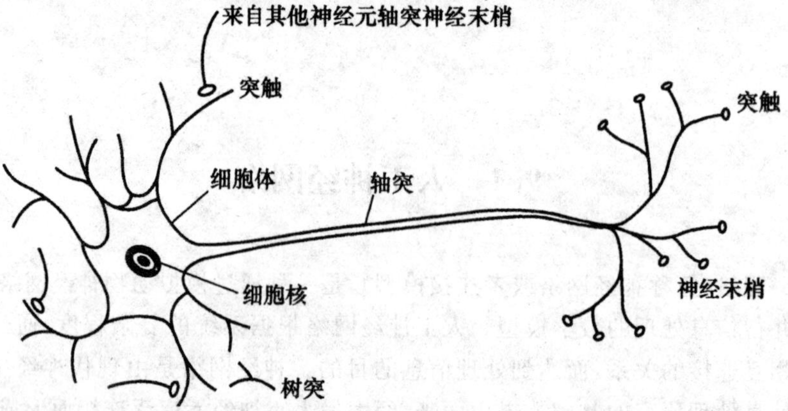

图 9-1　生物神经元结构

人类的脑神经系统是一个高度复杂、非线性且具有并行信息处理能力的生物神经网络，它调节和管理着人体其他系统的活动和功能，如人类的思维、语言、感觉、情绪以及肢体运动等一系列活动，使得机体成为一个完整的统一体。在人类长期的进化发展过程中，神经系统特别是大脑皮质得到了高度的发展，产生了语言和思维，使得人类不仅能够被动地适应外界环境的变化，还能够进行主动地认识客观世界，理解客观世界。这也是人类神经系统区别于其他生物神经系统最重要的特性。

2. 生物神经网络

神经网络是对人脑或生物神经网络基本特性的抽象和模拟，采用物理可实现的器件或计算机来模拟生物体中神经网络的某些结构与功能，并将它们用于工程或其他领域。神经网络的着眼点不是用物理器件去完整地复制生物体中神经细胞网络，而是采纳其可借鉴的部分从而应用于目前计算机或其他系统无法解决的问题上。

神经网络的基本处理单元是人工神经元，这是对生物神经元的一种模拟与简化。为了与生物神经细胞相区别，应准确地称为类神经元或仿真神经元。根据神经元的结构和功能所提出的神经元模型从 20 世纪 40 年代开始到现在已有几百种之多，如图 9-2 所示是一种基于控制观点的神经元的数学模型，分别由加权加法器、线性动态系统和非线性函数映射三部分构成。它是一种多输入、单输出的非线性处理元件。

图 9-2 中，y_i 表示神经元的输出，ω_i 表示神经元的阈值，a_{ij}、b_{ik} 表示权值，$u_k(k=1,2,\cdots,M)$为外部输入；$y_j(j=1,2,\cdots,N)$则表示其他神经元的输出。加权加法器实现的是一个神经细胞对接收来自四面八方信号的空间整合功能，即

$$v_i(t)=\sum_{j=1}^{N}a_{ij}y_j(t)+\sum_{k=1}^{M}b_{ik}u_k(t)+\omega_i$$

其中，$v_i(t)$为空间整合后输出信号；ω_i 表示一个常数，其作用是在某些情况下控制神经元保持

某一状态。图 9-2 中的非线性函数实际上是神经元模型的输出函数，是一个非动态的非线性函数，用以模拟神经细胞的兴奋、抑制以及阈值等非线性特性。这种非线性函数具有两个显著的特征：突变性和饱和性，这正是为了模拟神经细胞兴奋过程中所产生的神经冲动以及疲劳等特性。

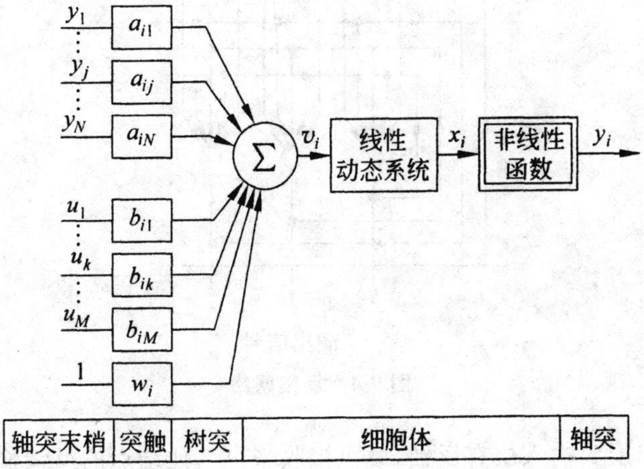

图 9-2　人工神经元数学模型

若将大量功能简单的基本神经元通过一定的拓扑结构组织起来，构成群体并行分布式处理的计算结构，则这种结构就是神经网络结构。

9.1.2　人工神经网的结构

根据神经元之间连接的拓扑结构上的不同，可将神经网络结构分为层状结构和网络结构两大类。

(1)层状结构

层状结构的神经网络是由若干层组成，每层中有一定数量的神经元，相邻层中神经元单向连接，一般同层内的神经元不互联。

(2)网络结构

网状结构的神经网络中，任意两个神经元之间都可能双向连接。常见的网络结构有前向网络(也称前馈网络)、反馈网络、相互结合型网络、混合型网络等。如图 9-3～图 9-6 所示。

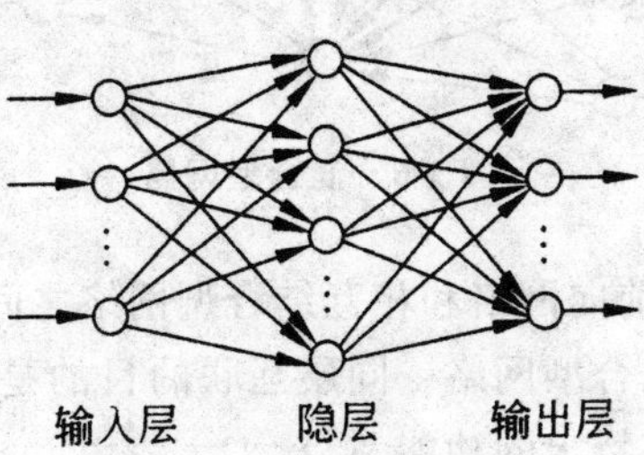

图 9-3　前向网络

前向网络通常包含许多层，图 9-3 所示是一个含有输入层、隐层和输出层的三层网络，网络中有计算功能的结点称为计算单元，而输入结点无计算功能。

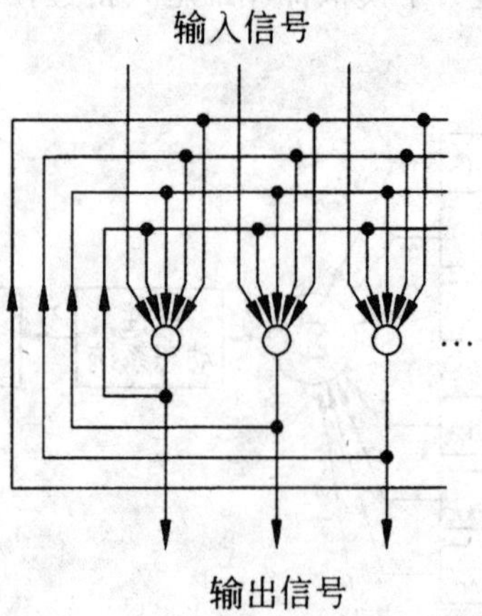

图 9-4 反馈网络

反馈网络从输出层到输入层有反馈，既可接收来自其他结点的反馈输入，又可包含输出引回到本身输入构成的自环反馈。图 9-4 所示的反馈网络中每个结点都是一个计算单元。

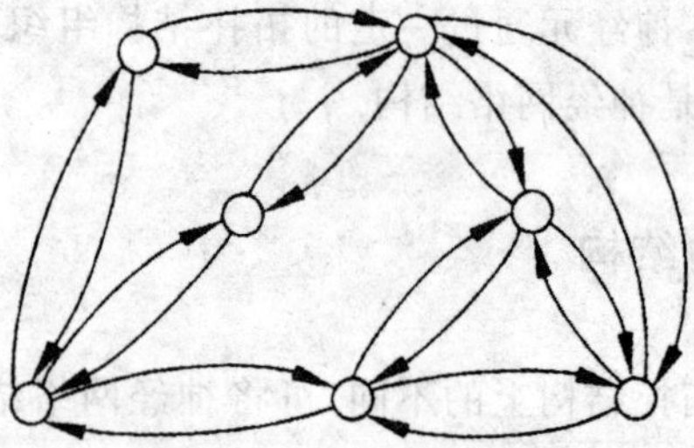

图 9-5 相互结合型网络

相互结合型网络属于网状结构，构成网络中的各个神经元都可能相互双向连接。

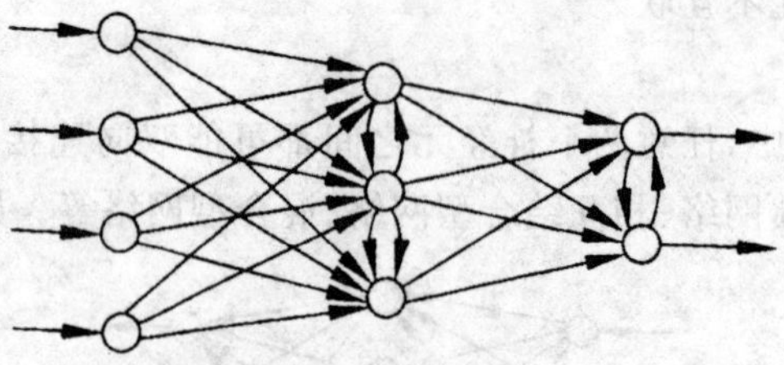

图 9-6 混合型网络

混合型网络连接方式介于前向网络和相互结合型网络之间。这种在前向网络的同一层神经元之间有互联的结构，称为混合型网络。同层互联的目的是为了限制同层内神经元同时兴奋或抑制的神经元数目，以完成特定的功能。

9.1.3　人工神经网的经典模型

1. 自适应谐振理论(ART)网络

自适应谐振理论(ART)网络具有不同的方案。图 9-7 表示 ART-1,用于处理二元输入。新的版本,如 ART-2,则能够处理连续值输入。

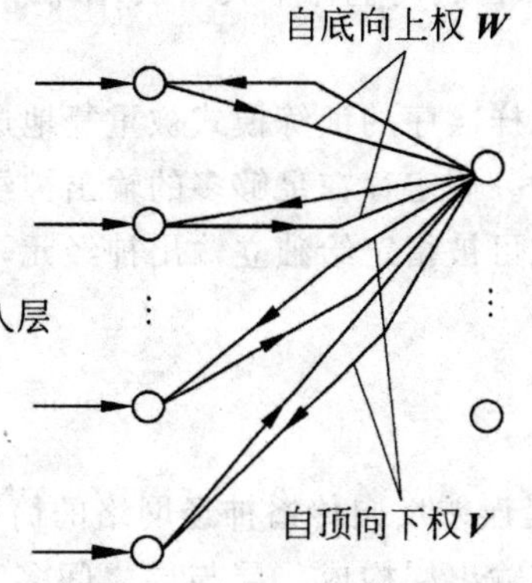

图 9-7　一个 ART-1 网络

由图 9-7 可见,一个 ART-1 网络含有两层:输入层和输出层。这两层完全互连,该连接沿着正向(自底向上)和反馈(自顶向下)两个方向进行。自底向上连接至一个输出神经元 i 的权矢量 W_i 形成它所表示的类的一个样本。全部权矢量 W_i 构成网络的长期存储器,用于选择优胜的神经元,该神经元的权矢量 W_i 最相似于当前输入模式。自顶向下从一个输出神经元 i 连接的权矢量 V_i 用于警戒测试,即检验某个输入模式是否足够靠近已存储的样本。警戒矢量 V_i 构成网络的短期存储器。V_i 和 W_i 是相关的,W_i 是 V_i 的一个规格化副本,即

$$W_i = \frac{V_i}{\varepsilon + \sum V_{ji}} \tag{9-1}$$

式中,ε 为一个小的常数,V_{ji} 为 V_i 的第 j 个分量(即从输出神经元 i 到输入神经元 j 连接的权值)。

当 ART-1 网络工作时,其训练是连续进行的,且包括下列算法步骤:

①对于所有输出神经元,预置样本矢量 W_i 及警戒矢量 V_i 的初值,设定每个 V_i 的所有分量为 1,并根据式(9-1)计算 W_i。若一个输出神经元的全部警戒权值均置为 1,则称为独立神经元,因为它不被指定表示任何模式类型。

②给出一个新的输入模式 x_i。

③使所有的输出神经元能够参加激发竞争。

④从竞争神经元中找到获胜的输出神经元,即这个神经元的 $x \cdot W_i$ 眠值为最大;在开始训练时或不存在更好的输出神经元时,优胜神经元可能是个独立神经元。

⑤检查该输入模式 x 是否与获胜神经元的警戒矢量 V_i 足够相似。相似性是由 x 的位分

式 r 检测的，即

$$r = \frac{x \cdot W_i}{\sum x_i}$$

若 r 值小于警戒阈值 ρ（$0 < \rho < 1$），则可以认为 x 与 V_i 是足够相似的。

⑥若 $r \geqslant \rho$，即存在谐振，则转向⑦；否则，使获胜神经元暂时无力进一步竞争，并转向④，重复这一过程直至不存在更多的有能力的神经元为止。

⑦调整最新获胜神经元的警戒矢量 V_i，对它逻辑化地加上 x，删去 V_i 内而不出现在 x 内的位；根据式(9-4)，用新的 V_i 计算自底向上样本矢量眠；激活该获胜神经元。

⑧转向②。

上述训练步骤能够做到：若同样次序的训练模式被重复地送至此网络，则其长期和短期存储器保持不变，即该网络是稳定的。假定存在足够多的输出神经元来表示所有不同的类，则新的模式总是能够学得，因为新模式可被指定给独立输出神经元，如果它不与原来存储的样本很好匹配的话（即该网络是塑性的）。

2. BP 网络模型

通常所说的 BP 网络模型即是误差反向传播神经网络的简称。从结构上看，BP 网络是典型的多层网络。由输入层、隐层和输出层构成。层与层之间多采用全互连方式。同一层单元之间不存在相互连接，BP 网络的基本处理单元（输入层单元除外）为非线性输入输出关系，一般选用 S 型作用函数，即 BP 网络是误差反向传播网络的简称，它是美国加州大学的鲁梅尔哈特和麦克莱兰在研究并行分布式信息处理方法，探索人类认知微结构的过程中，于 1985 年提出的一种网络模型。BP 网络的网络拓扑结构是多层前向网络，如图 9-8 所示。在 BP 网络中，同层结点之间不存在相互连接，层与层之间多采用全互连方式，且各层的连接权值可调。BP 网络实现了明斯基的多层网络的设想，是当今神经网络模型中使用最广泛的一种。

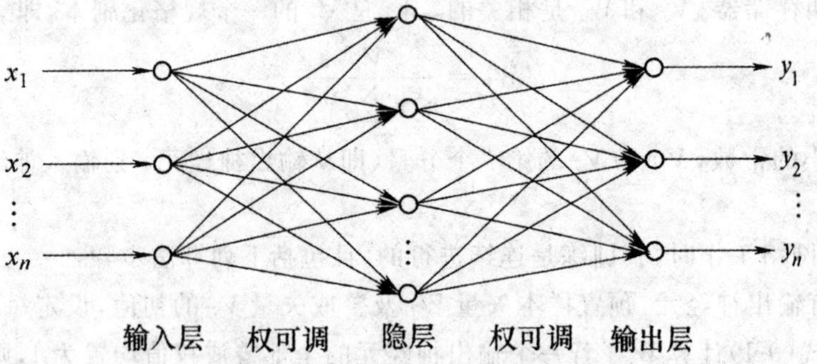

图 9-8 一个多层 BP 网络的结构

在 BP 网络中，每个处理单元均为非线性输入/输出关系，其功能函数通常采用的是可微的 Sigmoid 函数，如

$$f(x) = \frac{1}{1 + e^{-x}}$$

BP 网络的学习过程是由工作信号的正向传播和误差信号的反向传播组成的。正向传播

的过程是指输入模式从输入层传给隐层，经隐层处理后传给输出层，再经输出层处理后产生一个输出模式的这一过程。若正向传播过程所得到的输出模式与所期望的输出模式有误差，则网络将转为误差的反向传播过程。误差反向传播过程是指从输出层开始反向把误差信号逐层传送到输入层，并同时修改各层神经元的联结权值，使误差信号为最小。重复上述正向传播和反向传播过程，直至得到所期望的输出模式为止。

BP 网络的学习算法的两个主要特征：第一，网络仅在其学习（即训练）过程中需要进行正向传播和反向传播，一旦网络完成学习过程，被用于问题求解时，则只需正向传播，而不需要再进行反向传播；第二，尽管从网络学习的角度，信息在 BP 网络中的传播是双向的，但并不意味着网络层之间的联结也是双向的，BP 网络的结构仍然是一种前向网络。

3. 径向基函数神经网络

在大脑皮层、视觉皮层局部调节和交叠区的接收域是非常著名的机构，针对这块儿区域人们已经开展过大量而深入的研究。借鉴生物接收域的特性，在多层前向网络研究中，人们提出了采用局部接收域来实现非线性函数映射的神经网络结构，这就是径向基函数神经网络。对于导师学习的插值非线性函数拟合、近似非线性映射性质的系统建模、聚类等方面应用的非常广泛。

在径向基函数神经网络中，它把输入分别输入到第一层的每一个输入神经元（实际上是一个结点），第一层的每一个神经元的输出无加权地直接传送到隐层的神经元的输入端，隐层神经元的输入输出采用聚类特性，隐层神经元的输出经过加权求和直接产生输出，即输出层的神经元只有加权求和，而没有非线性。这种结构是多层相连接的，网络没有输出端反馈到输入端带来的全局稳定性问题。一种典型结构如图 9-9 所示。

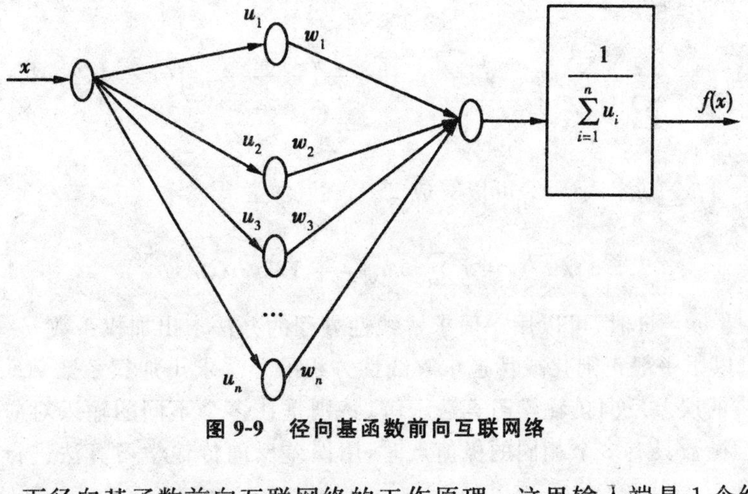

图 9-9 径向基函数前向互联网络

下面介绍一下径向基函数前向互联网络的工作原理。这里输入端是 1 个结点，输出端是 1 个神经元，从输入到输出只有一个隐层（聚类函数层）连接。

由信号系统理论知道，若存在一个 n 维正交函数空间，一个函数 $f(t)$ 可以在 n 维正交函数空间中分解，并表达为正交函数分量的矢量和，即 $f(t)=\sum_{i=1}^{n}c_i\varphi_i(t)$，其中，$\varphi_i(t)$ 表示 n 维

正交函数空间中第 i 个正交函数，c_i 表示 n 维正交函数空间中第 i 个正交函数的幅度(即在第 i 个正交函数上的投影)。

径向基函数神经网络把这个概念应用到非线性函数影射的近似之中，它常用的函数不一定能构成完备正交集，对于函数的插值更加接近，因此常用聚类函数，例如：

高斯函数集：$u_i = \exp\left(-\frac{1}{2}\left(\frac{v-c_i}{a_i}\right)^2\right)(i = 1,2,\cdots,n)$

柯西函数集：$u_i = \frac{1}{1+\left|\frac{v-c_i}{a_i}\right|^4}(i = 1,2,\cdots,n)$

抽样函数集：$u = Sa(a_i(v-c_i)) = \frac{\sin(a_i(v-c_i))}{a_i(v-c_i)}(i = 1,2,\cdots,n)$

这里 c_i 确定第 i 个函数的中心，a_i 确定第 i 个函数的宽度。

由图 9-9 所示径向基函数前向互联网络，直接可以写出网络的输出表达式：

$$f(x) = \frac{1}{\sum_{i=1}^{n} u_i}\sum_{i=1}^{n} w_i u_i$$

当要这种神经网络从数据中挖掘知识，用网络模型建立输入数据与输出数据之间的非线性映射关系时，进行有导师学习的插值或非线性函数拟合可以利用式(9-2)来实现。

例如，导师数据为输入、输出数据对 $(x_j, f(x_j)), j = 1,2,\cdots,m$，假设上述聚类函数的宽度 a_i 确定，考虑中心在 c_i，则当 $x_j = c_i$ 时，w_i 就是函数在该点的取样值 $w_i = f(x_j)$，因此可把训练数据的输入 x_j 作为一个聚类基函数的中心，从而得到 m 个线性方程。例如，当使用高斯函数集 $u_i = \exp\left(-\frac{1}{2}\left(\frac{v-c_i}{a_i}\right)^2\right), i = 1,2,\cdots,n$ 时，对于输入、输出数据对 $(x_j, f(x_j)), j = 1,2,\cdots,m$ 有：

$$f(x_j) = \frac{1}{\sum_{i=1}^{n} u_i}\sum_{i=1}^{n} w_i u_i, u_i = \exp\left(-\frac{1}{2}\left(\frac{x_j - x_i}{a_i}\right)^2\right)(j = 1,2,\cdots,m) \tag{9-2}$$

这里令 $d = 1\Big/\sum_{i=1}^{n} u_i$，式(9-2)可以写成

$$f(x_j) = d\sum_{i=1}^{n} w_i u_i (j = 1,2,\cdots,m)$$

不难看出，当 $m = n$ 时，可以用一般求解线性方程的办法求出加权系数 w_i，$i=1,2,\cdots,n$；当 $m \neq n$ 时，可以用一般正则化或伪逆求解线性方程的办法求出加权系数 w_i，$i=1,2,\cdots,n$；还可以用前面讲的误差反向传输学习算法求解，特别是在多个不同的输入对应一个相同的结果。即该非线性函数具有多个相同的极值点时，用误差反向传输学习算法进行求解优势更加明显。

例如，输入数据为 0,2,4,5,8,9,10，输出数据为 8,0,0,0.5,6,7.2,4。用 8 个神经元构成的径向基函数前向互联网络进行插值非线性函数拟合曲线如图 9-10 所示。

在径向基函数前向互联网络中，因为 c_i,a_i 均为可调整参数，利用误差反向传输学习算法，c_i,a_i 的学习算法就非常容易推导出。

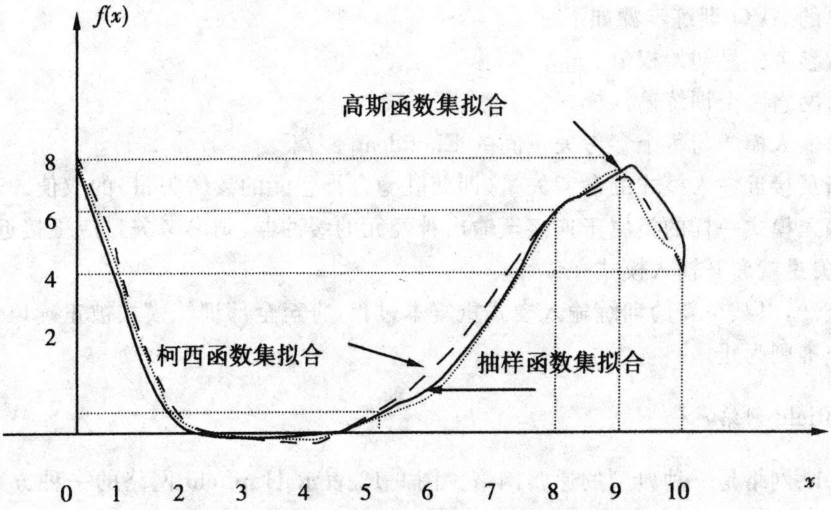

图 9-10　径向基函数前向互联网络拟合曲线

4. 学习矢量量化(LVQ)网络

图 9-11 给出一个学习矢量量化(LVQ)网络,它由三层神经元组成,即输入转换层、隐含层和输出层。该网络在输入层与隐含层之间为完全连接,而在隐含层与输出层之间为部分连接,每个输出神经元与隐含神经元的不同组相连接。隐含—输出神经元间连接的权值固定为 1。输入—隐含神经元间连接的权值建立参考矢量的分量(对每个隐含神经元指定一个参考矢量)。在网络训练过程中,这些权值被修改。隐含神经元(又称为 Kohonen 神经元)和输出神经元都具有二进制输出值。当某个输入模式送至网络时,参考矢量最接近输入模式的隐含神经元因获得激发而赢得竞争,因而允许它产生一个“1”。其他隐含神经元都被迫产生“0”。与包含获胜神经元的隐含神经元组相连接的输出神经元也发出“1”,而其他输出神经元均发出“0”。产生“1”的输出神经元给出输入模式的类,每个输出神经元被表示为不同的类。

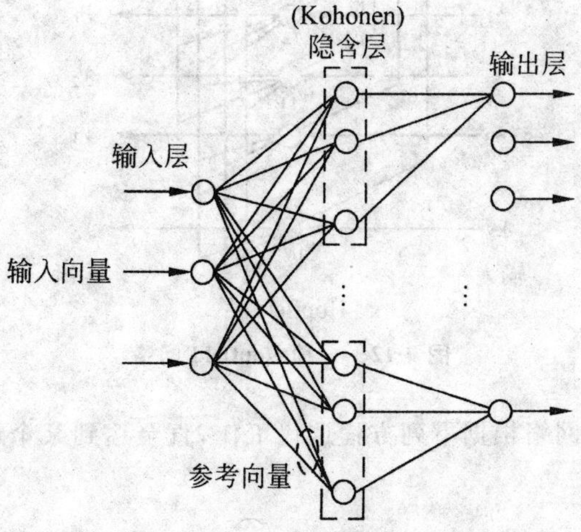

图 9-11　学习矢量量化网络

最简单的 LVQ 训练步骤如下：

①预置参考矢量初始权值。

②供给网络一个训练输入模式。

③计算输入模式与每个参考矢量间的 Euclidean 距离。

④更新最接近输入模式的参考矢量(即获胜隐含神经元的参考矢量)的权值。若获胜隐含神经元以输入模式一样的类属于连接至输出神经元的缓冲器,则参考矢量应更接近输入模式。否则,参考矢量就离开输入模式。

⑤转至②,以某个新的训练输入模式重复本过程,直至全部训练模式被正确地分类或者满足某个终止准则为止。

5. Hopfield 网络

Hopfield 网络是一种典型的递归网络。图 9-12 表示 Hopfield 网络的一种方案。这种网络通常只接受二进制输入(0 或 1)以及双极输入(+1 或 −1)。它含有一个单层神经元,每个神经元与所有其他神经元连接,形成递归结构。Hopfield 网络的训练只有一步,网络的权值叫作 ω_{ji} 被直接指定如下：

$$\omega_{ji} = \begin{cases} \frac{1}{N}\sum_{c=1}^{p} x_i^c x_j^c, i \neq j \\ 0, i = j \end{cases} \tag{9-3}$$

式中，ω_{ji} 为从神经元 i 至神经元 j 的连接权值，x_i^c(可为+1 或−1)是 f 类训练输入模式的第 i 个分量，p 为类数，N 为神经元数或输入模式的分量数。由式(9-3)可以看出，$\omega_{ij} = \omega_{ji}$ 以及 $\omega_{ii} = 0$ 是一组保证网络稳定的条件。当一种未知模式输入到此网络时,设置其输出初始值等于未知模式的分量,即

$$y_i(0) = x_i (1 \leqslant i \leqslant N)$$

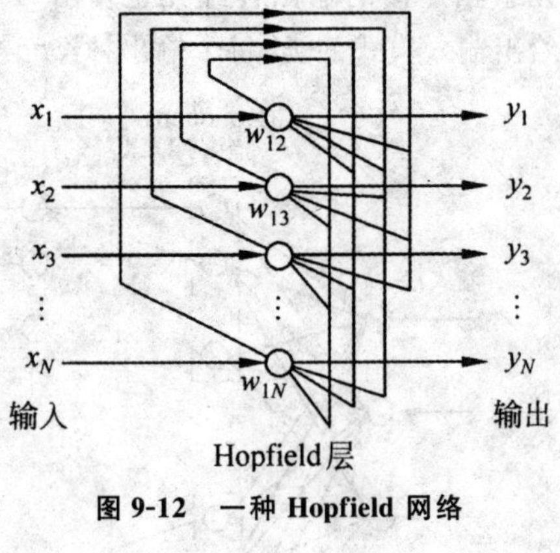

图 9-12　一种 Hopfield 网络

从这些初始值开始,网络根据下列方程迭代工作,直至达到某个最小的能量状态,即其输出稳定于恒值：

$$y_i(k+1) = f[\sum_{j=1}^{N} \omega_{ij} y_i(k)] (1 \leqslant i \leqslant N)$$

式中，f 为一硬性限制函数定义为

$$f(x)=\begin{cases}-1, x<0\\1, x>0\end{cases}$$

6. Kohonen 网络

Kohonen 网络或自组织特征映射网络含有两层，一个输入缓冲层用于接收输入模式，另一个为输出层，如图 9-13 所示。输出层的神经元一般按正则二维阵列排列，每个输出神经元连接至所有输入神经元。连接权值形成与已知输出神经元相连的参考矢量的分量。

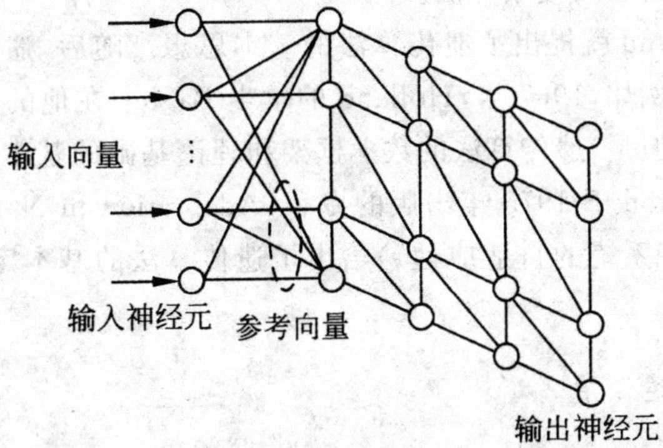

图 9-13　Kohonen 网络

训练一个 Kohonen 网络包含下列步骤：

①对所有输出神经元的参考矢量预置小的随机初值。

②供给网络一个训练输入模式。

③确定获胜的输出神经元，即参考矢量最接近输入模式的神经元。参考矢量与输入矢量间的 Euclidean 距离通常被用作距离测量。

④更新获胜神经元的参考矢量及其近邻参考矢量。这些参考矢量(被引至)更接近输入矢量。对于获胜参考矢量，其调整是最大的，而对于离得更远的神经元，减少调整。一个神经元邻域的大小随着训练的进行而相对减小，到训练结束，只有获胜神经元的参考矢量被调整。

对于一个很好地训练过了的 Kohonen 网络，相互靠近的输出神经元具有相似的参考矢量。经过训练之后，采用一个标记过程，其中，已知类的输入模式被送至网络，而且类标记被指定给那些由该输入模式激发的输出神经元。当采用 LVQ 网络时，若一个输出神经元在竞争中胜过其他输出神经元(即它的参考矢量最接近某输入模式)，则此获胜输出神经元被该输入模式所激发。

9.2　遗传算法

遗传算法(Genetic Algorithm，GA)的思想是由美国 J. Holland 教授提出的。它是借鉴生物遗传机制的一种随机搜索算法，其主要特点是群体搜索和群体中的个体之间的信息交换。

遗传算法尤其适用于处理传统方法难以解决的、复杂的和非线性的问题，可广泛用于模式识别、神经网络、图像处理、机器学习、工业优化控制、自适应控制和生物科学等领域。它已成为智能计算的主要技术之一。

9.2.1 遗传算法的建立

在20世纪60年代，遗传算法(Genetic Algorithm，GA)是由美国密歇根大学的心理学教授、电子工程学和计算机科学教授John Henry Holland等人在对细胞自动机进行研究时率先提出的一种随机自适应的全局搜索算法。

早在1962年，Holland就提出了遗传算法的基本思想。随后，遗传算法的概念开始出现在学者相关的研究中。例如，1967年，Holland的学生Bagley在他的博士论文中首次采用了“遗传算法”这一术语。但是，遗传算法的数学框架和理论基础的基本形成是到20世纪70年代初期才形成的。Holland于1975年出版的专著《Adaptation in Natural and Artificial Systems》(《自然系统和人工系统的自适应性》)给出了遗传算法的基本定理，并给出了大量的数学理论证明。

1.进化理论和现代遗传学

遗传算法是建立在生命科学与工程学科中的重要理论成果基础之上的，用于解决复杂优化问题。达尔文(Darwin)的进化理论和以孟德尔(Mendel)的遗传学说为基础的现代遗传学为遗传算法的建立提供了很好的理论支撑。

每一个物种都是在向更加适应环境的方向不断发展的这一观点在达尔文的进化理论中得到了充分体现。物种的一些个体特征由于能够更好地适应环境而得以保留，这就是适者生存的原理。生物的进化过程是一个不断往复的循环过程，如图9-14所示。在每个循环中，由于自然环境的恶劣、资源的短缺和天敌的侵害等各种因素，所有的个体都无法逃脱自然的选择。在这一过程中，一部分个体由于对自然环境具有较高适应能力而得以保存下来形成新的种群，而另一部分个体则由于不能适应自然环境而逐渐被淘汰。经过选择保存下来的群体构成种

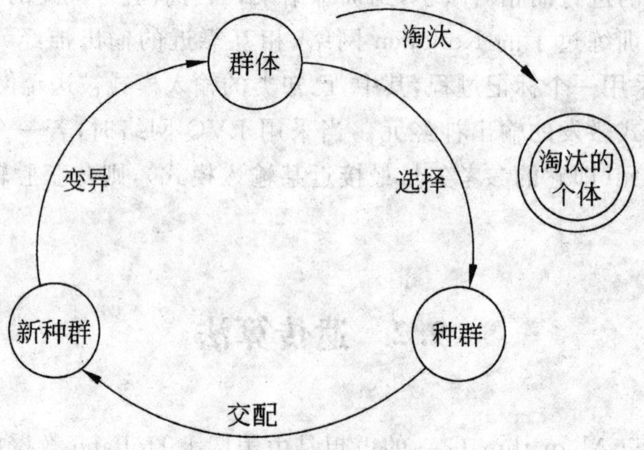

图9-14 生物进化过程

群，种群中的生物个体进行交配繁衍，不断产生出更佳的个体。交配产生的子代继承了父代的部分特性，并且比父代具有更强的环境适应能力。群体中各个个体适应度随着如此不断地循环而逐渐提高，并且达到能够满足一定极限条件的目的（这在遗传算法中看来，也就是不断地接近于最优解）。进化过程伴随着种群的变异，种群中部分个体发生基因变异，成为新的个体。这样，原来的群体被经过选择、交叉和变异后的种群所取代，这种进化循环将会一直持续下去。

以孟德尔的遗传学说为基础的现代遗传学提出了遗传信息的重组模式。在生物体的遗传过程中，携带遗传信息的基因以染色体为载体，并且在染色体上以一定的次序排列组合，针对某个特定的性质是由某一特定的位置进行控制的。父代交配产生子代时，子代从父代继承的遗传基因以染色体的形式重新组合，子代的性状由遗传基因决定。图 9-15 简单描述了遗传基因重组的过程。

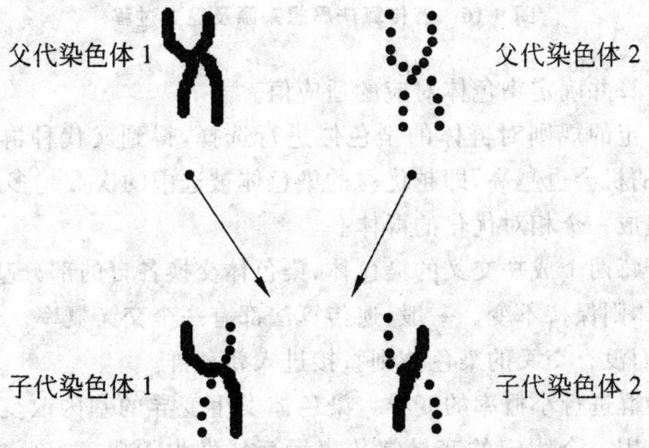

图 9-15　遗传基因重组过程

2. 从生物遗传进化到遗传算法

进化理论和现代遗传学为 Holland 寻求有效方法研究人工自适应系统提供了宝贵的思想源泉。Holland 在前人运用计算机进行生物模拟的基础上，发现了自然界的生物遗传进化系统与人工自适应系统之间的相似性，成功地建立了遗传算法的模型，并理论证明了遗传算法搜索的有效性。图 9-16 揭示了遗传算法的思想来源及建立过程。

遗传算法正是通过模拟自然界中生物的遗传进化过程，对优化问题的最优解进行搜索的。遗传算法搜索全局最优解的过程是一个不断迭代的过程（每一次迭代相当于生物进化中的一次循环），迭代过程一直持续下去直到满足算法的终止条件为止。

在遗传算法里，优化问题的解被称为个体，它被表示为一个参数列表，叫作染色体，在有些书籍中也称为“串”。染色体一般被表示为简单的数字串，这一过程被简称为编码。染色体的具体形式是一个使用特定编码方式生成的编码串。“基因”就是编码串中的一个编码单元的称呼。

遗传算法对染色体的优劣的区分是通过对适应值的比较来实现的，适应值越大的染色体越优秀。将种群中适应值高的排在前面，下一步是产生下一代个体并组成种群。对于群体的进化，算法引入了类似自然进化中选择、交叉以及变异等算子。

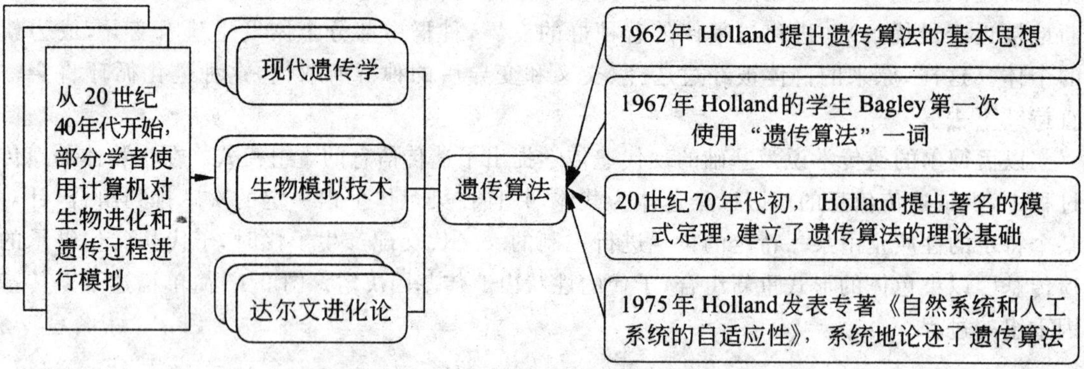

图 9-16　遗传算法思想来源及建立过程

评估函数用来计算并确定染色体对应的适应值。

选择算子按照一定的规则对群体的染色体进行选择，得到父代种群。一般地，适应值越高，相应地其被选择的机会也越高，即越优秀的染色体被选中的次数越多。初始的数据可以通过这样的选择过程组成一个相对优化的群体。

交叉算子作用于每两个成功交叉的染色体，染色体交换各自的部分基因，产生两个子代染色体，而不交叉的个体则保持不变。一般，遗传算法都有一个交叉概率。子代染色体取代父代染色体进入新种群，而没有交叉的染色体则直接进入新种群。

变异算子使新种群进行小概率的变异。染色体发生变异的基因改变数值，得到新的染色体。一般遗传算法使用一个固定的变异常数表示变异发生的概率，该常数为 0.1 甚至更小。新个体的染色体根据该概率随机地突变，其方式通常就是改变染色体的一个位（在 0 和 1 之间进行变换）。经过变异的新种群替代原有群体进入下一次进化。

在算法进行的过程中，优良的品质得以保留下来，更多更好的个体通过组合产生出来，推动着每一代个体不断地向增加整体适应值的方向发展。该过程不断地重复，直到满足终止条件为止。表 9-1 给出了从生物遗传进化到遗传算法各个基本概念的对照。

表 9-1　生物遗传进化的基本生物要素和遗传算法的基本要素定义对照表

生物遗传进化	遗传算法
群体	问题搜索空间的一组有效解（表现为群体规模 n）
种群	经过选择产生的新群体（规模同样为 $C=\{c_1,c_2,\cdots,c_n\}$）
染色体	问题有效解的编码串
基因	染色体的一个编码单元
适应能力	染色体的适应值
交叉	两个染色体交换部分基因得到两个新的子代染色体

续表

生物遗传进化	遗传算法
变异	染色体某些基因的数值发生改变
进化结束	算法满足终止条件时结束，输出全局最优解

9.2.2　基本遗传算法及其改进算法

1. 基本遗传算法

(1)染色体编码

对于一个实际的待优化的问题，应用遗传算法，问题解的表示是一个首先需要解决的问题，即染色体的编码方式。染色体编码方式确定是否得当会影响接下来染色体的交叉和变异操作。因此，一种既简单又不影响算法性能的编码方式是我们迫切需要探究的。但是目前关于这部分的理论研究和应用探索尚未寻找到一种完整有效的遗传算法编码理论和方案。目前用于染色体编码的方法有许多种，下面重点探讨二进制编码这一最常用的编码方式进行讨论研究。

二进制编码方法产生的染色体应当是一个二进制符号序列，染色体的每一个基因只能取 0 或 1。将问题的解表示为适于遗传算法进行操作的二进制子串——染色体串，一般包括以下三个步骤。

第一步，根据实际问题确定待寻优的参数。

第二步，用一个二进制数表示每一个确定了的参数的变化范围。例如，如果用一位二进制数 b 表示参数 a 的变化范围为$[a_{\min}, a_{\max}]$，则二者之间满足

$$a = a_{\min} + \frac{b}{2^m - 1}(a_{\max} - a_{\min})$$

要注意，确定了的参数范围，应该能够覆盖全部的寻优空间，为尽量减小遗传算法计算的复杂性，应在满足精度要求的情况下尽量取小的字长 m。这从另一方面也说明了，该方法在编码的精度方面是差强人意的，因为当 m 变的很大时，将急剧增加算法操作的复杂度。

第三步，将上述所有表示参数范围的二进制数串连接起来，所组成的一个长的二进制字串即为遗传算法可以操作的对象。其每一位只有两种取值，0 或 1。

通过上述讨论可以看出，某些精度要求较高或解含有较多变量的优化问题的解决不适合采用二进制编码的办法来解决。在实际中，可以根据具体问题的特点采用其他编码方式，如浮点编码就适于表示取值范围比较大的数值，能有效降低采用遗传算法对染色体进行处理的复杂性。

(2)初始种群的产生

遗传算法搜索寻优的出发点就是初始群体。群体规模越大，搜索的范围也就越广，但是每代的遗传操作时间也相应变长。产生初始种群的方法通常包括以下两种。

第一种方法:用完全随机的方法产生。该方法适于对问题的解无任何先验知识的情况。设要操作的二进制字串的位数为 p,则最多可以有 n 种选择,设初始种群取 n 个样本($n<2^p$)。可以使用掷硬币方法得到样本:分别用 1、0 表示正反面,连续掷 p 次硬币后就会得到一个 p 位的二进制字串,即一个样本。同样的做法重复 n 次,就会取得 n 个样本。也可以使用随机数发生器获取样本:随机地在 $0\sim2^p$ 之间产生 n 个整数,n 个初始样本即为该 n 个整数所对应的二进制表示。

第二种方法:先将这些先验知识转变为必须满足的一组要求,然后在满足这些要求的解中再随机地选取样本。具有某些先验知识的情况采用该方法比较合适,并且选择的初始种群可使遗传算法更快地到达最优。

(3)适应值的设计

衡量个体优劣的标志就是适应值,是执行遗传算法"优胜劣汰"的依据。遗传算法在进化搜索中几乎很少甚至不会用到外部信息,其搜索时的依据是适应值函数。可见,遗传算法的收敛速度如何,能否找到最优解等都取决于所选择的适应值函数。

可以把计算适应值看成是遗传算法与优化问题之间的一个接口。遗传算法评价一个解的好坏主要看该解的适应值。下面列举几种常见的确定适应值函数的方法。

1)直接以待求解的目标函数作为适应值函数

如果目标函数 $f(x)$ 为最大化问题,可令适应值函数

$$F(f(x)) = f(x)$$

如果目标函数 $f(x)$ 为最小化问题,则有

$$F(f(x)) = -f(x)$$

优点:简单直观;缺点:①对于经常使用的轮盘赌选择,有时候可能会违背概率非负的要求;②某些待求解的函数值分布较为分散,导致种群的平均性能无法通过平均适应值得到。

2)利用界限构造法确定适应值函数

如果目标函数为最小问题,则有

$$F(f(x)) = \begin{cases} c_{\max} - f(x), f(x) < x_{\max} \\ 0,\text{其他} \end{cases} (c_{\max}\text{ 为 } f(x) \text{ 的最大估计值})$$

如果目标函数为最大问题,则有

$$F(f(x)) = \begin{cases} f(x) - c_{\min}, f(x) > x_{\min} \\ 0,\text{其他} \end{cases} (c_{\max}\text{ 为 } f(x) \text{ 的最小估计值})$$

界限构造法是对第一种方法的改进。缺点:界限值预先估计困难或不精确。

另外,还有一种与界限构造法类似的方法。假设 c 为目标函数界限的保守估计值。

如果目标函数为最小问题,则有

$$F(f(x)) = \frac{1}{1+c+f(x)} (c \geqslant 0, c+f(x) \geqslant 0)$$

如果目标函数为最大问题,则有

$$F(f(x)) = \frac{1}{1+c-f(x)} (c \geqslant 0, c-f(x) \geqslant 0)$$

由于实际问题本身情况的不同,适应值的计算可能很复杂也可能很简单。有些情况,适应

值可以通过一个数学解析公式计算出来；也有些情况适应值的求出需要通过一系列基于规则的步骤才能实现；当然，在某些情况下还需要结合上述两种方法求得适应值。

(4)遗传算法的操作步骤

综上所述，利用遗传算法解决一个具体的优化问题，其具体操作步骤如下：

1)准备工作

首先，确定有效且通用的编码方法，将问题的可能解编码成有限位的字符串；然后，为了测量和评价各解的性能可以定义一个适应值函数；随后，确定遗传算法所使用的各参数的取值，如种群规模 n，交叉概率 P_c，变异概率 P_m 等。

2)遗传算法搜索最佳串

① $t=0$，随机产生初始种群 $A=(0)$。

②计算各串的适应值 $F_i, i=1,2,\cdots,n$。

③根据 C 对种群进行选择操作，然后分别以概率 P_c、P_m 对种群进行交叉操作与变异操作。新的种群是经过选择、交叉、变异等一系列操作产生出来的。

④ $t=t+1$，计算各串的适应值 F_i。

⑤经过对比，如果连续几代种群的适应值变化小于事先设定的某个值，则认为满足终止条件；反之，则返回③。

⑥找出最佳串，结束搜索，根据最佳串给出实际问题的最优解。

图 9-17 给出了标准遗传算法的操作流程图。

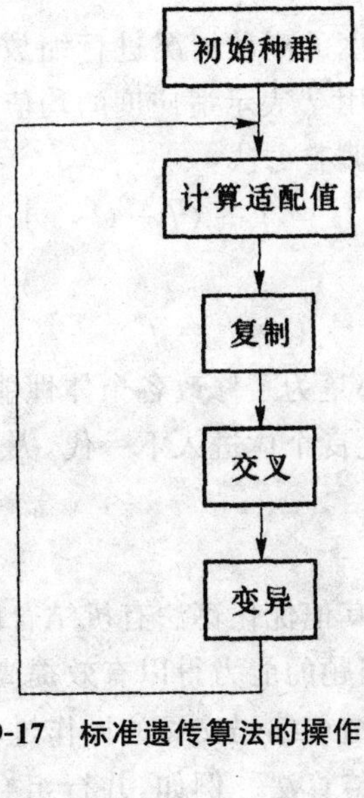

图 9-17　标准遗传算法的操作流程

2. 遗传算法的改进

(1)编码

与十进制相比，二进制字符串所表达的模式更多，在执行交叉及变异时所呈现出的变化也非常多，因此二进制编码具有明显的优越性。近年来，格雷码(gray code)开始在遗传算法中

被采用,它是一种循环的二进制字符串。格雷码 b_i 与普通二进制数 a_i 的转换如下:

$$b_i = \begin{cases} a_i, i = 1 \\ a_{i-1} \oplus a_i, i > 1 \end{cases} \quad (\oplus\text{表示以 2 模型的加运算})$$

相邻两个格雷码只有一个字符的差别,格雷码的海明距离总是 1。所以,在进行变异操作时,格雷码某个字符的突变很有可能使字符串变为相邻的另一个字符串,从而实现顺序搜索,这样一来无规则的跳跃式搜索就得以有效避免。采用格雷码能够提高遗传算法的收敛速度。

(2)适应度

在遗传算法的初始阶段,各个个体的性态明显不同,其适应度的差别也非常明显。一般而言,适应度高的被复制的次数更多,这就容易导致个别适应度很低的个体中一些有益基因的丢失。这对于个体数目不多的群体来说影响很严重,甚至会把遗传算法的搜索引向误区,从而过早地收敛于局部最优解。

为避免上述情况,一方面需要将适应度按比例缩小,使得群体中适应度的差别得以有效减小;另一方面需要在遗传算法的后期适当地放大适应度,突出个体之间的差别,以便更好地优胜劣汰。

1)线性缩放

如果用 f' 表示缩放后的适应度,f 表示缩放前的适应度,a、b 表示相关系数。则无论是缩小还是放大,都可以用下式表示:

$$f' = af + b$$

2)方差缩放

方差缩放技术主要是根据适应度的离散情况进行缩放。对于适应度离散的群体,调整量要大一些,反之,调整量较少。如果用 $\overline{f}$ 表示适应度的均值,δ 表示群体适应度的标准差,C 为系数。可以用下式可以表示具体的调整方法:

$$f' = f + (\overline{f} - C \cdot \delta)$$

3)指数缩放

$$f' = f^k$$

无论哪种调整适应度的方法,都是为了修改各个体性能的差距,“优胜劣汰”的自然法则得以体现。例如,假如想多选择一些优良个体进入下一代,大适应度之间的差距就需要尽可能地加大。

(3)混合遗传算法

混合遗传算法是将遗传算法同其他优化算法有机结合的混合算法。目的在于得到性能更优的算法,从而使得遗传算法求解问题的能力得以有效提高。目前,混合遗传算法体现在两个方面,一是引入局部搜索过程,二是增加编码交叉的操作过程。混合的思想能够成功地使得到的混合算法在性能上超过原有的遗传算法。例如,并行组合模拟退火算法、贪婪遗传算法、遗传比率切割算法、遗传爬山法、免疫遗传算法等都是混合遗传算法的成功实例。

9.2.3 遗传算法的求解步骤

遗传算法是一种基于空间搜索的算法,它通过自然选择、遗传、变异等操作以及达尔文的适者生存的理论，模拟自然进化过程来寻找所求问题的答案。因此，遗传算法的求解过程也可看作是最优化过程。需要指出的是：遗传算法并不能保证所得到的是最佳答案，但通过一定的方法，可以将误差控制在容许的范围内。遗传算法具有以下特点：

①遗传算法是从问题解的编码组开始而非从单个解开始搜索。

②遗传算法是对参数集合的编码而非针对参数本身进行进化。

③遗传算法利用选择、交叉、变异等算子而不是利用确定性规则进行随机操作。

④遗传算法利用目标函数的适应度这一信息而非利用导数或其他辅助信息来指导搜索。

遗传算法利用简单的编码技术和繁殖机制来表现复杂的现象，从而解决非常困难的问题。它不受搜索空间的限制性假设的约束，不必要求诸如连续性、导数存在和单峰等假设，能从离散的、多极值的、含有噪音的高维问题中以很大的概率找到全局最优解。由于它固有的并行性，遗传算法非常适用于大规模并行计算。目前已在优化、机器学习和并行处理等领域得到了越来越广泛的应用。

遗传算法类似于自然进化，通过作用于染色体上的基因寻找好的染色体来求解问题。与自然界相似，遗传算法对求解问题的本身一无所知，它所需要的仅仅是对算法所产生的每个染色体进行评价，并基于适应值来选择染色体，使适应性好的染色体有更多的繁殖机会。在遗传算法中，通过随机方式产生若干个所求解问题的数字编码，即染色体，形成初始种群；通过适应度函数给每个个体一个数值评价，淘汰低适应度的个体，选择高适应度的个体参加遗传操作，经过遗传操作后的个体集合形成下一代新的种群。再对这个新种群进行下一轮进化。这就是遗传算法的基本原理。简单遗传算法框图如图 9-18 所示。

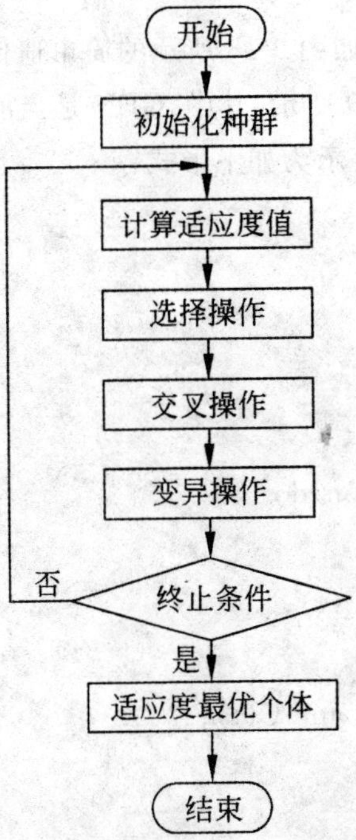

图 9-18　简单遗传算法框图

其求解步骤如下：

①初始化种群。

②计算种群上每个个体的适应度值。

③按由个体适应度值所决定的某个规则选择将进入下一代的个体。

④按概率 *Pc* 进行交叉操作。

⑤按概率 *Pc* 进行变异操作。

⑥若没有满足某种停止条件，则转②，否则进入下一步。

⑦输出种群中适应度值最优的染色体作为问题的满意解或最优解。

算法的停止条件最简单的有如下两种：

①完成了预先给定的进化代数则停止。

②种群中的最优个体在连续若干代没有改进或平均适应度在连续若干代基本没有改进时停止。

一般遗传算法的主要步骤如下：

①随机产生一个由确定长度的特征字符串组成的初始种群。

②对该字符串种群迭代地执行下面的步骤 a 和步骤 b，直到满足停止准则为止：

a. 计算种群中每个个体字符串的适应值。

b. 应用复制、交叉和变异等遗传算子产生下一代种群。

③把在后代中出现的最好的个体字符串指定为遗传算法的执行结果，这个结果可以表示问题的一个解。

根据遗传算法思想，可以给出如图 9-18 所示的简单遗传算法框图。

基本的遗传算法框图如图 9-19 所示，其中，GEN 是当前代数。

也可将遗传算法的一般结构表示为如下形式：

```
Procedure:Genetic Algorithms
begin
  t←0
  initialize P(t);
  evaluate P(t) ;
while(not termination condition)do
  begin
    recombine P(t) to yield C(t);
    evaluate C(t);
    select P(t+1) from P(t) and C(t);
    t←t+1
  end
end
```

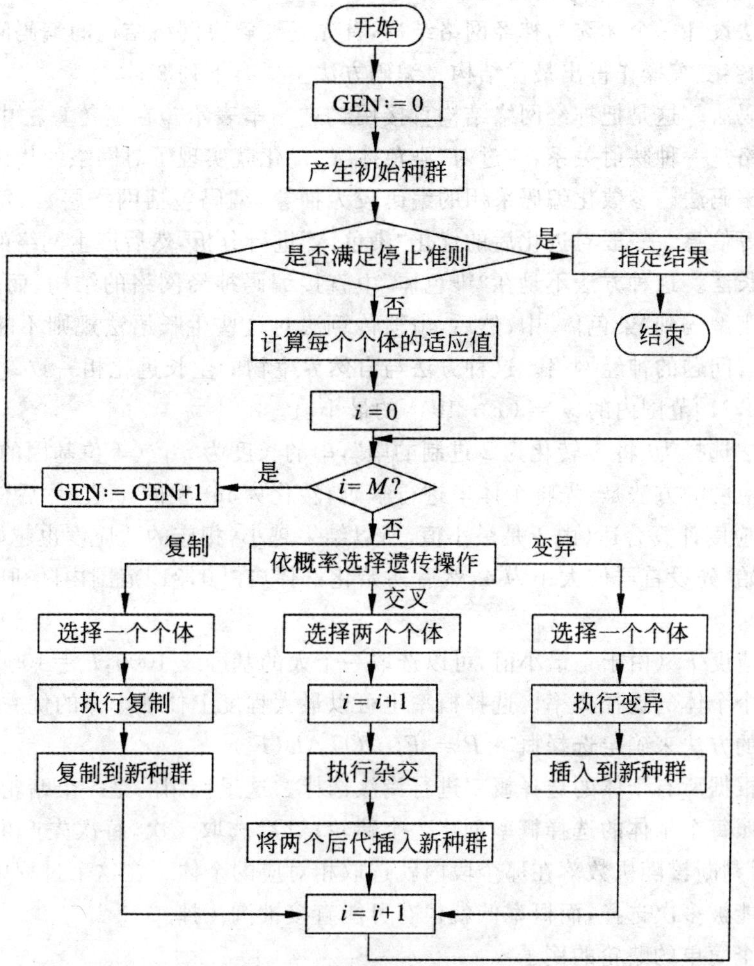

图 9-19　基本遗传算法框图

9.2.4　遗传算法的应用

1. 遗传算法在神经网络中的应用

遗传算法在神经网络中的应用主要反映在三个方面:网络的学习、网络的结构设计和网络的分析。

(1)遗传算法在网络学习中的应用

在神经网络中,遗传算法可用于网络的学习。这时,它在两个方面起作用:

①学习规则的优化。用遗传算法对神经网络学习规则实现自动优化,从而提高学习速率。

②网络权系数的优化。用遗传算法的全局优化及隐含并行性的特点提高权系数优化速度。

(2)遗传算法在网络设计中的应用

用遗传算法设计一个优秀的神经网络结构，首先是要解决网络结构的编码问题，然后才能以选择、交换和突变等操作得出最优结构。编码方法主要有下列 3 种。

①直接编码法。这是把神经网络结构直接用二进制串表示。在遗传算法中，“染色体”实质上和神经网络是一种映射关系，通过对“染色体”的优化就实现了对网络的优化。

②参数化编码法。参数化编码采用的编码较为抽象，编码包括网络层数、每层神经元数、各层互连方式等信息。一般对进化后的优化“染色体”进行分析，然后产生网络的结构。

③繁衍生长法。这种方法不是在“染色体”中直接编码神经网络的结构，而是把一些简单的生长语法规则编码到“染色体”中；然后，由遗传算法对这些生长语法规则不断进行改变，最后生成适合所解问题的神经网络。这种方法与自然界生物的生长进化相一致。

例如，求[0,31]范围内的 $y=(x-10)^2$ 的最小值。

①编码算法选择为“将 x 转化为 2 进制的串”，串的长度为 5 位(等位基因的值为 0 或 1)。

②计算适应度的方法是：先将个体串进行解码，转化为 int 型的 x 值，然后使用 $y=(x-10)^2$ 作为其适应度计算合适(由于是最小值，所以结果越小，相应的适应度也越好)。

③正式开始，先设首群体大小为 4，然后初始化群体(在[0,31]范围内随机选取 4 个整数即可进行编码)。

④计算适应度 F_i (由于是最小值，可以选取一个大的基准线 1000，$F_i=1000-(x-10)^2$。

⑤计算每个个体的选择概率。选择概率也可以最大程度上体现个体的优秀程度。这里用一个非常简单的方法来确定选择概率 $P=F_i/TOTAL(F_i)$。

⑥选择。根据所有个体的选择概率进行淘汰选择。这里使用的是一个赌轮的方式进行淘汰选择。先按照每个个体的选择概率创建一个赌轮，然后选取 4 次，每次先产生一个 0～1 的随机小数，然后判断该随机数落在那个段内就选取相对应的个体。在这个过程中，选取概率 P 高的个体将可能被多次选择，而概率低就很有可能直接被淘汰掉。

下面是一个简单的赌轮的例子。

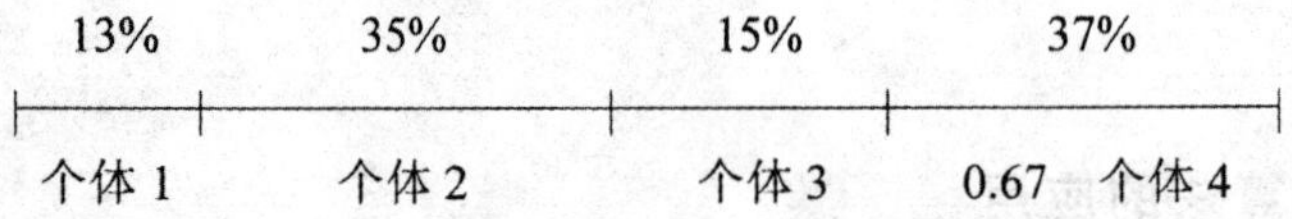

随机数为 0.67 落在了个体 4 的端内。本次选择了个体 4。

被选中的个体将进入配对库(配对集团)准备开始繁殖。

⑦简单交叉。先对配对库中的个体进行随机配对，然后在配对的 2 个个体中设置交叉点，下一代是在交换 2 个个体消息后产生的。

比如(1 代表简单串的交叉位置)

(0110|1,1100|0)——交叉→(01100,11001)

(01|000,11|011)——交叉→(01011,11000)

2 个父代的个体在交叉后繁殖出了下一代的同样数量的个体。

复杂的交叉在交叉的位置、交叉的方法、双亲的数最上都可以选择。之所以这么做是为了尽可能地培育出更优秀的后代。

⑧变异。变异操作是根据基因座得出的。比如说每计算 2 万个基因座就发生一个变异(每个个体有 5 个基因座，也就是说要进化 1000 代后才会在其中的某个基因座发生一次变异)。变异的结果是基因座上的等位基因发生了变化。我们这里的例子就是把 0 变成 1 或 1 变成 0。

至此，我们已经产生了一个新的(下一代)集团。然后回到第④步。

```
foreach individual in population
{
  individual＝Encode(Random(0,31))；
}
while(App. IsRun)
{
  //计算个体适应度
  int TotalF＝0；
  foreach individual in population
  {
    individual. F＝1000－(Decode(individual)－10)^2；
    TotalF＋＝individual. F；
  }
  //——选择过程，计算个体选择概率——
  foreach individual in population
  {
    individual. P＝individual. F/TotalF；
  }
  //选择
  for(int i＝0；i＜4；i＋＋)
  {
    //SelectIndividual(float p)是根据随机数落在段落计算选取哪个个体的函数
    MatingPool[i]＝population[SelectIndividual(Random(0,1))]；
  }
  //——简单交叉——
  //由于只有 4 个个体，配对 2 次
  for(int i＝0；i＜2；j＋＋)
  {
  MatingPool. Parents[i]. Mother＝MatingPool. RandomPop()；
  MatingPool. Parents[i]. Father＝MatingPool. RandomPop()；
  }
  //交叉后创建新的集团
  population. Clean()；
```

```
foreach Parent in MatingPool. Parents
{
//注意在 copy 双亲的染色体时在某个基因座上发生的变异未表现
   child1＝Parent. Mother. DivHeader＋Parent. Father. DivEnd;
   child2＝Parent. Father. DivHeader＋Parent. Mother. DivEnd;
   population. push(child1);
   population. push(child2);
  }
}
```

(3)遗传算法在网络分析中的应用

遗传算法可用于分析神经网络。神经网络由于有分布存储等特点，一般难以从其拓扑结构直接理解其功能。遗传算法可对神经网络进行功能分析、性质分析和状态分析。

2.遗传算法在分类系统中的应用

遗传算法不仅可作为搜索和优化的一种方法，而且还可以作为一种机器学习技术。例如，可以将基于遗传算法的机器学习应用于分类系统。

遗传算法在分类系统中主要是用来对分类系统中的分类器(规则)进行学习，用以产生新的、更好的分类规则。分类器(规则)的形式如下：

If＜条件＞then＜动作＞

它在形式上与产生式相似，但却更简单，其条件和动作部分都是固定长度的串，起着传递消息的作用。应用遗传算法生成新的、更好的分类器(规则)的主要步骤如下：

①根据分类器(规则)的适应度值成正比的概率，选择复制出 K 个分类器(规则)。

②对选出的分类器(规则)，利用遗传算法中的遗传操作(交叉、变异)，重新生成 K 个新规则。

③用产生的“后代”(新规则)取代分类器中适应度值小的规则。

当一次遗传算法学习过程结束后，若得到群体中的规则与其父代完全相同，且各规则的适应度值已连续多次保持不变，就认为算法收敛，学习过程结束。

遗传算法虽然在多个领域都有实际应用，并且也展示了它的潜力和宽广前景。但是，遗传算法还有大量的问题需要研究，目前也还有各种不足。首先，在变量多、取值范围大或无给定范围时，收敛速度下降；其次，可找到最优解附近，但无法精确定位最优解的位置；最后，遗传算法的参数选择尚未有定量方法。对遗传算法，还需要进一步研究其数学基础理论，在理论上证明它与其他优化技术的优劣及原因，研究硬件化的遗传算法，以及遗传算法的通用编程和形式等。

9.3 蚁群优化算法

据社会生物学家统计，蚂蚁共有 21 亚科 283 属，已命名的超过 9000 多种(国内约 500 多种)。可以说是数量庞大、种类繁多的一类社会性昆虫。早在8000万年以前,蚂蚁就建立了自己的社会,并拥有相当发达的社会形态。研究表明,蚂蚁与蚂蚁之间的协作或是蚂蚁与环境之间的交互,都是依赖于一种带有家族性气味的化学物质——信息素(Pheromone)①。作为一个分布式系统,真实蚂蚁的个体行为十分简单、能力有限,但整个蚁群系统的集体行为却表现出高度的复杂性和超强的能力。其典型的社会性群体行为主要包括觅食、劳动分配、孵化分类和合作运输。

自然界通常是人类创新思想的源泉。Goss等人曾利用阿根廷蚂蚁完成著名的双桥觅食实验。实验结果表明,若双桥的两条路径长度相等,尽管最初的路径选择是随机的,但最终所有蚂蚁都会选择同一条路径;若两条路径长度不等,蚂蚁经过一段时间后会探寻出最佳路径。双桥实验中蚂蚁觅食行为给人们带来了启发。

蚁群优化算法是由M. Dorigo等人在1991年提出的,是一种随机搜索算法,即所谓的蚂蚁系统(Ant System,AS)。1992年,Dorigo在他的博士论文中较为系统地阐述了AS系统,并将其应用于旅行商问题(Travelling Salesman Problem,TSP)的求解中。AS算法在初步形成时并没有受到国际学术界的广泛关注,主要是因为它虽然能找到问题的优化结果,但是其执行效率却并不比其他传统算法更优。虽然利用AS求解TSP问题的性能并不理想,但它却构成了各种ACO算法的基础,为各种改进算法的提出提供了灵感。目前,包括精英AS(elitist AS)、基于排列的AS(rank-based AS)、最大最小AS(MAX-MIN AS,简称MMAS)等在内的许多ACO算法,大多是在AS上的直接改进。近期发展的ACO算法,则主要是指各种增强了局部搜索能力的混合式ACO系统。

9.3.1　蚁群优化算法概述

在研究蚁群优化算法(Ant Colony Optimization,ACO)之前,需要先对真实蚂蚁的觅食过程进行探究。如图9-20(a)所示,蚂蚁从蚁穴出发,经过一段时间的探寻,找到到达食物源的最短路径。这一过程正是利用信息素痕迹(Pheromone trail)来发现最短路径的。前行蚂蚁会在途经的路径上留下信息素,后面的蚂蚁在障碍物前能够感知先前蚂蚁留下的信息,并倾向选择一条较短的路径前行,然后在该路径上留下更多的信息素,增加的信息素浓度,从而加大更多蚂蚁对该路径的选择概率。更多的蚂蚁在最短路径上行进是通过这种反馈机制实现的。由于在实际中,生物蚂蚁赖以进行化学通信的生物信息素是会随时间缓慢挥发的,其他路径上少量的信息素随着时间蒸发,最终所有的蚂蚁都在最优路径上行进。蚂蚁群体的这种自组织工作机制具有很强的适应环境的能力,因此若在该最短路径的中间位置增加一个障碍物,会发现蚂蚁将开始重新探索绕过障碍物的最短路径,并最终获得成功,如图9-20(b)所示。从算法的角度讲,为增强人工蚂蚁的路径探索能力,一般会人为干预,使得人工信息素的挥发速度得以加大。蚁群算法是一种基于模拟蚂蚁群行为的随机搜索优化算法。

① 信息素由蚂蚁自身释放,是一种能够实现蚁群内间接通信的物质。较短路径上信息素的积累速度比较长路径快。

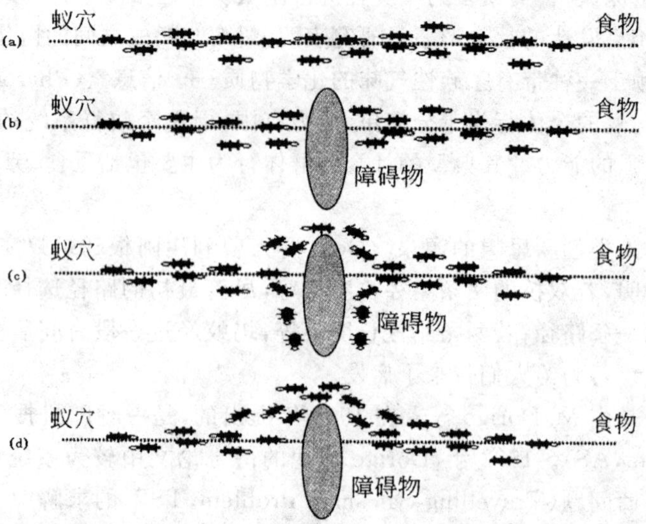

图 9-20 真实蚂蚁绕过障碍物的觅食运动

ACO 系统是一种“元启发式”群体搜索与优化技术。在 ACO 系统中，人工蚂蚁的觅食过程的描述可以借助于结点和边组成的图来抽象进行。如图 9-21 所示的边相当于前面所述的路径。m 只人工蚂蚁或个体随机选择出发结点，并根据该出发结点所面临的各边的信息素浓度来随机选择穿越的边，当到达下一个结点时继续以同样的方法选择下一条边，直到返回出发结点，从而完成一次游历（Tour）。由 m 只蚂蚁组成的蚁群是同时进行游历构建的。同样的道理，信息素浓度高的边被选择的概率更高。

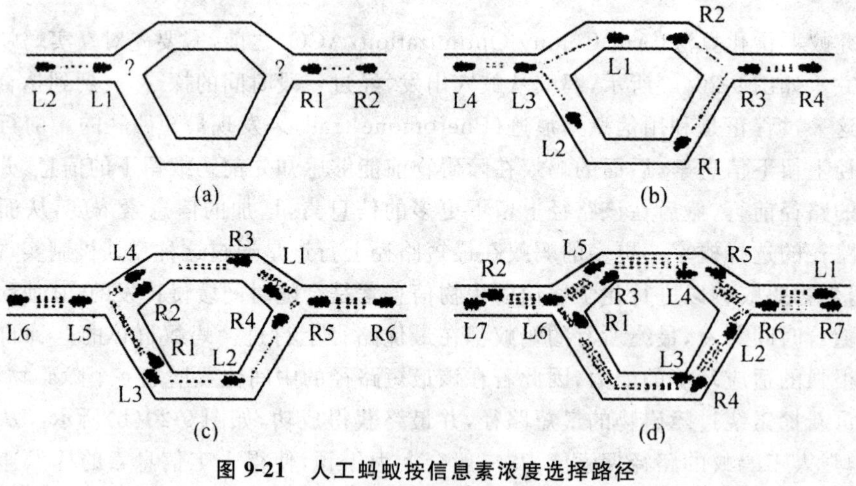

图 9-21 人工蚂蚁按信息素浓度选择路径

一次游历就对应于问题的一个解，可以对每条完成的游历进行优化分析。基本原则是信息素浓度的更新需有利于趋向更优的解。一般来说，一个更优的解与一个较差的解分别具有更多和较少的信息素痕迹。性能更优的游历或者说问题的更优解，其所包含的所有边将具有更高的平均选择概率。在全部 m 只人工蚂蚁均完成了各自的游历后，则进入一个新的循环，直到大多数人工蚂蚁在每次循环中都选择了相同的游历，则可以认为是收敛到了问题的全局最优解。

上述 ACO 算法的主要特点：

①具有浓度信息素痕迹越多的边，被选中的概率越大。

②边上的信息素会随着蚂蚁的经过而增加，较短边的信息素痕迹的累积速度较快；该信息素还会随时间挥发，这种挥发机制的引入可增加探索新边的能力。

③人工蚂蚁通过信息素来互相通信、协同工作。

9.3.2　蚁群优化算法的数学模型

蚁群算法包括适应阶段和协作阶段两个基本阶段。适应阶段，各候选解根据积累的信息不断调整自身结构，路径上经过的蚂蚁越多，信息素数量越大，则该路径被选择的可能性越大，随着时间的增长，信息素数量开始变少。协作阶段，各候选解通过相互信息交流，以期望产生性能更好的解。

前面已经提到蚂蚁系统是以 TSP 作为应用实例提出的，为了易于学习和掌握蚁群算法的数学模型，下面借助经典的 TSP 来进行分析探讨。

假设已知 n 个城市的集合 $C=\{c_1,c_2,\cdots,c_n\}$，集合 C 中任意元素（城市）两两连接的集合 $L=\{l_{ij}\mid c_i,c_j\in C\}$，$d_{ij}\,(i,j=1,2,\cdots,n)$ 表示已知的城市 i 与 j 之间的距离（或者城市的坐标集合是已知的，d_{ij} 即为城市 i 与 j 之间的欧几里德距离 $d_{ij}=\sqrt{(x_i-x_j)^2+(y_i-y_j)^2}$）。TSP 的目的是从中寻找一条对 $C=\{c_1,c_2,\cdots,c_n\}$ 中全部 n 个元素（城市）访问且只访问一次的最短封闭曲线。

若用 $b_i(t)$ 表示 t 时刻位于元素（城市）i 的蚂蚁个数，用 $\tau_{ij}(t)$ 表示 t 时刻 (i,j) 上的信息素数量，用 m 表示蚂蚁群中蚂蚁的数目，有 $m=\sum_{i=1}^{n}b_i(t)$，则 t 时刻集合 C 中元素（城市）两两连接 l_{ij} 上的残留信息素数量集合有 $\Gamma=\{\tau_{ij}(t)\mid C_i,C_j\in C\}$。各条路径上的信息素数量在初始时刻是相等的，设 $\tau_{ij}(0)=\text{const}$（const 为常数）。蚁群算法的寻优通过有向图 $g=(C,L,\Gamma)$ 实现。

1. AS 中的转移概率准则

算法中人工蚂蚁与实际蚂蚁不同，具有记忆功能。每只蚂蚁都是随机选择出发城市的，并维护一个路径记忆向量来存放该蚂蚁依次经过的城市。蚂蚁按照一个随机比例规则来选择下一个要到达的城市。

对于每只蚂蚁 $k\,(k=1,2,\cdots,m)$，在运动过程中都是根据各条路径上的信息素数量来决定转移方向。蚂蚁 k 当前所走过的城市可以用禁忌表 $\text{tabu}_k\,(k=1,2,\cdots,m)$ 来记录，且集合随着 tabu_k 进化过程做动态调整。在搜索过程中，蚂蚁根据各个路径上的信息素数量及路径的启发信息来计算转移概率。

假设蚂蚁 k 在 t 时刻所在元素（城市）i，则其选择元素（城市）j 作为下一个访问对象的概率为

$$p_{ij}^{k}(t)=\begin{cases}\dfrac{|\tau_{ij}(t)|^{\alpha}\cdot|\eta_{ij}(t)|^{\beta}}{\sum\limits_{s\in \text{allowed}}|\tau_{is}(t)|^{\alpha}\cdot|\eta_{is}(t)|^{\beta}}, j\in \text{allowed}_k\\ 0,\text{其他}\end{cases}$$

式中，$\text{allowed}_k=\{c\text{-tabu}_k\}$表示蚂蚁 k 下一步选择且又不在蚂蚁访问过的城市序列中的城市集合。$\eta_{ij}(t)$ 为问题的启发式信息值，通常由 $\eta_{ij}(t)=1/d_{ij}$ 直接计算，它表示出了蚂蚁从元素(城市)i 转移到元素(城市)j 的期望程度。α 表示 t 时刻信息素数量 $\tau_{ij}(t)$ 对应的相对影响因子，其值越大，该蚂蚁越倾向于选择其他蚂蚁经过的路径，蚂蚁之间协作性越强；β 表示 t 时刻启发式信息值 $\eta_{ij}(t)$ 对应的相对影响因子，其值越大，则该转移概率越接近于贪心规则。实验表明，在 AS 中设置 $\alpha=1,\beta=2\sim5$ 比较合适。

2. AS 中的局部调整准则

信息素局部更新规则的引入是 ACS 在 AS 的基础上所进行的另一项重大改进。局部调整是每只蚂蚁在建立一个解的过程中进行的。随着时间的推移，以前留下的信息逐渐消逝，经过 h 个时刻，两个元素(城市)状态之间的局部信息素数量要根据下式作调整：

$$\tau_{ij}(t+h)=(1-\zeta)\cdot\tau_{ij}(t)+\zeta\cdot\tau_0$$

式中，ζ 表示信息素局部会发速率，$0\leqslant\zeta\leqslant1$。$\tau_0$ 是信息素的初始值。实验证明，当 ζ 为 0.1，$\tau_0=\dfrac{1}{nl_{\min}}$ 时，算法对大多数实例有着非常好的性能。其中，n 表示城市个数，$l_{\min}$ 表示集合 C 中两个最近元素(城市)之间的距离。

3. AS 中的全局调整准则

只有生成了全局最优解的蚂蚁才有机会进行全局调整，进行全局信息素量更新的公式为

$$\tau_{ij}(t+n)=(1-\rho)\cdot\tau_{ij}(t)+\rho\cdot\Delta\tau_{ij}(t)$$

$$\Delta\tau_{ij}(t)=\sum_{k=1}^{m}\Delta\tau_{ij}^{k}(t)$$

式中，ρ 为信息素的蒸发率，$0\leqslant\rho\leqslant1$（在 AS 中通常设置 $\rho=0.5$），$\Delta\tau_{ij}^{k}(t)$ 表示本次循环路径 ij 上的信息素增量，初始时刻 $\Delta\tau_{ij}(t)=0$；$\Delta\tau_{ij}^{k}(t)=0$ 表示第 k 只蚂蚁在本次循环中留在路径 ij 上的信息量。

蚁群算法有 3 个版本的模型，即蚂蚁圈模型、蚂蚁数量模型及蚂蚁密度模型，它们的差别在于 $\Delta\tau_{ij}^{k}(t)$ 求法的不同。蚂蚁数量模型及蚂蚁密度模型缺乏对游历或问题解的质量评价，性能太差。而蚂蚁圈模型利用的是整体信息，在求解 TSP 问题时性能较好，因而目前多采用该模型，其 $\Delta\tau_{ij}^{k}(t)$ 的求法为

$$\Delta\tau_{ij}^{k}=\begin{cases}\dfrac{Q}{L^{k}},\forall(i,j)\in T^{k}\\ 0,\text{其他}\end{cases}$$

由算法复杂性分析理论，m 个蚂蚁要遍历 n 个元素(城市)，经过 N_c 次循环，则算法复杂度为 $O(N_c\cdot m\cdot n^2)$。

9.3.3 蚁群优化算法的基本流程

蚂蚁系统是以TSP作为应用实例提出的，虽然它的算法性能不及之后的各种扩展算法如MMAS、ACS等优秀，但它是最基本的ACO算法，是掌握其他扩展算法的基础。本节将以蚂蚁系统求解TSP问题的基本流程为例来描述蚁群优化算法的工作机制。

AS算法对TSP的求解流程主要有两大步骤：路径构建和信息素更新。

已知 n 个城市的集合 $C_n=\{c_1,c_2,\cdots,c_n\}$，任意两个城市之间均有路径连接，$d_{ij}(i,j=1,2,\cdots,n)$ 表示城市 i 与 j 之间的距离，它是已知的(或者城市的坐标集合为已知，d_{ij} 即为城市 i 与 j 之间的欧几里德距离)。TSP的目的是找到从某个城市 c_i 出发，访问所有城市且只访问一次，最后回到 c_i 的最短封闭路线。

1.路径构建

每只蚂蚁都随机选择一个城市作为其出发城市，并维护一个路径记忆向量，该向量是用来存放该蚂蚁依次经过的城市的。蚂蚁在构建路径的每一步中，按照一个随机比例规则选择下一个要到达的城市。

AS中的随机比例规则：对于每只蚂蚁 k，路径记忆向量 R^k 按照访问顺序记录了所有 k 已经经过的城市序号。设蚂蚁 k 当前所在城市为 i，则其选择城市 j 作为下一个访问对象的概率为

$$p_k(i,j)=\begin{cases}\dfrac{[\tau(i,j)]^{\alpha}[\eta(i,j)]^{\beta}}{\sum\limits_{u\in J_k(i)}[\tau(i,j)]^{\alpha}[\eta(i,j)]^{\beta}}, & j\in J_k(i)\\ 0, & \text{其他}\end{cases} \tag{9-4}$$

其中，$J_k(i)$ 表示从城市 i 可以直接到达的且又不在蚂蚁访问过的城市序列 R^k 中的城市集合。$\eta(i,j)$ 是一个启发式信息，通常情况下，它的值通常由 $\eta(i,j)=1/d_{ij}$ 直接计算的。$\tau(i,j)$ 表示边 (i,j) 上的信息素量。由式(9-4)不难看出，长度越短、信息素浓度越大的路径被蚂蚁选择的概率越大。α 和 β 是两个预先设置的参数，用来控制启发式信息与信息素浓度作用的权重关系。当 $\alpha=0$ 时，算法演变成传统的随机贪婪算法，最邻近城市被选中的概率最大。当 $\beta=0$ 时，蚂蚁完全只根据信息素浓度确定路径，算法将快速收敛，这样构建出的最优路径往往与实际目标有着较大的差异，算法的性能也不会特别理想。实验表明，在AS中设置 $\alpha=1,\beta=2\sim5$ 是比较合适的。

2.信息素更新

在算法初始化时，问题空间中所有的边上的信息素都被初始化为 τ_0。若 τ_0 太小，算法容易早熟，即蚂蚁很快就全部集中在一条局部最优的路径上。反之，若 τ_0 太大，信息素对搜索方向的指导作用太低，对于算法性能也会造成一定的影响。对AS来说，我们使用 $\tau_0=m/C^m$，m 是蚂蚁的个数，C^m 是由贪婪算法构造的路径的长度。

当所有蚂蚁构建完路径后，算法将会对所有的路径进行全局信息素的更新。注意，我们所

描述的是 AS 的 ant-cycle 版本，在全部蚂蚁均完成了路径的构造后才能够进行更新，信息素的浓度变化与蚂蚁在这一轮中构建的路径长度相关，实验表明 ant-cycle 比 ant-density 和 ant-quantity 的性能要好很多。

信息素的更新可通过以下两个步骤来实现：首先，每一轮过后，问题空间中的所有路径上的信息素都会发生蒸发，我们为所有边上的信息素乘上一个小于 1 的常数。信息素蒸发是自然界无法避免的一个特征，在算法中能够帮助避免信息素的无限积累，使得算法可以快速丢弃之前构建过的较差的路径。随后所有的蚂蚁根据自己构建的路径长度在它们本轮经过的边上释放信息素。蚂蚁构建的路径越短、释放的信息素就越多；一条边被蚂蚁爬过的次数越多、相应的它所获得的信息素也越多。AS 中城市 i 与城市 j 的相连边上的信息素量 $\tau(i,j)$ 按如下公式进行更新：

$$\tau(i,j)=(1-\rho)\cdot\tau(i,j)+\sum_{k=1}^{m}\Delta\tau_k(i,j)$$

$$\Delta\tau_k(i,j)=\begin{cases}(C_k)^{-1},(i,j)\in R^k\\0,\text{其他}\end{cases}$$

这里 m 是蚂蚁个数；ρ 是信息素的蒸发率，规定 $0<\rho\leqslant 1$，在 AS 中通常设置为 $\rho=0.5$。$\Delta\tau_k(i,j)$ 是第 k 只蚂蚁在它经过的边上释放的信息素量，和蚂蚁 k 本轮构建路径长度的倒数是相同的。C_k 表示路径长度，它是 R^k 中所有边的长度和。

AS 求解 TSP 的流程图和伪代码如图 9-22 所示。

9.3.4 蚁群优化算法的改进版本

实际上，蚂蚁系统只是蚁群算法的一个最初的版本，它的性能可提高的空间还非常大。在 AS 诞生后的十多年中，蚁群算法持续被改进，算法性能不断提高，应用范围得到不断的扩大。各种改进版本的 ACO 算法有着各自的特点，本节中我们将介绍其中最为经典的几个，包括精华蚂蚁系统（Elitist Ant System，EAS）、基于排列的蚂蚁系统（rank based Ant System，AS_{rank}）以及蚁群系统（Ant Colony System，ACS）。它们基本都在 20 世纪 90 年代提出，虽然算法性能在今天看来未必是性能最优的，但这些算法的思想是全世界学者们源源不断的灵感的源泉。掌握这些算法，有助于我们对蚁群优化算法本身产生更深刻的理解。

1. 精华蚂蚁系统

在 AS 算法中，蚂蚁在其爬过的边上释放与其构建路径长度成反比的信息素量，蚂蚁构建的路径越好，属于路径的各个边上所获得的信息素就越多，这些边在以后的迭代中被蚂蚁选择的概率也就越大。不难预见的是，当城市的规模较大时，问题的复杂度呈指数级增长，仅仅靠这样一个基础单一的信息素更新机制引导搜索偏向，搜索效率有瓶颈。我们能否通过一种“额外的手段”强化某些最有可能成为最优路径的边，让蚂蚁搜索的范围更快、更正确地收敛呢？

精华蚂蚁系统（Elitist Ant System，EAS）就可在一定程度上使得蚂蚁搜索的范围更快、更正确地收敛，EAS 是对基础 AS 的第一次改进，它在原 AS 信息素更新原则的基础上增加了一个对至今最优路径的强化手段。在每轮信息素更新完毕后，搜索到至今最优路径（我们用 T_b 表示）的那只蚂蚁将会为这条路径添加额外的信息素。EAS 中城市 i 与城市 j 的相连边上的信息素量 $\tau(i,j)$ 的更新按如下公式进行：

$$\tau(i,j)=(1-\rho)\cdot\tau(i,j)+\sum_{k=1}^{m}\Delta\tau_k(i,j)+e\Delta\tau_b(i,j)$$

$$\Delta\tau_k(i,j)=\begin{cases}(C_k)^{-1},(i,j)\in R^k\\0,\text{其他}\end{cases}$$

$$\Delta\tau_b(i,j)=\begin{cases}(C_b)^{-1},(i,j)\text{ 在路径 }T_b\text{ 上}\\0,\text{其他}\end{cases}\tag{9-5}$$

除了式(9-5)中的各个符号定义，在 EAS 中，新增了 $\Delta_b(i,j)$，并定义参数 e 作为 $\Delta_b(i,j)$ 的权值。可以看出，C_b 是算法开始至今最优路径的长度。可见，EAS 在每轮迭代中为属于 T_b 的边增加了额外的 e/C_b 的信息素量。

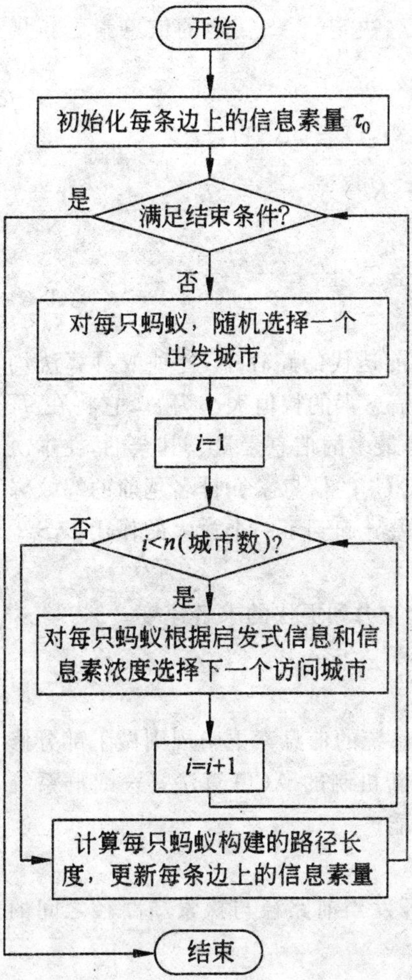

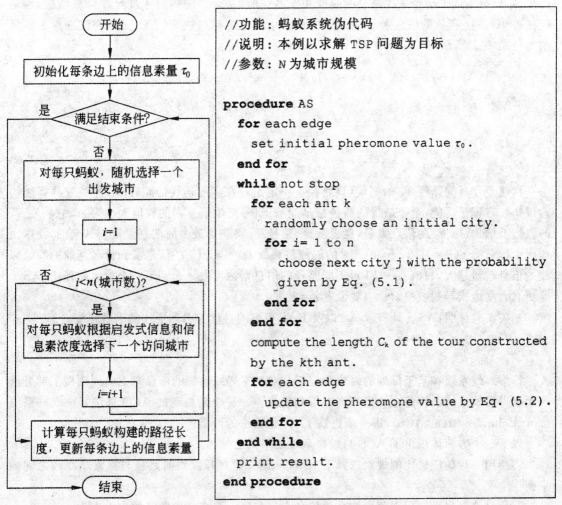

```
//功能：蚂蚁系统伪代码
//说明：本例以求解 TSP 问题为目标
//参数：N 为城市规模

procedure AS
  for each edge
    set initial pheromone value τ0.
  end for
  while not stop
    for each ant k
      randomly choose an initial city.
      for i= 1 to n
        choose next city j with the probability
        given by Eq. (5.1).
      end for
    end for
    compute the length Ck of the tour constructed
    by the kth ant.
    for each edge
      update the pheromone value by Eq. (5.2).
    end for
  end while
  print result.
end procedure
```

图 9-22 AS 求解 TSP 的流程图和伪代码

引入这种额外的信息素强化手段对于更好地引导蚂蚁搜索的偏向，使算法更快收敛帮助非常大。Dorigo 等人对 EAS 求解 TSP 问题进行了实验仿真，结果表明在一个合适的参数 e 值作用下（一般设置 e 等于城市规模 n），相对于 AS 而言，EAS 具有更高的求解精度与更快的进化速度。

2. 基于排列的蚂蚁系统

人们总是要求不断进步的，在精华蚂蚁系统被提出后，我们又在想有没有更好的一种信息素更新方式，它同样使得 T_b 各边的信息素浓度得到加强，且对其余边的信息素更新机制亦有改善？

基于排列的蚂蚁系统（rank-based Ant System，AS_{rank}）就是这样一种改进版本，它在 AS 的基础上给蚂蚁要释放的信息素大小 $\Delta\tau_k(i,j)$ 加上一个权值，使得各边信息素量的差异得以进一步扩大，方便指导搜索。在每一轮所有蚂蚁构建完路径后，它们将按照所得路径的长短进行排名，只有生成了至今最优路径的蚂蚁和排名在前 $(\omega-1)$ 的蚂蚁才被允许释放信息素，蚂蚁在边 (i,j) 上释放的信息素 $\Delta\tau_k(i,j)$ 的权值由蚂蚁的排名决定。AS_{rank} 中的信息素更新规则如公式(9-6)所示：

$$\tau(i,j)=(1-\rho)\cdot\tau(i,j)+\sum_{k=1}^{\omega-1}(\omega-k)\Delta\tau_k(i,j)+\omega\Delta\tau_b(i,j)$$

$$\Delta\tau_k(i,j)=\begin{cases}(C_k)^{-1},(i,j)\in R^k\\0,\text{其他}\end{cases}$$

$$\Delta\tau_b(i,j)=\begin{cases}(C_b)^{-1},(i,j)\text{ 在路径 } T_b \text{ 上}\\0,\text{其他}\end{cases}\tag{9-6}$$

构建至今最优路径 T_b 的蚂蚁（该路径不一定出现在当前迭代的路径中，各种蚁群算法均假设蚂蚁有记忆功能，至今最优的路径总是能被记住）产生信息素的权值大小为 ω，它将在 T_b 的各边上增加 ω / C_b 的信息素量，意思就是，路径 T_b 将获得最多的信息素量。其余的，在本次迭代中排名第 $k(k=1,2,\cdots,\omega-1)$ 的蚂蚁将释放 $(\omega-k)/C_k$ 的信息素。排名越前的蚂蚁释放的信息素量越大，权值 $(\omega-k)$ 对不同路径的信息素浓度差异起到了一个放大的作用，AS_{rank} 能更有力度地指导蚂蚁搜索。一般设置 $\omega=6$。

相关实验证明，AS_{rank} 具有较 AS 以及 EAS 更高的寻优能力和更快的求解速度。

3. 蚁群系统

精华蚂蚁系统和基于排列的蚂蚁系统都是对基本蚂蚁系统的信息素更新规则做了部分修改而使得蚂蚁系统的性能在一定程度上得到提高。一种全新机制的 ACO 算法——蚁群系统（Ant Colony System，ACS），进一步提高了 ACO 算法的性能。

以下三个方面体现出了 ACS 与蚂蚁系统的不同之处：

①使用一种伪随机比例规则选择下一城市结点，建立开发当前路径与探索新路径之间的平衡。

②信息素全局更新规则蒸发和释放信息素只在属于至今最优路径的边上发生。

③新增信息素局部更新规则，蚂蚁每次经过空间内的某条边，它都会去除该边上一定量的

信息素，这样一来后续蚂蚁探索其余路径的可能性就得到一定程度的增加。

一般来说，ACS 是这样工作的：将 m 只蚂蚁随机或是均匀地分布在 n 个城市上，然后根据状态转移规则，每只蚂蚁再确定下一步要去的城市。选择信息素浓度高且距离短的路径是蚂蚁倾向选择的。蚂蚁被设定为是有记忆的，每只蚂蚁都配有一张搜索禁忌表，在每轮的遍历中，它们不会去到自己已经经过的城市，且单个蚂蚁在遍历过程中会在它们经过的路径上进行信息素局部更新。在每轮所有的蚂蚁均完成汉密尔顿回路的构造后，这些回路中最短的一条就会被记录下来，并按照信息素全局更新规则增加这条路径上的信息素。此后算法反复迭代直至满足终止条件。图 9-23 所示是 ACS 求解旅行商问题的流程图，如遗传算法中有选择、交叉和变异三大基本算子一样，ACS 中有状态转移规则、信息素全局更新规则和信息素局部更新规则三大核心规则，接下来我们将一一介绍。

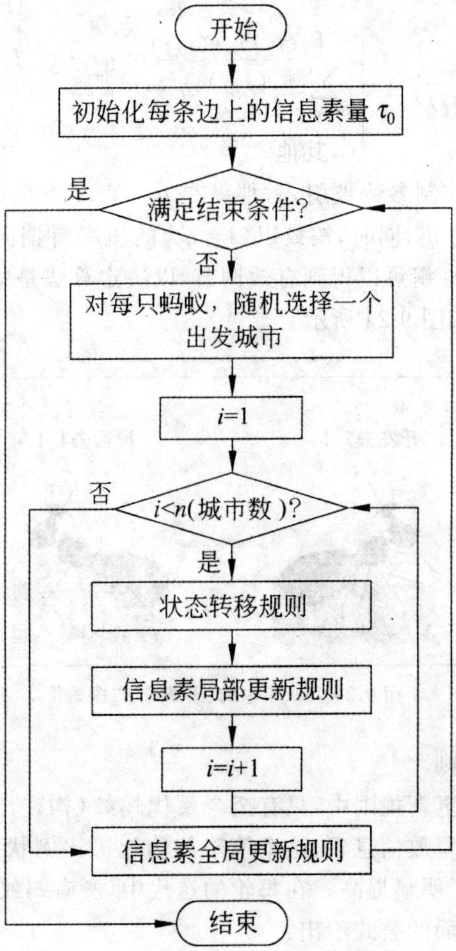

图 9-23　ACS 求解 TSP 的流程图

(1)状态转移规则

在 ACS 中，在伪随机比例规则的指导下位于某个城市 i 的某蚂蚁 k 会选择下一个城市结点 j。

ACS 中的伪随机比例规则：对于每只蚂蚁 k，路径记忆向量 R^k 按照访问顺序记录了所有 k 已经经过的城市序号。设蚂蚁 k 当前所在城市为 i，则下一个访问城市其中，

$$j=\begin{cases}\operatorname{argmax}_{j\in J_k(i)}\{[\tau(i,j),\eta(i,j)]^\beta\},q\leqslant q_0\\ S,\text{其他}\end{cases}$$

$J_k(i)$ 表示从城市 i 可以直接到达的且又不在蚂蚁访问过的城市序列 R^k 中的城市集合。$\eta(i,j)$ 是启发式信息，$\tau(i,j)$ 表示边 (i,j) 上的信息素量。β 是描述信息素浓度和路径长度信息相对重要性的控制参数。q_0 是一个[0,1]区间内的参数，当产生的随机数 $q\leqslant q_0$ 时，蚂蚁直接选择使启发式信息与信息素量的 β 指数乘积最大的下一城市结点，这个过程被称为开发；反之，当产生的随机数 $q>q_0$ 时，ACS 将和各种 AS 算法一样使用轮盘赌选择策略，公式(9-7)是位于城市 i 的蚂蚁选择城市 k 作为下一个访问对象的概率，我们通常将 $q>q_0$ 时的算法执行方式称为偏向探索。

$$p_k(i,j)=\begin{cases}\dfrac{[\tau(i,j),\eta(i,j)]^\beta}{\sum\limits_{u\in J_k(i)}[\tau(i,j),\eta(i,j)]^\beta},j\in J_k(i)\\ 0,\text{其他}\end{cases}\tag{9-7}$$

ACS 中一个很重要的控制参数被引入，那就是 q_0，在 ACS 的状态转移规则中，蚂蚁选择当前最优移动方向的概率为 q_0，同时，蚂蚁以 $(1-q_0)$ 的概率有偏向地搜索各条边。通过调整 q_0，“开发”与“探索”之间的平衡可以得到有效调节，以决定算法是集中开发最优路径附近的区域，还是探索其他的区域，如图 9-24 所示。

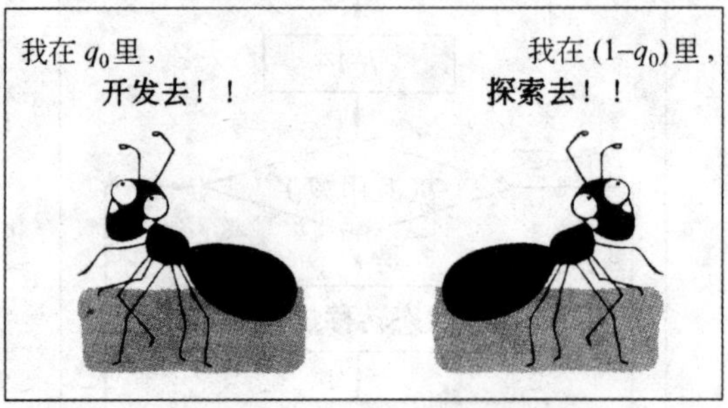

图 9-24　ACS 中的“开发”与“探索”

(2)信息素全局更新规则

在 ACS 的信息素全局更新规则中，只有至今最优蚂蚁(构建出了从算法开始到当前迭代中最短路径的蚂蚁)被允许释放信息素，这个策略与伪随机比例状态转移规则共同起作用，使得算法搜索的导向性得到了明显提高。在每轮的迭代中，所有蚂蚁均构建完路径后，信息素全局更新规则才被使用，由下面的公式给出：

$$\tau(i,j)=(1-\rho)\cdot\tau(i,j)+\rho\cdot\Delta\tau_b(i,j),\forall(i,j)\in T_b$$

其中，$\Delta\tau_b(i,j)=1/C_b$。要强调的是，不论是信息素的蒸发还是释放，都只在属于至今最优路径的边上进行，这里与 AS 的区别还是非常明显的。因为 AS 算法将信息素的更新应用到了系统的所有边上，信息素更新的计算复杂度为 $O(n^2)$，而 ACS 算法的信息素更新计算复杂度降低为 $O(n)$。参数 ρ 代表信息素蒸发的速率，新增加的信息素 $\Delta\tau_b(i,j)$ 被乘上系数 ρ 后，更

新后的信息素浓度被控制在旧信息素量与新释放的信息素量之间，MMAS 算法中对信息素量取值范围的限制实现了使用一种隐含的又更加简单的方式。

同样，我们需要考虑在 ACS 中使用迭代最优更新规则和至今最优更新规则对算法性能造成的影响。实验结果表明，在优化小规模的 TSP 实例时，迭代最优更新和至今最优更新两者得到的求解精度和收敛速度基本差不多；然而，随着城市数目的增多，使用至今最优更新规则的优势越来越大；当城市数目超过 100 时，相比较于使用迭代更优更新规则来说，使用至今最优更新规则的性能要更加优秀，这点类似于 MMAS。

(3)信息素局部更新规则

信息素局部更新规则的引入是 ACS 在 AS 的基础上进行的另一项重大改进。在路径构建过程中，对每一只蚂蚁，每当其经过一条边 (i,j) 时，它将立刻对这条边进行信息素的更新，更新所使用的公式如下：

$$\tau(i,j) = (1-\xi) \cdot \tau(i,j) + \xi \cdot \tau_0 \tag{9-8}$$

其中，ξ 是信息素局部挥发速率，满足 $0<\xi<1$。τ_0 是信息素的初始值。通过相关实验不难得出，ξ 为 0.1，τ_0 取值为 $1/(nC^m)$ 时，算法对大多数实例有着非常好的性能。其中，n 为城市个数，C^m 是由贪婪算法构造的路径的长度。

由于 $\tau_0 = 1/(nC^m) \leqslant \tau(i,j)$，式(9-8)所计算出来的更新后的信息素相比更新前减少了，也就是说，信息素局部更新规则作用于某条边上会使得这条边被其他蚂蚁选中的概率减少。这种机制使得算法的探索能力在很大程度上得到提高，后续蚂蚁倾向于探索未被使用过的边，有效地避免了算法进入停滞状态。

在前面对 AS 的介绍中我们曾提到过顺序构建和并行构建两种路径构建方式，对于 AS 算法，不同的路径构建方式不会影响算法的行为。但对于 ACS，由于信息素局部更新规则的引入，两种路径构建方式会造成算法行为的区别，通常我们选择让所有蚂蚁并行地工作，如图 9-25 所示。

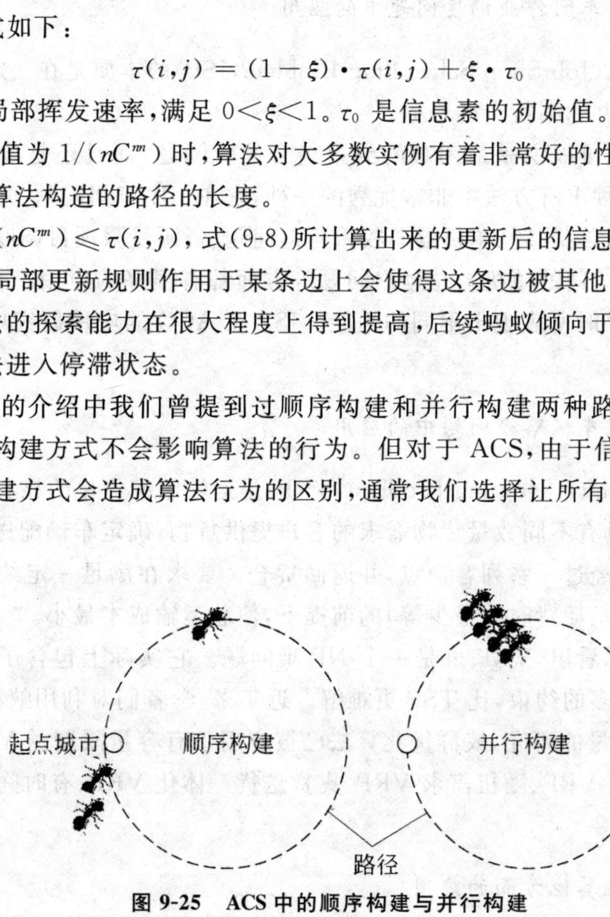

图 9-25 ACS 中的顺序构建与并行构建

有一点需要指出的是，ACS 的前身是 1995 年 Gambardella 和 Dorigo 提出的 Ant-Q 算法，ACS 与 Ant-Q 的区别仅在于 τ_0 的取值。在 ACS 中 $\tau_0 = 1/(nC^m)$ 为常量，但在之前提出的 Ant-Q 算法中 τ_0 依据剩余可访问边中最高的信息素量定义。当人们发现把 τ_0 置为一个很小的常数值亦能达到相当的性能时，Ant-Q 被淘汰掉了。

9.3.5 蚁群优化算法的应用

蚁群优化算法自提出并应用于 TSP 问题以来，已经发展了近 20 年。蚁群算法具有鲁棒性强、全局搜索、并行分布式计算、易于与其他方法结合等优点，在典型组合优化问题中得到了成功的应用。

车间调度问题、车辆路径问题、分配问题、网络路由问题、子集问题、蛋白质折叠问题、数据挖掘、图像识别、系统辨识等大多是 NP 难的组合优化问题①，用传统算法难以求解或无法求解，各种蚁群算法及其改进版本的出现使这些难题有效、高效的解决成为可能。

1.蚁群优化算法在车间作业调度问题中的应用

车间作业调度问题(Job-Shop Scheduling Problem，JSP)的本质是在一定的时间内合理地分配系统的有限资源，并达到特定的目标。

车间作业调度问题可以说是最困难的约束组合优化问题，而且还是典型的 NP 难问题。ACO 是针对 JSP 的各种求解方法中非常优秀的一种，它在工序车间问题、开放车间问题、排列流车间问题、单机器总延迟问题、单机器总权重延迟问题、资源受限项目调度问题、组车间调度问题、带序列依赖设置时间的单机器总延迟问题等方面都有很好的应用。蚁群优化算法在解决这些不同类别的 JSP 时所表现出不同的性能。JSP 在 ACO 的应用研究中始终处于一个极其重要的位置。

2.蚁群优化算法在车辆路径问题中的应用

车辆路径问题(Vehicle Routing Problem，VRP)是运输组织优化的核心问题，它是指配送中心向一系列指定的具有不同数量货物需求的客户提供货物，确定车辆配送行驶路线，使得车辆从货仓出发，有序地经过一系列客户点，并返回货仓。要求在满足一定约束条件(如车辆载重、客户需求、路程最短、耗费时间最少等)的前提下，使总运输成本最小。

从上述定义中可以看出，VRP 也是一个 NP 难问题。它实际上包含了 TSP 作为它的子问题，且由于涉及了更多的约束，比 TSP 更难解。近年来，学者们对利用蚁群优化算法解决各种 VRP 问题进行了大量的研究，蚁群优化算法已被应用于有容量限制的 VRP、多车场 VRP、周期性 VRP、分离配送 VRP、随机需求 VRP、集货送货一体化 VRP、有时间窗的 VRP 等多类车辆路径问题中。

3.蚁群优化算法在其他方面的应用

21 世纪，蚁群算法的应用领域随着各种连续蚁群算法的出现不断扩展。除了前面介绍的情况外，ACO 算法在其他诸多方面也具有广泛应用。

当今蚁群优化算法的应用领域非常地广泛，在分配问题(如二次分配问题、广义分配问题、

---

① NP 问题即 Non-deterministic Polynomial 问题，也即多项式复杂程度的非确定性问题。它的简单写法是 NP＝P?，这里的问号是问题的关键所在，到底是 NP 等于 P，还是 NP 不等于 P。

频率分配问题、冗余分配问题)、网络路由问题(如有向连接网络路由、无连接网络路由、光纤网络路由等)、子集问题(如集合覆盖问题、集合分离问题、带权约束的图树分割子集问题、边带权 l-基数问题、多重背包问题、最大独立集问题等)、最短公共超序列问题、二维格模型蛋白质折叠问题、数据挖掘、图像处理、系统辨识等各个应用领域都取得了一定成果。

目前 ACO 算法的发展趋势是将其应用于诸如动态、随机和多目标等更加复杂的组合优化问题中。同时扩展 ACO 的高效并行算法,进一步研究与其他群体智能优化算法的结合。

9.4 粒子群优化算法

粒子群优化算法是一种基于群体智能进化的重要计算方法,它将社会学中有关相互作用或信息交换的概念引入到问题求解方法之中。粒子群优化算法是仿生算法的一个著名代表,它源于生物社会学家对鸟群、鱼群或昆虫捕食等简化的社会行为的仿真研究。

粒子群优化算法是由 J. Kennedy 和 R. Eberhart 于 1995 年首先提出的一种全局搜索算法。它实现简单、能力强且性能优越,目前已发展出各种改进算法,并已广泛应用于各种优化问题中。

9.4.1 粒子群优化算法简介

从鸟群捕食的社会行为中得到启发,人们提出了粒子群优化算法。有这样一个场景:一群分散的鸟随机地搜索食物,在这个区域只有一块食物,它们不知道食物的具体位置,但可以通过食物的味道判断当前位置离食物的距离。那么有什么可以找到食物的最佳策略?最简单的方法就是每个鸟在飞行过程中不断记录和更新它曾达到的离食物最近的位置并通过信息交流的方式比较大家所找到的最好位置,从而得到一个已知的最佳位置。鸟在飞行时就会通过不断调整速度、位置能达到食物位置。

在粒子群优化算法中,可将鸟群视为粒子群,将觅食空间视为问题的搜索空间,将找到食物视为输出全局最优解,将鸟群捕获该食物的过程等价于粒子群寻找全局最优解的过程。每个粒子同样具有速度和位置,通过不断迭代,由粒子本身的历史最优解和群体的全局最优解来影响粒子的飞行速度和下一个位置,进而找到全局最优解。

粒子之间有建设性的相互合作、共享其中的有用信息。粒子之间全局或局部的信息交流对于获取粒子群或粒子的某个邻域最优解是非常关键的。PSO 算法通常具有 3 种基本的信息拓扑结构,并且不同的信息拓扑结构其邻域定义也是各不相同的。

第一种为环形拓扑(2-邻域),该拓扑结构中任意相邻的两个粒子之间存在交流信息。第二种为星形拓扑(全邻域),该拓扑结构中的中心粒子与其他所有粒子之间具有双向信息交流,而其他粒子想要进行信息交流的话只能通过中心粒子进行间接交流。第三种为分簇拓扑,该拓扑结构中的粒子之间须通过簇头粒子进行信息交流,如图 9-26 所示。

这体现了不同效率的信息共享能力与社会组织协作机制。它通过邻域规模、邻域算子和邻域中的迄今最优解影响 PSO 算法的性能。

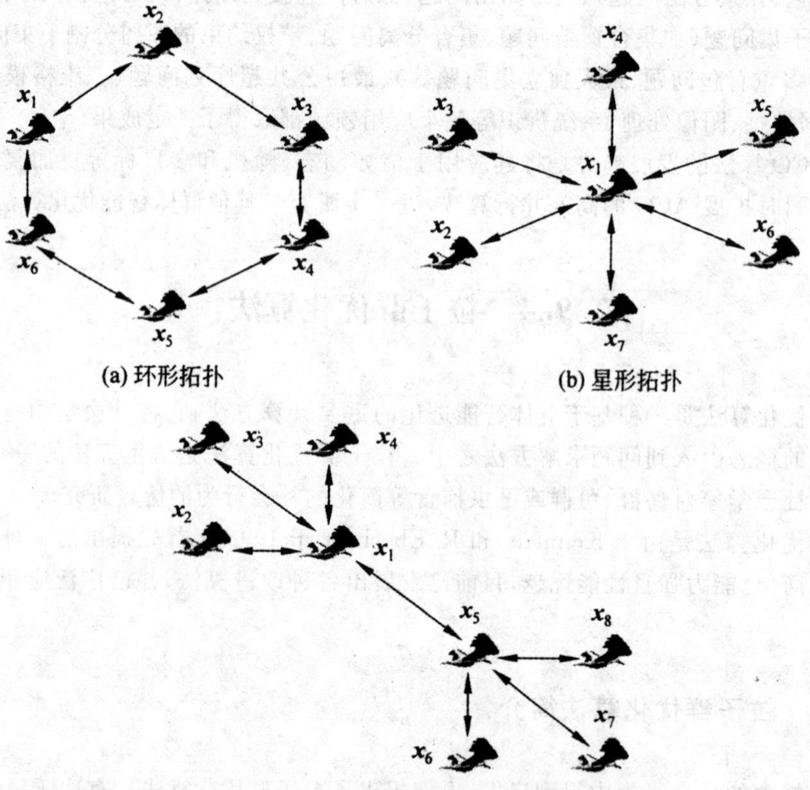

(a) 环形拓扑　　(b) 星形拓扑

(c) 分簇拓扑

图 9-26　PSO 算法的信息拓扑结构

9.4.2　粒子群优化算法的原理

粒子群优化算法要求每个个体在进化过程中，速度向量和位移向量都需要对其进行维护。在粒子群中，每个粒子在多维空间中以一定的速度飞行，飞行速度根据自身飞行和群体的飞行经验进行动态调整。每个粒子的初始位置和速度是随机产生的，算法还要求粒子要维护一个自身的历史最好位置。

一个粒子通过其所在位置和速度来描述。假设 n 维搜索空间中粒子 j 在 t 时刻的状态可以表示为：

$$\boldsymbol{X}_j(t) = [x_{j1}(t), x_{j2}(t), \cdots, x_{jn}(t)] (j = 1, 2, \cdots, m)$$

$$\boldsymbol{V}_j(t) = [v_{j1}(t), v_{j2}(t), \cdots, v_{jn}(t)] (j = 1, 2, \cdots, m)$$

式中，$\boldsymbol{X}_j(t)$ 表示粒子 j 在 t 时刻的位置向量；$\boldsymbol{V}_j(t)$ 表示粒子 j 在 t 时刻的速度向量；m 表示粒子的总数。

PSO 算法中的粒子一直在并行地进行搜索运动。在 PSO 法中粒子速度和位置的更新可通过以下公式来实现：

$$x_{jk}(t+1) = x_{jk}(t) + v_{jk}(t) (k = 1, 2, \cdots, n)$$

$$v_{jk}(t+1)=\omega\cdot v_{jk}(t)+c_1\cdot r_1(p_{jk}-x_{jk}(t))+c_2\cdot r_2(p_{gk}-x_{jk}(t))(k=1,2,\cdots,n)$$

式中，$x_{jk}(t)$ 表示粒子 j 在 t 时刻位置向量的第 k 个分量；$v_{jk}(t)$ 表示粒子 t 在 A 时刻速度向量的第 k 个分量：p_{jk} 表示粒子 j 的局部最佳位置向量 $\boldsymbol{p}_j$ 的分量，$\boldsymbol{p}_j=[p_{j1},p_{j2},\cdots,p_{jn}]$；$p_{gk}$ 为粒子群全局最佳位置 $\boldsymbol{p}_g$ 的分量，有 $\boldsymbol{p}_g=[p_{g1},p_{g2},\cdots,p_{gn}]$，也就是说，它们是粒子 j 和粒子群的历史记忆。r_1 和 r_2 为[0 1]中服从均匀分布的随机数。

ω 为惯性权重，通常为正常数，一般初始化为 0.9，并随着进化过程线性递减到 0.4。认知系数 c_1 和社会系数 c_2 统称为加速度系数，也是两个正常数，成分体现了局部最佳和全局最佳对粒子 j 的一种影响程度，传统上都是取固定值 2.0。

粒子群在解空间内不断跟踪个体极值与局部极值进行搜索，直到满足算法的终止条件为止。为了便于对问题的探究，设 $f(X)$ 为最小化的目标函数，粒子 j 经历的当前最佳位置称为局部最佳位置可以表示为

$$p_j(t+1)=\begin{cases}p_j(t),若\ f(X_j(t+1))\geqslant f(p_j(t))\\X_j(t+1),若\ f(X_j(t+1))<f(p_j(t))\end{cases}$$

粒子群中的所有粒子经历的当前最佳位置即为全局最佳位置，可以表示为

$$p_g(t)=\{p_j(t)\mid f(p_g(t))\}=\min\{f(p_j(t))\}(j=1,2,\cdots,m)$$

PSO 是一种基于群体和进化的优化方法，群体中的每个粒子之间的信息交换、历史记忆的保持是通过惯性权和加速度系数来实现的。它模拟出群成员跟随着群中最好的领头这样一种常见的社会行为。在优化过程开始时，群体粒子处于随机的起始位置，然后按照一定的方向搜索，如图 9-27 所示。

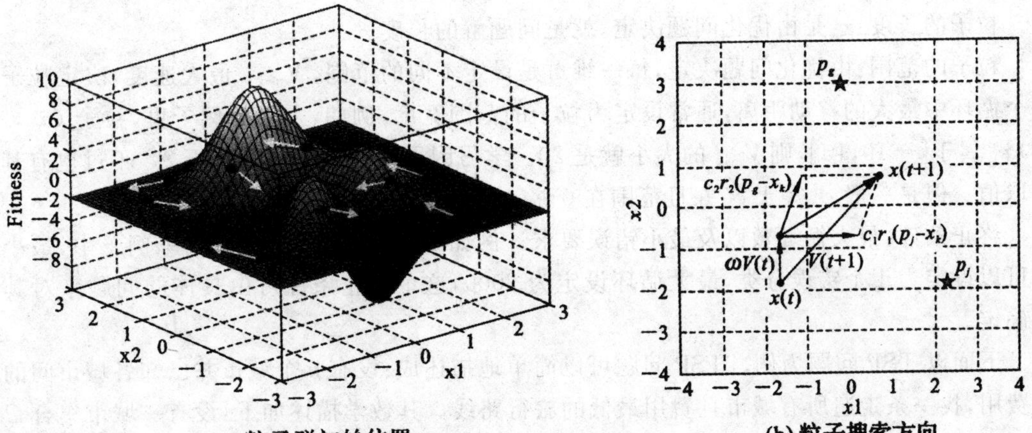

(a) 粒子群初始位置　　(b) 粒子搜索方向

图 9-27　粒子群优化搜索

9.4.3　粒子群优化算法的应用

由于粒子群算法结构简单、速度快、基本思想理解起来比较容易，自粒子群优化算法提出以来，在众多研究者的探讨与研究中不断的改进和完善，并且被应用到了越来越广泛的领域。

目前，很多已经在遗传算法中得到很好应用的领域，在采用了 PSO 作为优化方法之后，优化效果更好，优化速度更高，程序的复杂度相应降低，算法的应用更加高效。

1. 粒子群优化算法在优化与设计方面的应用

许多实际的工程与实践问题本质上是函数优化问题，需要进行参数的设计与优化。粒子群优化算法非常适合应用于对函数优化问题的求解。经过不断地发展和完善，粒子群优化算法在越来越多的工程与系统设计优化问题上取得成功的应用，例如，粒子群优化算法在神经网络优化、无功功率与电压控制、电磁螺旋管优化、电力系统稳定器参数优化、AVR 单片机系统参数优化、相控阵控制器参数优化、机翼设计优化、放大器设计优化、天线设计优化、悬臂梁设计、组合逻辑电路、电力系统稳定器、最优的并行设计系统、鲁棒性设计、桁架优化等方面的应用均取得丰富成果。

应用 PSO 解决优化问题的过程中有两个重要的步骤：问题解的编码和适应度函数。

PSO 的一个优势就是采用实数编码，无须再像遗传算法一样是二进制编码（或者采用针对实数的遗传操作。例如，对于问题 $f=x_1^2+x_2^2+x_3^2$ 求解，粒子可以直接编码为 (x_1,x_2,x_3)，而适应度函数就是 f。接着就可以利用前面的过程去寻优。这个寻优过程是一个迭代过程，中止条件一般为设置为达到最大循环数或者最小错误。PSO 中需要调节的参数不是特别多，下面列出了这些参数以及经验设置。

粒子数：一般取 20～40。其实对于大部分的问题，10 个粒子已经足够可以取得好的结果，不过对于比较难的问题或者特定类别的问题，粒子数的范围可以适当扩大，如可以取到 100 或 200。

粒子的长度：这是由优化问题决定，就是问题解的长度。

粒子的范围：由优化问题决定，每一维可是设定不同的范围。$V_{\max}$：最大速度，决定粒子任一个循环中最大的移动距离，通常设定为粒子的范围宽度，例如，上面的例子里，粒子 (x_1,x_2,x_3) x_1 属于 $[-10,10]$，则 $V_{\max}$ 的大小就是 20。学习因子：c_1 和 c_2 通常等于 2。不过也有其他的取值。但是一般 c_1 等于 c_2 并且范围在 0～4 之间。

终止条件：最大循环数以及最小错误要求。例如，在上面的神经网络训练例子中，最小错误可以设定为 1 个错误分类，最大循环设定为 2000，这个中止条件可由具体的问题来对其进行确定。

下面以 TSP 问题为例。TSP 问题可以简单地描述成：设有 n 个城市并已知各城市间的旅行费用，找一条走遍所有城市且费用最低的旅行路线。其数学描述如下：设有一城市集合 $C=\{c_1,c_2,\cdots,c_n\}$，其每对城市 $c_i,c_j\in C$ 间的距离为 $d(c_i,c_j)\in Z^+$。求一条经过 C 中每个城市正好一次的路径 $(c\pi(1),c\pi(2),\cdots,c\pi(n))$，使得：$\sum_{i=1}^{n-1}d(c_\pi,c_{\pi(i+1)})+\sum_{i=1}^{n-1}d(c_{\pi(n)},c_{\pi(1)})$ 最小，这里 $(\pi(1),\pi(2),\cdots,\pi(n))$ 是 $(1,2,\cdots,n)$ 的一个置换。

一个可行解的表示可通过每个粒子来实现，并采用路径表示法。若有 N 个城市的 TSP，将城市从 $0\sim N-1$ 编号。在初始化粒子群时，对可行解 $(0,2,\cdots,N-1)$ 进行随机次数的翻转。这里将速度定义为一组子路径的集合，并设这些子路径都只包括两个城市。分别设计出了以下 4 种速度的生成方式：

①设 N 个城市的 TSP，定义 E_1、E_2、E_3 为(0,1)间的常量，$E_1 * N$ 为从全局最优路径中选择子路径的次数，$E_2 * N$ 为从个体最优路径中选择子路径的次数，$E_3 * N$ 为新速度中子路径的最大数目。先从最优路径中随机选择 $E_1 * N$ 次，除去其中，重复的子路径；再从个体最优路径中随机选择 $E_2 * N$ 次，再去掉重复的路径，若选择路径中有城市在速度中已出现过两次，则淘汰掉距离最长的子路径；最后将原速度中的子路径加入新速度中，同时将重复的路径去掉，保留通过同一城市的子路径中的最优的两条。

②E_1、E_2、E_3 的意义并未发生任何改变，只是在从全局最优路径、个体最优路径中选择子路径时不再是随机选择，而是先对路径中的所有了路径进行排序，子路径越短序号越大，并根据序号分配选择概率 P_i：

$$P_i = \frac{2 \times S_i}{(1+N) \times N}$$

其中，S_i 是第 i 条子路径的序号，N 是子路径数。然后按照选择概率使用轮盘赌法进行选择。

③从全局最优路径、个体最优路径中选择子路径时的选择概率的生成方式体现了与 R_2 之间的区别。先对所有可行的子路径按照起始城市进行排序，得到一个排序表。如：由城市 c_i 出发有 $N-1$ 条可直接到达其它城市的子路径，按照距离由近到远的顺序将序号 $N-1,\cdots,1$ 分配给它们。在从全局最优路径、个体最优路径中选择子路径时，按下式为路径 L 的每条子路径分配选择概率：

$$P_i = \frac{S_{L_i,L_{i+1}}}{S_{L_{N-1},L_0} + \sum_{J=0}^{N-2} S_{L_j,L_{j+1}}}$$

其中，L_i 表示路径 L 的第 i 座城市的编码，L_i, L_{i+1} 表示子路径 (L_i, L_{i+1}) 在排序表中的值。选择时仍使用轮盘赌法。

④在计算选择概率时考虑当前粒子的情况，即在选择 L 中由 L_i 出发的子路径时，在当前路径 P 中由 L_i 出发的子路径还是需要考虑的。此时 L 中第 i 条子路径的选择概率为

$$P_i = \frac{S_{L_i,L_{i+1}} - S_{p_k,p_{k+1}} - a}{S_{L_{N-1},L_0} + \sum_{J=0}^{N-2} S_{L_j,L_{j+1}} - S_{p_{N-1},L_0} + \sum_{J=0}^{N-2} S_{p_j,p_{j+1}} - N \cdot a}$$

其中，$L_i = P_k, a = \min((S_{L_i,L_{(i+1)\bmod N}} - S_{p_k,p_{(k+1)\bmod N}}), i,k = 0,1,\cdots,N-1; L_i = P_k)$ 选择时仍使用轮盘赌法。

初始化速度时，为每个粒子随机生成多个子路径构成初始速度。在由当前路径产生新路径时，根据速度中的子路径对当前路径进行翻转，这样一来当前路径就会包含该子路径。其具体实现过程如下：

```
For(所有的粒子)
While(若速度中还有没处理完的子路径)
{
  取速度中的一条子路径 Ri;
  在当前路径中找到了路径中的第一个城市 Ri,1;
  若当前路径中已包含该子路径,结束对该子路径的处理;
  否则
```

在当前路径中找到该子路径的另一个城市 Ri,2;

将当前路径中之间的路径翻转,并要保证不影响已处理的了路径;

}

2.粒子群优化算法在调度与规划方面的应用

会议安排、公车路线规划、飞机调度等都是属于调度和规划的范畴,这是一类与我们日常生活密切相关的优化问题。

PSO已经在众多的调度与规划问题中取得了非常成功的应用,其涉及的范围包括经济调度的电力系统、发电机组检修计划、业务规划、电力系统最优潮流、输电网络扩展规划、任务分配、旅行商问题、流车间调度问题等。

3.粒子群优化算法在其他方面的应用

除了在优化与设计、调度与规划方面的应用外,粒子群优化算法在其他方面,如机器学习与训练、数据挖掘与分类、生物与医学等领域都取得了成功的应用。

(1)机器学习与训练

PSO曾被用于博弈的神经网络进行训练,并且在"零和博弈"游戏 tic-tack-toe 中取得成功的应用。

基于 PSO 的训练方法也曾被用于"非零和博弈"游戏囚徒困境中和"概率博弈"的 tic-tack-toe 游戏中。

(2)数据挖掘与分类

PSO可应用于数据挖掘领域,使用 PSO 根据一个给定的数据集提取一组最简约的用于分类的规则。

基于 PSO 的数据聚类方法和图像分类算法也在不断地提出和发展。

(3)生物与医学应用

使用 PSO 可以训练神经网络实现对医学中的震颤行为进行分析、可以实现多模态医学图像配准、可以对医药 Echinocandin B 的生产过程进行优化、可以进行多序列比对、卡哇伊实现多癌症分类。

相信随着研究者的不断探索,PSO 算法将会在更多的实践领域中发挥其重要作用。

参考文献

[1]吕国英,李茹,王文剑.算法设计与分析[M].3版.北京:清华大学出版社,2015.

[2]骆吉州.算法设计与分析[M].北京:机械工业出版社,2014.

[3]苏德富,钟诚.计算机算法设计与分析[M].北京:电子工业出版社,2001.

[4]赵瑞阳,刘福庆,石洗凡.算法设计与分析——以ACM大学生程序设计竞赛在线题库为例[M].北京:清华大学出版社,2015.

[5]屈婉玲.算法设计与分析[M].北京:清华大学出版社,2011.

[6]王晓东.计算机算法设计与分析[M].4版.北京:电子工业出版社,2012.

[7]王晓云,陈业纲.计算机算法设计、分析与实现[M].北京:科学出版社,2012.

[8]朱青.计算机算法与程序设计[M].北京:清华大学出版社,2009.

[9]王红梅.算法设计与分析[M].北京:清华大学出版社,2006.

[10]郑宗汉,郑晓明.算法设计与分析[M].北京:清华大学出版社,2005.

[11]周培德.计算几何——算法设计与分析[M].4版.北京:清华大学出版社,2011.

[12]张晓莉,王苗.数据结构与算法[M].北京:机械工业出版社,2008.

[13]严蔚敏,陈文博.数据结构及应用算法教程[M].北京:清华大学出版社,2001.

[14]王建德,吴永辉.新编实用算法分析与程序设计[M].北京:人民邮电出版社,2008.

[15]朱大铭,马绍汉.算法设计与分析[M].北京:高等教育出版社,2009.

[16]王秋芬,吕聪颖,周春光.算法设计与分析[M].北京:清华大学出版社,2011.

[17]邹恒明.算法之道[M].2版.北京:机械工业出版社,2012.

[18]于晓敏等.数据结构与算法[M].北京:北京航空航天大学出版社,2010.

[19]霍红卫.算法设计与分析[M].西安:西安电子科技大学出版社,2005.

[20]梁田贵,张鹏.算法设计与分析[M].北京:冶金工业出版社,2004.

[21]刘任任.算法设计与分析[M].武汉:武汉理工大学出版社,2003.

[22]王晓东.算法设计与分析[M].北京:清华大学出版社,2014.

[23]沈孝钧.计算机算法基础[M].北京:机械工业出版社,2013.

[24]廖明宏等.数据结构与算法[M].4版.北京:高等教育出版社,2007.

[25]宫兴荣.求解多维背包约束下下模函数最大值问题的近似算法及性能保证[D].兰州交通大学,2013.

[26]李洲.基于通用处理器对LTE-A上行数据信道接收算法的研究[D].北京邮电大学,2013.

[27]王中玉.基于膜创生膜系统的3-SAT及SAT问题求解方法[D].华中科技大学,2013.

[28](美)托马斯 H.科尔曼著.算法基础打开算法之门[M].王宏志译.北京:机械工业出

版社,2016.

[29](美)Henry S,Warren Jr 著.算法心得:高效算法的奥秘[M].爱飞翔译.北京:机械工业出版社,2014.

[30](美)塞奇威克(Sedgewick,R.),韦恩(Wayne,K.)著.算法分析导论[M].4 版.谢路云译.北京:人民邮电出版社,2012.

[31](美)克林伯格(Kleinberg,J.),(美)塔多斯(Tardos,E.)著.算法设计[M].张立昂,屈婉玲译.北京:清华大学出版社,2007.

[32](美)莱维丁(Levitin,A.)著.算法设计与分析基础[M].2 版.潘彦译.北京:清华大学出版社,2007.

[33]张军,詹志辉.计算智能[M].北京:清华大学出版社,2009.

[34]王文霞.BM 模式匹配算法的研究与改进[J].山西师范大学学报(自然科学版),2017,(01):37－39.

[35]王文霞.无向无权图同构判别算法[J].西南师范大学学报(自然科学版),2017,(03):141－145.

[36]王文霞.BF 模式匹配算法的探讨与改进[J].运城学院学报,2016,(06):63－65.

[37]王文霞.基于贝叶斯文本分类算法的垃圾短信过滤系统[J].山西大同大学学报(自然科学版),2016,(03):17－19＋23.

[38]王文霞.基于分级策略和聚类索引树的构件检索方法[J].计算机技术与发展,2016,(04):110－113.

[39]王文霞,王春红.短信文本分类技术的研究[J].计算机技术与发展,2016,(05):145－148.

[40]王文霞.一种基于 LSA 与 FCM 的文本聚类算法[J].山西大同大学学报(自然科学版),2016,(01):8－11＋15.

[41]王文霞.基于贪心算法构建最优二叉查找树[J].山西师范大学学报(自然科学版),2015,(01):40－44.

[42]王文霞,王春红.基于无向图转有向图的同构判别[J].山西师范大学学报(自然科学版),2014,(02):9－13.

[43]王文霞.有向图的同构判定算法:出入度序列法[J].山西大同大学学报(自然科学版),2014,(02):10－13.